iLike就业Premiere Pro CS4
多功能教材

袁紊玉　李晓鹏　苟亚妮　等编著

電子工業出版社
Publishing House of Electronics Industry
北京 · BEIJING

内容简介

本书是一本专业讲述Adobe Premiere Pro CS4制作影视作品的基础教材。全书采用课堂教学的编写形式，充分考虑了实际工作的需求，以读者的就业达标为目的。讲解命令、传授技巧是本书的一个重点，命令的讲述上不求全但求精。通过小实例强化命令、引出技巧是本书的另一个重点，实例讲解上由浅入深、通俗易懂、操作步骤连贯。本书内容详实，结构清晰，具有很强的实用性和可操作性，能使读者在掌握理论知识的同时提高动手能力，并为以后的学习和工作打下良好的基础。

本书适合影视多媒体专业的学生作为教材使用，也适合有一定基础、需要进一步提高的自学读者作为参考书使用。

图书在版编目（CIP）数据

iLike就业Premiere Pro CS4多功能教材/袁紊玉，李晓鹏，苟亚妮等编著.—北京：电子工业出版社，2010.4
ISBN 978-7-121-10494-7

Ⅰ. i… Ⅱ. ①袁…②李…③苟… Ⅲ. 图形软件，Premiere Pro CS4—教材 Ⅳ. TP391.41

中国版本图书馆CIP数据核字（2010）第040000号

责任编辑：戴　新
印　　刷：北京天竺颖华印刷厂
装　　订：三河市鑫金马印装有限公司
出版发行：电子工业出版社
北京市海淀区万寿路173信箱　邮编：100036
北京市海淀区翠微东里甲2号　邮编：100036
开　　本：787×1092 1/16　印张：15.25　字数：390千字
印　　次：2010年4月第1次印刷
定　　价：30.00元

凡所购买电子工业出版社图书有缺损问题，请向购买书店调换。若书店售缺，请与本社发行部联系，联系及邮购电话：（010）88254888。
质量投诉请发邮件至zlts@phei.com.cn，盗版侵权举报请发邮件至dbqq@phei.com.cn。
服务热线：（010）88258888。

前　言

Premiere是Adobe公司开发的一套非线性视频编辑软件。其视频、音频编辑处理技术功能强大。Premiere Pro CS4是这个软件的新版本，具有可视化编辑界面、简明易懂的操作风格、丰富绚丽的过渡切换特效等优点，可以制作出广播级影片的效果。因此，对大多数使用者而言，这种低成本、高效率、高质量的视频制作和编辑软件，无疑是发挥自己才华的理想工具。

本书以课为单位组织编写，充分考虑了读者的学习习惯和接受能力，适合作为课堂教学教材使用。本书对Premiere Pro CS4（其后简称为Premiere）的使用方法进行全面讲解，实例丰富，简明易懂。每课的最后部分都制作了一个涵盖本课内容的课后练习，帮助读者巩固本课所学知识。全书共分为11课：第1课主要讲解Premiere与影视编辑，内容包含了非线性编辑软件的介绍及Premiere Pro CS4软件的安装及基本操作；第2课讲解Premiere的项目与序列，通过一个简单的实例演示，让读者加深理解其项目管理及序列管理；第3课讲解有关素材的基本组织和剪辑，通过实例详细介绍了Premiere工作界面主要组成部分的使用及功能，让读者能熟练操作素材；第4课讲解轨道的使用，以及在编辑素材时增加轨道和减少轨道的方法；第5课讲解标题字幕的创建；第6课讲解素材的基本属性及动画设置，认识素材的特效控制窗口；第7课讲解影片转场效果的实现，在视频作品中运用丰富绚丽的过渡效果能使画面更美观；第8课讲解视频特效在影片中的具体运用；第9课讲解抠像与画面合成，通过本课的学习让读者实现自己的梦幻效果；第10课讲解音频剪辑在影片中的各种效果和对应的编辑技巧；第11课讲解视频输出，读者可根据自己的需要输出合适的视频文件格式。

本书内容由浅入深，引导初级用户快速入门，提高中级用户的编辑技术，让高级用户更全面了解Premiere的功能和高级编辑技巧。建议读者在学习时注意熟记常用工具及命令的使用方法，勤于动手，参照书中的实例多多实践。通过本书的学习，读者能够掌握影视剪辑的基本理论基础、Premiere在影视剪辑中的基础操作，并能独立完成相应的影视剪辑工作。

本书实例用到的素材已经上传到网站，读者可以登录网站自行下载，也可以自行选择类似的素材进行练习。

本书由袁紊玉、李晓鹏、苟亚妮执笔完成，参与本书编写的还有李茹菡、徐正坤、周轶、谢良鹏等。由于时间仓促、水平有限，在写作过程中难免有不足之处，欢迎读者指正。

为方便读者阅读，若需要本书配套资料，请登录“北京美迪亚电子信息有限公司”（http://www.medias.com.cn），在“资料下载”页面进行下载。

前 言

Premiere是Adobe公司[illegible]

[illegible]

[illegible]

[illegible]

目　录

第1课

Premiere与影视编辑

学习导航图

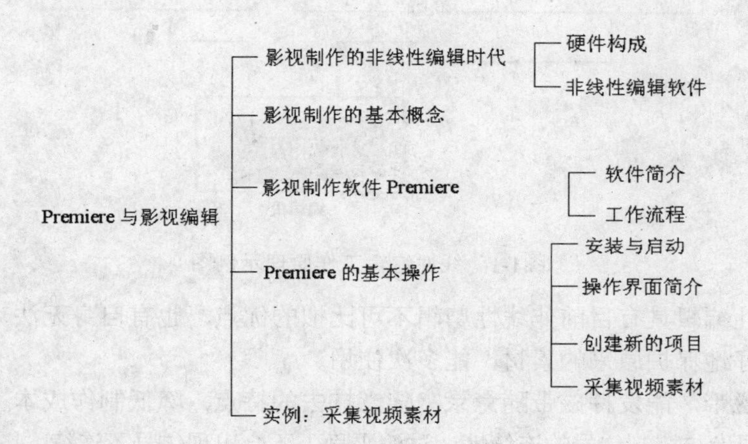

就业达标要求

1. 了解非线性编辑软件Premiere。

2. 理解影视制作的几个基本概念。

3. 认识Adobe公司新推出的影视制作软件Premiere，以及该软件的安装与启动、工作界面的完善性、运用该软件创建新的剪辑项目和利用采集卡从摄像机上采集视频素材。

本课将带领用户从最基本的安装、启动、建立新项目和采集视频开始，逐步认识Premiere的基本界面和基本操作，使用户在使用之前对其有一个整体的认识，以便在以后的使用中更得心应手。

1.1 影视制作的非线性编辑时代

随着计算机技术的发展，影视剪辑的方式发生了很大的变革。传统的影视剪辑是一种线性编辑，计算机技术被引入到影视剪辑领域后，传统的线性编辑方式逐渐被全新的非线性编辑方式所取代。

1.1.1 线性编辑与非线性编辑

非线性编辑是一个与线性编辑相对的概念。线性编辑是一种磁带的编辑方式，它利用电子手段，根据节目内容的要求将素材连接成新的连续画面。通常使用组合编辑将素材顺序编辑成新的连续画面，然后再以插入编辑的方式对某一段进行同样长度的替换。但要想删除、缩短、加长中间的某一段就不可能了，除非将那一段以后的画面抹去重录，这是电视节目的传统编辑方式。

传统的线性编辑系统实际上是一对一或二对一的台式编辑机，它在素材的搜索、播放、录制过程中都要按时间顺序进行，由录像机通过机械运动使用磁头将25帧/秒的视频信号顺序记录在磁带上，在编辑时必须顺序寻找所需的视频画面。线性编辑工作原理示例图如图1-1所示。

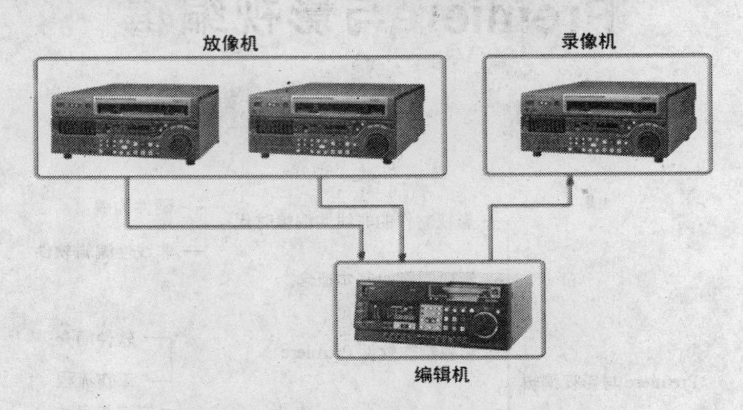

图1-1 线性编辑工作原理示例图

传统的线性编辑具有目前非线性剪辑不可比拟的优点，也有自身无法克服的缺点。

• 可以很好地保护原来的素材，能多次使用。

• 不损伤磁带，能发挥磁带随意录、随意抹去的特点，降低制作成本。

• 能保持同步与控制信号的连续性，过渡平稳，不会出现信号不连续、图像跳闪的感觉。

• 可以迅速而准确地找到最适当的编辑点，正式编辑前可预先检查，编辑后可立刻观看编辑效果，发现不妥可马上修改。

• 声音与图像可以做到完全吻合，还可各自分别进行修改。

线性编辑的缺点如下。

• 素材不可能做到随机存取：线性编辑系统以磁带为记录载体，节目信号按时间线性排列，在寻找素材时录像机需要进行卷带搜索，只能在一维的时间轴上按照镜头的顺序一段一段地搜索，不能跳跃进行，因此素材的选择很费时间，影响了编辑效率。另外，大量的搜索操作对录像机的机械伺服系统和磁头的磨损也较大。

• 模拟信号经多次复制，信号严重衰减，声画质量降低：节目制作中一个重要的问题就是母带的翻版磨损。传统的编辑方式的实质是复制，是将源素材复制到另一盘磁带上的过程。而模拟视频信号在复制时存在着衰减，当我们在进行编辑及多代复制时，特别是在一个复杂系统中进行时，信号在传输和编辑过程中容易受到外部干扰，造成信号的损失，使图像的劣化更为明显。

• 线性的编辑难以对半成品完成随意的插入或删除等操作：因为线性编辑方式是以磁带的线性记录为基础的，一般只能按编辑顺序记录，虽然插入编辑方式允许替换已录磁带上的声音或图像，但是这种替换实际上只能是替掉旧的，它要求要替换的片断和磁带上被替换的片断时间一致，而不能进行增删，就是说，不能改变节目的长度，这样对节目的修改就非常不方便。

·所需设备较多，安装调试较为复杂：线性编辑系统连线复杂，有视频线、音频线、控制线、同步机，构成复杂，可靠性相对降低，经常出现不匹配的现象。另外设备种类繁多，录像机（被用做录像机/放像机）、编辑控制器、特技发生器、时基校正器、字幕机和其他设备一起工作，由于这些设备各自起着特定的作用，各种设备性能参差不齐，指标各异，当把它们连接在一起时，会对视频信号造成较大的衰减。另外，大量的设备同时使用，使得操作人员众多，操作过程复杂。

·较为生硬的人机界面限制制作人员发挥创造性

所谓非线性编辑，就是将各种模拟量素材进行A/D（模/数）转换，并存储于计算机硬盘中，再通过如Premiere这样的软件来进行后期的视频/音频编辑、特技及声像合成等的工序处理。现在所说的非线性编辑系统，主要指以计算机为核心构成的视频、音频工作站，如图1-2所示。

图1-2 非线性编辑工作站

非线性联机编辑采用低压缩比、高画质，将素材记录到硬盘上，然后按节目要求用计算机进行编辑，并直接从硬盘中获得最终影片。非线性脱机编辑则采用高压缩比、低画质，将素材记录到硬盘中进行编辑，从硬盘中获得低质量的节目以供审看，并得出EDL表以供线性编辑使用。线性与非线性混合编辑有不同的程度，初期一般是用非线性脱机编辑做出的EDL编辑表，供线性编辑使用。磁带与磁盘组合的混合编辑，是指素材不仅可以取自硬盘，同时还可以取自录像机重放，即可以把硬盘里的信号作为一轨信号，而录像机重放信号作为另一轨信号进行编辑。

从本质上来说，非线性编辑方式将影像的视、音频信号转换为计算机的数字信号，因此非线性编辑的兴起也被称为数码影像工厂的兴起。

视、音频非线性编辑系统的发展历史是和计算机技术及多媒体技术的发展紧密相连的。在20世纪90年代初期，已经有了多媒体计算机的人们开发出了专门用于音频和视频信号处理的硬件设备，成功地实现了用多媒体技术在普通的计算机上处理数字视、音频信号。在美国、加拿大等发达国家，开始将计算机技术和多媒体技术与电视制作技术相结合，以便实现用计算机制作电视节目的探索，并取得了实质性的进展，推出了桌面演播室，又称视、音频工作站，初步实现了这一梦想。而近几年来，计算机技术和多媒体技术更快、更进一步的发展，推动了桌面演播室的不断发展，最终形成了超越传统观念的电视后期制作设备——电视视、音频非线性编辑系统。

相对于传统编辑方式而言，使用非线性编辑的优点如下。

· 在非线性编辑系统中，其存储媒介的记录检索方式为非线性的随机存取，每组数据都有相应的位置码，不像磁带那样节目信号按时间线性排列，因此，省去了录像机在编辑时的大量卷带、搜索、预览时间，编辑十分快捷方便。

· 由于素材都变为了数字量，不会有物理损耗，从而不会引起信号失真。

· 素材可以重复利用。

· 运用非线性编辑方式，能最大限度地发挥个人的创造性，精雕细琢却费时不多，反复修改却无“掉带”之憾。

· 设备投资相对较少。

· 可创建各种电脑特效，以提高制作水平，增加可视性。

· 计算机最大的优势在于网络，而且网络化也是电视技术发展的趋势之一。网络化系统具有许多优势：节目或者素材有条件分享；协同创作及网络多节点处理；网上节目点播；摄、录、编、播，“流水化”作业等。

视、音频编辑系统以计算机为核心，即计算机是视、音频非线性编辑系统的工作平台。当然，作为视、音频非线性编辑系统的工作平台的计算机本身就是由硬件和软件构成的一个相对完整的系统。因此，对于视、音频非线性编辑系统的工作平台，应该从计算机本身硬件构成和非线性编辑软件两个方面来考察。

1.1.2 非线性编辑的硬件构成

非线性编辑系统是以计算机为核心的工作平台，目前常见的非线性编辑硬件系统分为三类。

· 非线性编辑工作站。该系统大多建立在SGI图形工作站基础上，一般图形、动画和特技功能较强，但价格昂贵，软硬件支持不充分。

· MAC非线性编辑系统。该系统在非线性编辑发展的早期应用得比较广泛，未来的发展在一定程度上受到苹果硬件平台的制约。

· 基于PC平台的系统。这类系统以Intel及其兼容芯片为核心，型号丰富，性价比高，装机量大，发展速度也非常快，是当今的主导型系统。

国内使用高端产品的用户不是很多，基于PC的板卡加软件型的非线性编辑结构已为广大电视制作人员所熟悉。硬件板卡是非线性编辑系统的核心，需要进行视、音频信号的采集、编解码、回放、特技处理，甚至直接管理素材硬盘。对于非线性编辑系统，开发人员关心的是硬件的可伸缩性、可编程控制能力和扩展性；用户关心的是非编板卡支持的信号格式、信号质量和各种特技处理的实时性和方便性。

非线性编辑系统技术的重点在于处理图像和声音信息。这两种信息具有数据量大、实时性强的特点。实时的图像和声音处理需要有高速的处理器、宽带数据传输装置、大容量的内存和外存等一系列的硬件环境支持。普通的PC难以满足上述要求，经压缩后的视频信号要实时地传送仍很困难，因此，提高运算速度和增加宽带需要另外采取措施。这些措施包括采用数字信号处理器DSP和专门的视、音频处理芯片及附加电路板，以增加数据处理的能力和系统运算速度。在电视系统处于数字化时期，帧同步机、数字特技发生器、数字切换台、字幕机、磁盘录像机和多轨DAT（数字录音磁带）技术已经相当成熟，而借助当前的超大规模集成电路技术，这些数字视频功能已可以在标准长度的板卡上实现。非线性编辑系统板卡上的硬件能直接进行视、音频信号的采集、编解码、重放，甚至直接管理素材硬盘，计算机则提供GUI（图形用户界面）、字幕、网络等功能。同时，计算机本身也在迅速发展，PC软硬件的发展已能使操作系统直接支持视、音频操作。

需要指出的是，虽然PC Pentium更适合中国用户而有可能成为未来的主流非线性编辑系统的工作平台，但是无论是什么平台，其非线性编辑和视频功能都是由附加的硬件卡和相应的非线性编辑软件来实现的。虽然插入各种平台的卡不尽相同，也不能互换，但其功能和性能却大同小异，而相应的非线性编辑软件一般都是由一家公司完成PC版本和Macintosh版本，所以真正决定设备功能和性能的是板卡和非线性编辑软件，而不是平台。

1.1.3 非线性编辑软件

就前面介绍的三个硬件平台的操作系统而言，它们都是采用了友好的窗口操作系统和GUI（Graphic User Interface）图形用户界面，为用户提供了所见即所得的操作。由于在非线性编辑系统发展初期，Macintosh具有完善的32B窗口操作系统和32B系统总线，选择Macintosh平台是理所当然的。但随着Pentium CPU、PCI 32B/64B系统总线和Windows NT 32位操作系统的发展，PC大有后来居上之势。就目前而言，PC在性能上已和Macintosh机相当，由于其具有更良好的开放性和更高的性能价格比，因而更适合中国用户。

本节重点介绍常用的非线性编辑软件。非线性编辑软件从功能上来分主要包括两种，一种是实现镜头合成功能的软件，包括视频镜头的采集、整理、处理和合成，直到输出镜头片段；另一种是镜头片段编辑软件，将合成阶段处理后的多个镜头片段引入编辑软件，然后进行裁剪、连接，在片段之间添加过渡特效，在多片段中间进行透明设置，最后输出完整的动画片段。

在PC平台运行的非线性编辑软件主要有如下几种。

· Premiere

Premiere由Adobe公司出品，功能强大、使用简单，是目前国内使用最广的后期编辑软件之一，被许多视频公司选作“捆绑产品”，如图1-3所示。Premiere采用视频轨道的合成方法，特别是采用了视频A、B轨道加上叠加S或者叠加视频X轨道的方式，具有强大的划像功能。

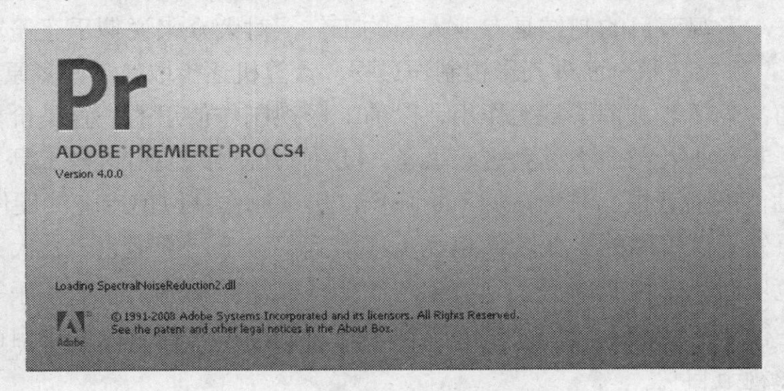

图1-3 Premiere Pro CS4启动界面

· After Effects

After Effects与Premiere系出同门，与Premiere齐名，可以称得上是视频领域的“Photoshop”，它的性价比非常好，甚至在某些方面可以超过工作站，以After Effects CS4为例，其启动界面如图1-4所示。与Premiere相比，After Effects更侧重于特效的编辑。

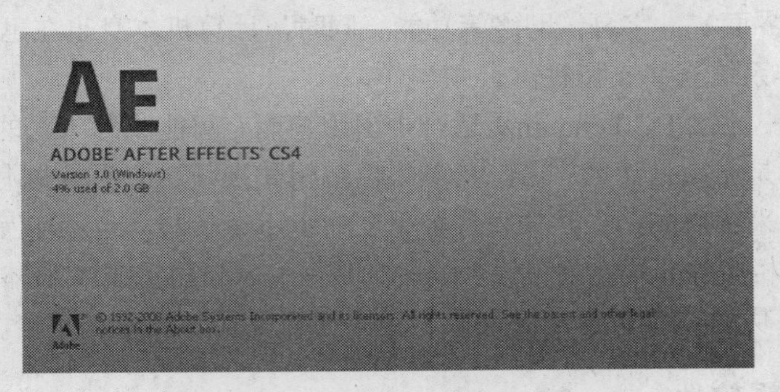

图1-4 After Effects CS4启动界面

· Vegas Video

Vegas是PC平台上用于视频编辑、音频制作、合成、字幕和编码的专业产品。它具有直观的界面和功能强大的音、视频制作工具，为DV视频录制、音频录制、编辑和混合、流媒体内容制作和环绕声制作提供完整的集成解决方法。

· SoftImage/DS

这是一套无压缩数字影像的非线性制作系统，是完全整合及统一的工具，提供专家级的非线性声音与影像的剪辑、合成、绘图、字幕、特效、影像处理与文件管理工具，并且架构在一个完全开放的平台上。

· Maya Fusion

原名Digital Fusion，后来该软件被Alias/WaveFront公司收购，将其更名为Maya Fusion，由该公司的旗舰产品Maya组成强大的视频处理软件包。

1.2 影视制作的几个基本概念

影视媒体已经成为当前最为大众化、最具影响力的媒体形式。从好莱坞大片所创造的幻想世界，到电视新闻所关注的现实生活，再到铺天盖地的电视广告，无一不深刻地影响着我们的生活。过去，影视节目的制作是专业人员的工作，对大众来说似乎还笼罩着一层神秘的面纱。十几年来，数字技术全面进入影视制作过程，计算机逐步取代了许多原有的影视设备，并在影视制作的各个环节发挥了重大作用。以前，影视制作使用的一直是价格极端昂贵的专业硬件和软件，非专业人员很难见到这些设备，更不用说熟练使用这些工具来制作自己的作品了。随着PC性能的显著提高，价格的不断降低，影视制作从以前专业的硬件设备逐渐向PC平台上转移，原先身份极高的专业软件也逐步移植到平台上，价格也日益大众化。同时，影视制作的应用也从专业影视制作扩大到电脑游戏、多媒体、网络、家庭娱乐等更为广阔的领域。许多在这些行业工作的人员与大量的影视爱好者们，现在都可以利用自己手中的电脑，来制作自己的影视节目 。

随着影视制作的推广，一些影视制作的概念也逐渐被人们所理解。本书是一本讲述影视剪辑的专业教程，学习本教程需要明确如下几个基本概念。

· 音频素材

它的主要来源是收音机、录音机、CD机等。由这些器材收集的模拟信号需要进行数字转换处理，以便我们的计算机可以接纳它。转换的设备是声卡，有的视频捕捉卡上带有音频捕捉口，也可用来收集声音素材，音频素材如图1-5所示。

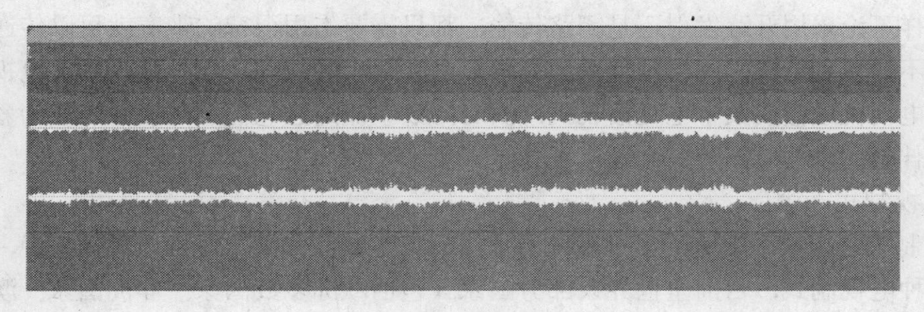

图1-5 音频素材

· 视频素材

它的主要来源是摄像机、录像带等，视频素材如图1-6所示。为了使计算机能够处理模拟信号，需要将这些模拟信号数字化，完成该工作的设备是视频采集卡。通过视频采集卡将模拟信号转换为数字信号，保存计算机硬盘中，以备后用。

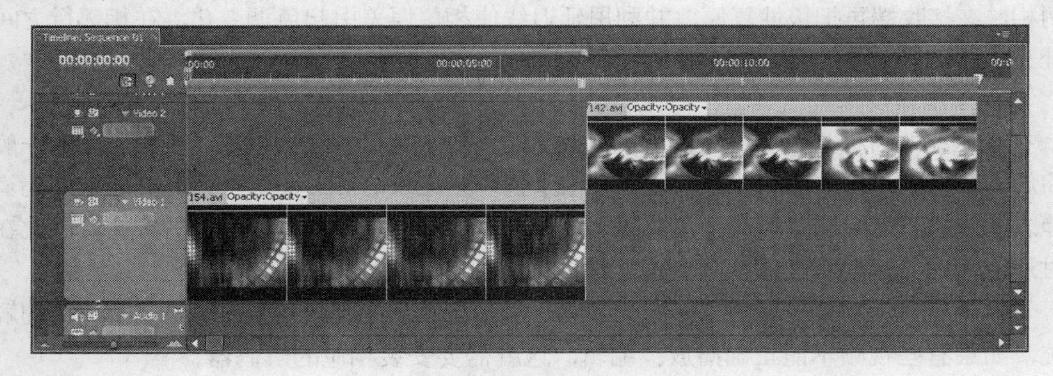

图1-6 视频素材

· 图片、图像素材

它的主要来源是图库、招贴画、简报及其他的印刷品。对于印刷品，可以通过扫描仪对它们进行必要的数字化，这些素材如图1-7所示。

图1-7 图形、图像素材

· 电视模拟信号和数字信号

传统的电视信号都是模拟电视信号，它是在每个电视频道8MHz的带宽内传送包括图像信号、伴音信号以及同步信号等在内的全电视信号，由于这些信号都是承载于载波信号之上的模拟量，因而被称为模拟电视信号，传统电视机就是直接接收模拟电视信号的。

数字电视信号则是将全电视信号中的所有模拟量全部用计算机重新编制成为非0即1的数字流，这样不论采用开路发射还是闭路传输，都只需要占用很窄的带宽就可以传送很多的数据，而且不易受到干扰，不会出现重影等模拟电视特有的缺陷，但是接收数字电视信号必须要用数字电视机顶盒或数字电视接收机，0和1的数字流经过它们解码后才能成为彩色的图像和悦耳的伴音。

- 电视制式

电视制式是指一个国家的电视系统所采用的特定制度和技术标准。具体来说，现在世界上共有三种电视制式，目前全世界大部分国家（包括欧洲多数国家、非洲国家、澳洲国家和中国）采用PAL制，采用25fps帧率；美国、日本、加拿大等国采用的是由国家电视标准委员会（NTSC）制定的NTSC制，采用30fps帧率（精确地讲为29.97fps）；第三种制式SECAM制主要是法国、前苏联及东欧国家使用。

PAL制式彩色电视也称逐行倒相制式。它克服了NTSC制式对于色度副载波相位的敏感性，把两个色差信号变为U、V信号，带宽均为1.3MHz。在发送端把副载波色度信号V进行逐行倒相，在接收端再把极性复原，并利用延迟线使相位误差引起色调变化，在相邻行之间互相补充。

- 视频压缩技术

视频压缩的目标是在尽可能保证视觉效果的前提下减少视频数据率。视频压缩比一般指压缩后的数据量与压缩前的数据量之比。由于视频是连续的静态图像，因此其压缩编码算法与静态图像的压缩编码算法有某些共同之处，但是运动的视频还有其自身的特性，因此在压缩时还应考虑其运动特性才能达到高压缩的目标。

不同的视频压缩技术使用了不同的编码，因此压缩后的视频在播放时需要有相应的解码系统，如果有些视频不能正确播放、编辑，这就需要安装相应的解码器。

1.3 影视剪辑软件Premiere

Premiere是Adobe公司生产的一款处理和制作数字化影视作品的软件。它能够十分方便地对影视作品进行剪裁、粘贴、重组和配音；并且自带非常丰富的过渡、特效、重叠以及动画效果，能够轻而易举地进行各种复杂的多媒体设计，使所有热衷于自己动手制作影视作品的人们梦想成真。它不但是业余人士涉足多媒体世界的好帮手，也是专业人士进行影视创作的有力工具。

1.3.1 Premiere Pro CS4新增功能

Premiere Pro CS4被重新设计，能够提供强大、高效的增强功能和先进的专业工具，包括尖端的色彩修正、强大的新音频控制和多个嵌套的时间轴，并专门针对多处理器和超线程进行了优化，能够利用新一代基于英特尔奔腾处理器、运行Windows XP的系统在速度方面的优势，提供一个能够自由渲染的编辑体验。Premiere Pro CS4新增功能主要包括如下几个方面。

- 增加了素材的格式支持，完整的视频格式兼容使软件几乎可以处理任何格式，包括对

DV、HDV、Sony XDCAM、XDCAM EX、Panasonic P2和AVCHD的原生支持，在时间线窗口还可以进行不同格式素材的混合编辑。

· 内嵌终极制作流程，可以实现AAF项目交换、4K电影制作；可导入、编辑和导出4096×4096像素的图像序列。

· 新的生成作品工具，新的批量编码器可以自动处理同一内容的不同编码的版本。使用任意序列和剪辑的组合作为来源，可以编码为大量视频格式，并且可在后台编码时继续工作，从而大大提高工作效率。

· 强大的项目、序列和剪辑管理功能，增强了RapidFind搜索功能；可以将媒体路径保存在项目中；可以对每个项目单独保存工作区；可以执行项目管理器中的单个序列剪切等。

· 精确的音频控制，新版本中可以实现源监视器中的垂直波形缩放、在源监视器中直接拖动播放波形。新版本还增加了对应离线剪辑的灵活的音频通道映射控制功能。

· 更加专业的专业编辑控制，包括轨道同步锁定控制、源内容控制、多轨目标、拖放轨目标等。

· 增强的编辑功能，包括快速的剪辑粘贴、从时间线创建子剪辑、效果控制目标的关键帧吸附、复制和粘贴转场、移除所有特效等。

· 丰富的时码显示，增加了即时时码信息框、对应每个序列的时码显示设置、显示所有可用的时码格式、在信息面板显示磁带名称等。

· 增加了键盘加速流程，包括键盘加速源监视器浏览、效果控制面板中的Home/End快捷键、快速跳到剪辑的开始或结尾的快捷键、标记剪辑的快捷键、对应键盘用户的完整的界面导航等。

· 与Adobe软件的空前协调性，包括灵活的Adobe Photoshop层选项、支持带有视频的Photoshop文件、支持Photoshop的混合模式、剪辑传输到Adobe After Effects CS4与Adobe After Effects CS4的协同等。

1.3.2 Premiere的工作流程

正确启动Premiere以后，首先要引入素材项目。这是一个非常重要的工作，许多用户可能拥有不错的硬件条件，但是由于不知道如何正确、精确地引入素材，使得配置的硬件未能得到充分的利用，进而使Premiere的执行效果不好，这是一件非常可惜的事情。引入素材后要对素材进行剪辑组合，剪辑成一个完整的节目，同时为了表现的需要，通常还要添加一些特效，另外还有画面与声音的融合。剪辑完成后，最终要生成一个独立的作品文件，这个过程才算完整。下面简单介绍这个过程的具体步骤。

· 建立一个新的项目文件

此时工作界面呈现为一条空白的时间线，包含视频、音频、特技、字幕等不同的操作区域，很多功能强大的编辑软件能够分别针对不同的区域进行操作。

· 浏览、选择、编辑素材

将所用素材导入软件，设置每一段可用素材的编辑点，并将所选片断添加在时间线上。Premiere拥有多条视频轨道，可以在轨道之间进行影像转换、叠加、画中画等特技制作。

· 建立框架结构

将所有的有效镜头沿时间线拼接到一起之后，一部影像作品的“粗胚”就大致成型了。

要注重整体效果，从框架结构上探讨其是否匀称，叙事是否清晰、完整，节奏是否张弛有致，能否体现作者的创作初衷。

• 效果处理

Premiere提供了许多修饰影像的特技功能，如淡入淡出、叠化、划像等转场特技，速度特技，画中画，老电影，铅笔画等特技。恰当地使用特技，可以使作品增添意味与情趣，如图1-8所示。

• 音频编辑

通常，画面先于声音剪辑。在后期编辑阶段，可以通过调整声音的高低、渲染环境声、添加背景音乐、去除某些噪音等方式，强调声音的表现力与声画之间的内在张力。在确定声画位置之后，先调节不同声音之间的强弱关系，再将它们混合在一起，对音频的编辑就算基本完成。

• 图文、字幕和动画的添加

软件提供了图文、字幕和动画的制作与添加程序，创作者只需在电脑里输入相应的文字，选用相应的模板，修改相应的参数，就可以在影像作品的任何位置加入形式多样的图文、动画、标题、唱词或演职员表，如图1-9所示。

图1-8　画中画特技

图1-9　字幕特效

• 影片的输出与保存

在将作品输出到DV磁带或生成为一个独立的视频文件之前，所有被纳入其中的素材文件都万万不可提前删除。以上所有的操作一定要及时保存，项目文件几乎不占空间。影片的输出可以分为DV磁带输出、模拟磁带输出、VCD、DVD刻录、*.asf、*.rmvb、*.mov等不同的方式。

1.4　Premiere的基本操作

Premiere是一个功能强大的软件，要淋漓尽致地发挥它所有的功能，需要对Premiere进行大量复杂的操作和控制。Premiere用户界面十分友好，与其他基于Windows平台的软件的界面没有什么两样，所以对初级用户来讲，只需掌握一般的Windows界面的操作，并再简单学习一下各菜单的功能，了解一下各窗口的主要用途和操作方法，就可以试着自己动手使用了。

1.4.1　Premiere的安装与启动

Premiere是一个集视频、音频等多媒体信息于一体的应用程序。在程序中，Premiere Pro CS4要对大量的视频、音频、图像和动画等对象进行处理，并加入过渡、滤镜和动画等效果，还要在编辑前后进行素材采集、作品压缩输出等工作。

安装一个应用软件，不仅要把有关的应用程序复制到用户的计算机上，还要在该应用软件与用户的计算机之间建立必要的联系，使两者能够很好地相互配合使用。初次接触计算机的用户往往以为只需简单地把程序复制到自己的计算机上就可以了，这是错误的。正确的做法是：运行每个软件附带的安装程序（通常取名为Setup），按照提示进行安装。

操作步骤

Premiere Pro CS4的安装

步骤1 如果使用光盘安装，将Premiere光盘放入光盘驱动器中，在Windows环境下，会出现启动屏幕，此时选择Install Adobe Premiere；如果Premiere Pro CS4安装程序已经复制到用户计算机上，进入Premiere Pro CS4的安装目录，双击安装图标（Setup.exe）即可。

步骤2 在接下来的几个画面中，安装程序会显示一份预选写好的与用户之间关于该软件的License Agreement（版权协议书）。必须单击按钮接受该协议，才能继续安装程序，如图1-10所示。

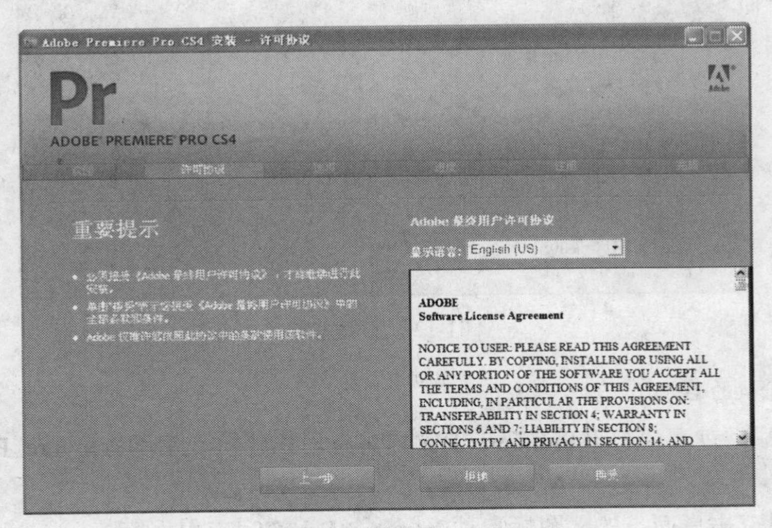

图1-10　安装-许可协议

步骤3 屏幕出现安装程序的欢迎画面，单击按钮继续，如图1-11所示。

步骤4 屏幕显示安装进度，安装完以后会出现如图1-12所示的画面，单击按钮完成安装。

步骤5 使用软件提供的激活信息，激活软件。至此，Premiere Pro CS4已基本安装完毕。

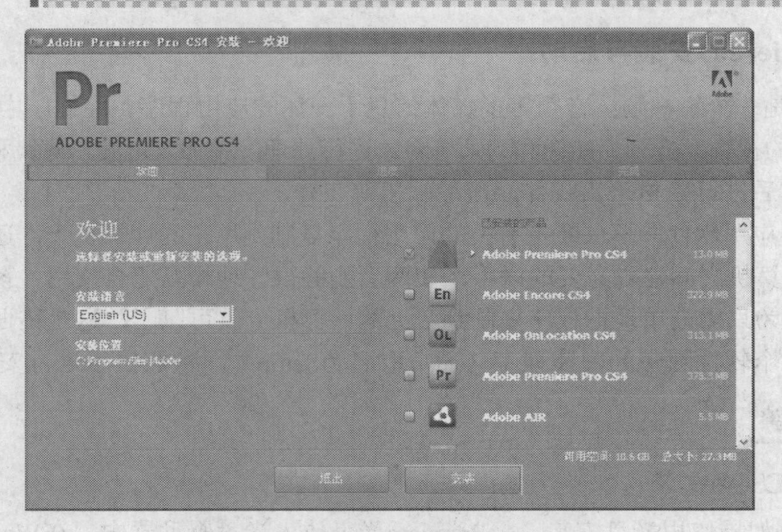

图1-11 Premiere安装-欢迎界面

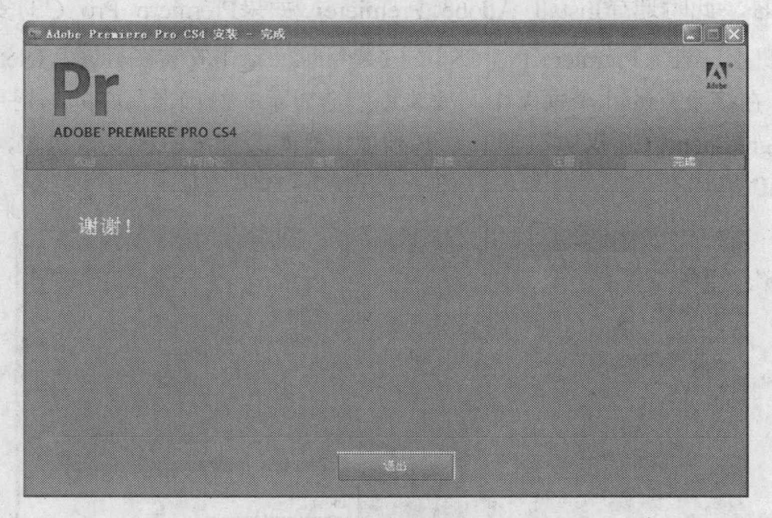

图1-12 安装完成

Premiere Pro CS4的启动

安装完毕后，就可以打开Premiere Pro CS4应用程序了。启动Premiere Pro CS4有两种方法。

（1）可以双击桌面上的Pr图标启动Premiere Pro CS4应用程序。

（2）在Windows桌面上，单击【开始】/【所有程序】/【Adobe Premiere Pro CS4】命令，如图1-13所示，就可以启动Premiere Pro CS4应用程序。

1.4.2 Premiere Pro CS4的操作界面

Premiere是目前最流行的非线性编辑软件，是数码视频编辑的强大工具，它作为功能强大的多媒体视频、音频编辑软件，应用范围不胜枚举，制作效果美不胜收，足以协助用户提高工作效率。Premiere以其新的合理化界面和通用高端工具，兼顾了广大视频用户的不同需求；新的视频编辑工具箱提供了前所未有的生产能力、控制能力和灵活性。Premiere是一个创新的非线性编辑应用程序，也是一个强大的实时视频和音频编辑工具，是视频爱好者们使用最多的视频编辑软件之一。Premiere Pro CS4的操作界面如图1-14所示。

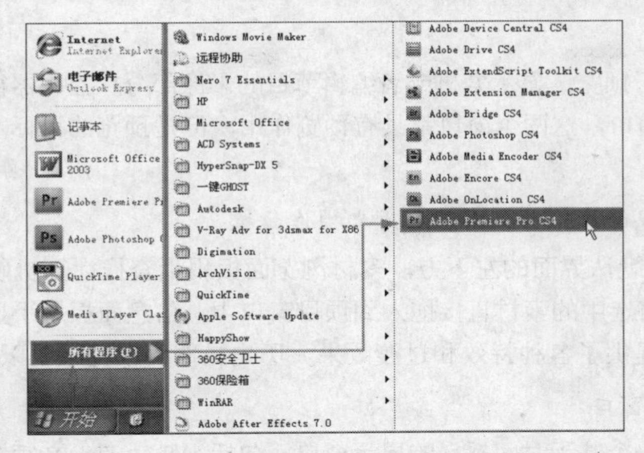

图1-13　启动Premiere Pro CS4应用程序

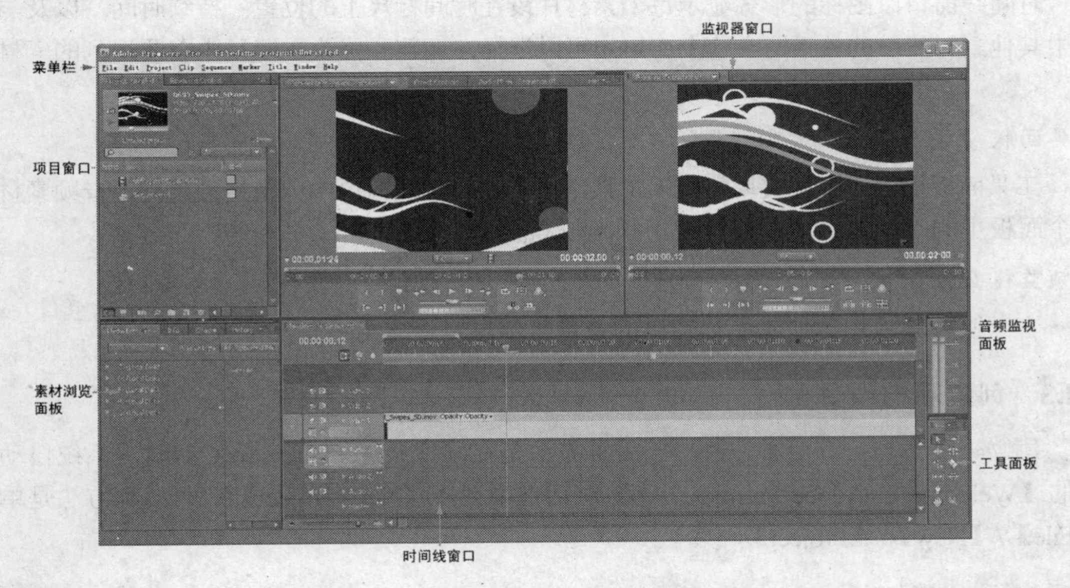

图1-14　Premiere Pro CS4的操作界面

菜单栏

菜单栏中提供的命令繁多，往往与特定的功能操作相联系。其中【File】菜单中的命令用于文件的基本操作，如创建新文件、保存文件等；【Edit】菜单用来使用户便捷地编辑文件内容；【Project】菜单用于项目的设置；【Clip】菜单用于素材片段的各种剪辑；【Sequence】菜单用于序列的各种操作；【Marker】菜单用于设置素材或者轨道的标识点；【Title】菜单用于创建和编辑字幕；【Window】菜单用于设置工具和界面；【Help】菜单提供了用户帮助文件和软件信息。

Project（项目）窗口

项目窗口主要管理当前节目中需要用到的素材片段、项目文件和序列文件。每一个引入到节目中的片段，都会在项目窗口中显示出它的文件名、文件类型、持续时间等信息。

在项目窗口中，可以直接拖动片段的图标来改变它们的排列顺序。当选中多个片段并把它们拖到时间线窗口时，这些片段会以相同的顺序排列。

监视器窗口

监视器窗口用于预览、显示素材或者编辑节目的影像部分。监视器窗口分为素材监视器窗口和节目监视器窗口，这两个窗口都具有预览作用，但是预览的目标不同。同时它们还具有相应的剪辑功能。

素材浏览面板、信息面板、特效面板和历史操作面板

这4个面板处于默认界面的左下方，素材浏览面板用于查找计算机硬盘中的素材文件，可以在这个面板中将选中的素材直接拖入到项目窗口中。信息面板用于显示当前序列、素材等信息。特效面板提供了各种特效和过渡效果。历史操作面板记录了以往的操作。

Timeline（时间线）窗口

时间线窗口是一个基于时间标尺的显示窗口，包括视频轨道、音频轨道、时间标尺等部分。时间线窗口以图标的形式显示每个素材片段在时间标尺上的位置、持续时间，以及与节目中其他素材片段的关系。在这个窗口中可以选择、调整和修改在节目中将要用到的素材片段。

工具面板

工具面板提供了各种实用的剪辑工具，用于在时间线窗口中剪辑视频素材、音频素材。这个面板中的工具数量少，但是使用频率较高。

音频监视面板

音频监视面板用于显示所选音乐的音量等信息是否超出了正常范围。

1.4.3 创建新的项目

建立一个新项目有两种方法，第一种方法是在刚打开Premiere Pro CS4时，系统自动弹出的【Welcome to Adobe Premiere Pro】对话框中选择【New Project】；第二种方法是单击【File】/【New】/【Project】命令。

操作步骤

方法一：

步骤 1 双击桌面上的Pr按钮，启动Premiere应用程序，启动之后将会弹出【Welcome to Adobe Premiere Pro】对话框，如图1-15所示。

步骤 2 在【Welcome to Adobe Premiere Pro】对话框中单击【New Project】按钮，打开【New Project】对话框，如图1-16所示。

步骤 3 在【New Project】对话框中单击 OK 按钮，打开【New Sequence】对话框，如图1-17所示。

步骤 4 单击 OK 按钮建立一个空白项目，此时进入Premiere Pro CS4的工作界面。

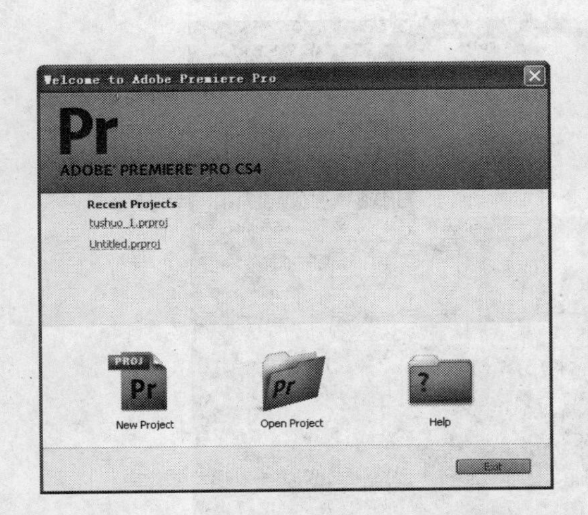

图1-15 【Welcome to Adobe Premiere Pro】对话框

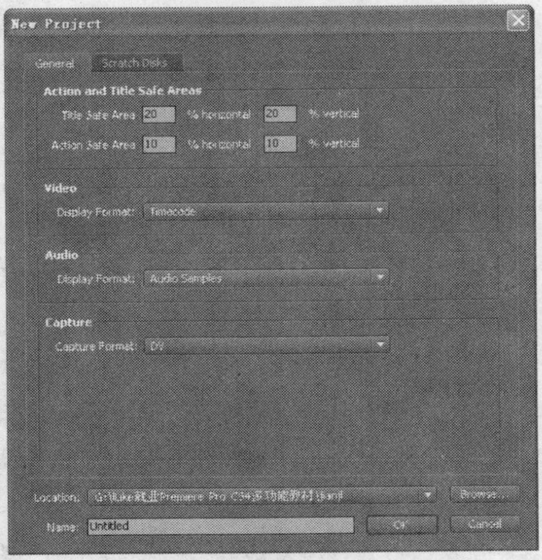

图1-16 【New Project】对话框

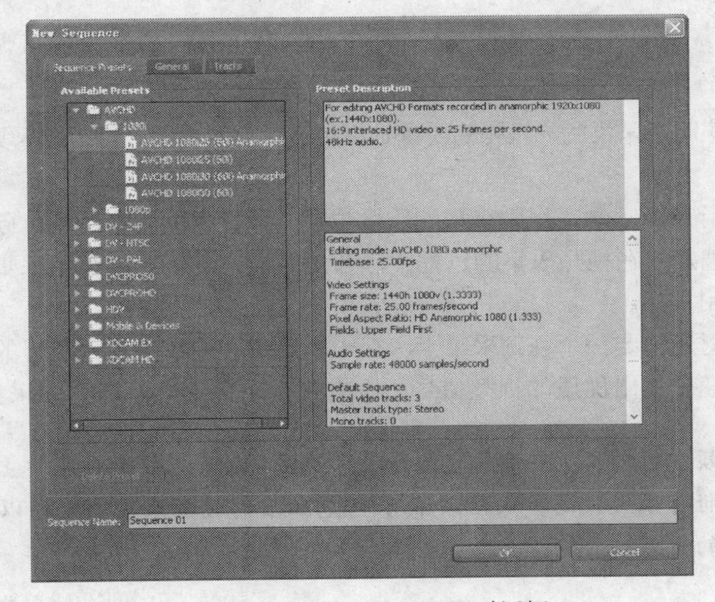

图1-17 【New Sequence】对话框

方法二：

这种方法局限于Premiere应用程序已启动的情况下，单击菜单栏中的【File】/【New】/【Project】命令，如图1-18所示。

1.4.4 采集视频素材

通常情况下视频是使用摄像机等工具采集的，此时的信息存储在录像带上，将录像带上的信息保存到计算机硬盘上需要一个中间的转换过程，这就是视频采集过程。Premiere能够方便地采集模拟或者数字信号。

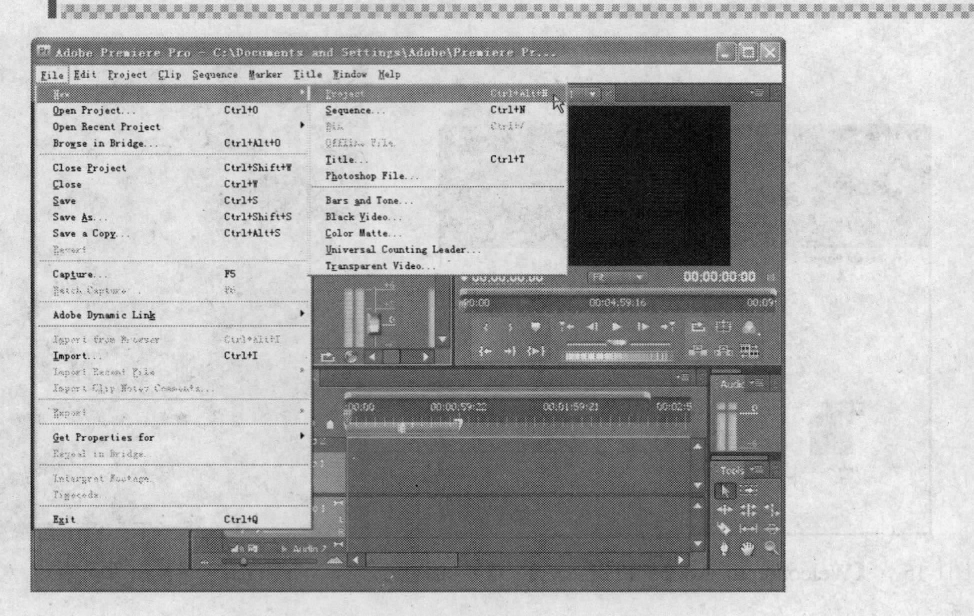

图1-18　选择【Project】命令

视频采集对硬件的要求

进行视频采集时，采集到的视频的质量是否足够好，取决于进行视频采集的计算机硬件、软件的配置。

计算机的运行速度越快，视频采集的质量越好；计算机的内存越大，硬盘的速度越快，视频采集的质量越好。在视频采集的过程中，为了保证有足够的内存供采集设备使用，应尽可能关闭其他应用程序。

采集视频素材还需要一个视频采集卡，视频采集卡在质量上有很明显的区别，专业的视频采集卡可以快速采集出优质的视频信号；没有视频采集卡则不能完成采集。

对于视频卡的选取，要注意它是否带有硬压缩。如果视频采集卡上有硬压缩，捕捉性能将有很大提高。例如，带有JPEG压缩的视频采集卡就可以有效地采集全部运动的视频。

视频采集的质量要求

进行视频采集，自然质量越高越好。应考虑影响数字视频质量的各种参数，包括视频压缩比、视频的尺寸和视频采集的帧速率等。

使用高档的视频采集卡时，都采用硬件压缩方式，一般可以采集标准视频尺寸、每秒25或30帧的视频，同时，要求适当地设置视频压缩比。较为低档的视频采集卡一般采集的视频尺寸是四分之一屏幕大小，采集时要设置好视频压缩比和帧采集速率。

视频采集的方法

首先，应该正确地安装视频采集卡；其次，要进行视频采集的record选项设置，这一项决定了Premiere进行捕捉的方式。

1.5　实例：采集视频素材

1394视频采集卡是较为基础的一种采集卡，其功能较为简单。下面以使用1394视频采集卡进行采集为例来介绍视频采集。绝大多数的电影片段中，视频播放的同时都有声音，同样，使用Premiere采集的视频也要和数字化的音频一起制作，使之成为一个完整的作品。

操 作 步 骤

步骤 1　启动Premiere应用程序。

步骤 2　安装1394采集卡，用1394线将摄影机和电脑1394卡连接起来，如图1-19所示。

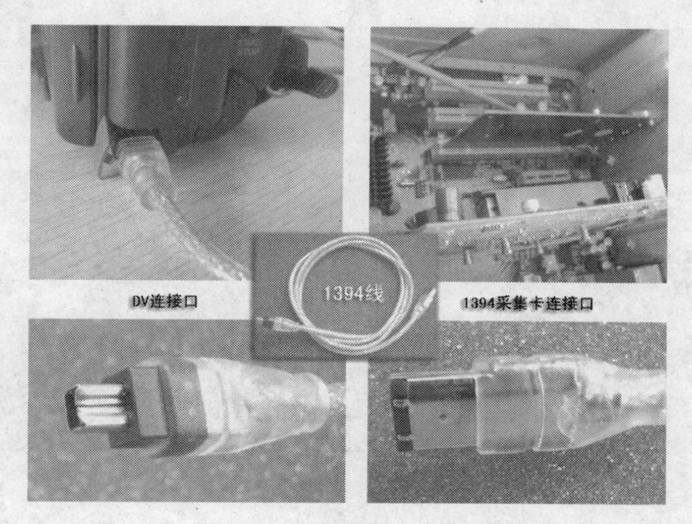

图1-19　连接摄影机和电脑

步骤 3　将摄影机打开至拍摄档或回放档，单击【File】/【Capture】命令，将打开【Capture】窗口，如图1-20所示。

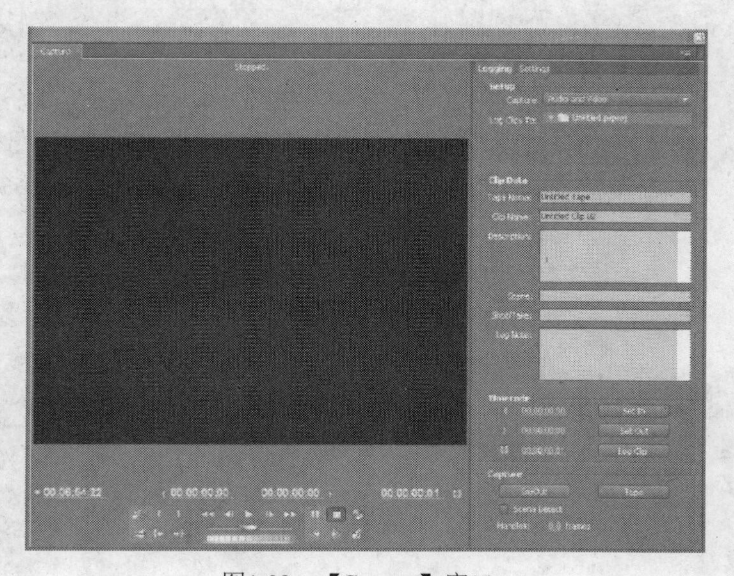

图1-20　【Capture】窗口

步骤 4 单击【Capture】窗口中的按钮，如图1-21所示。

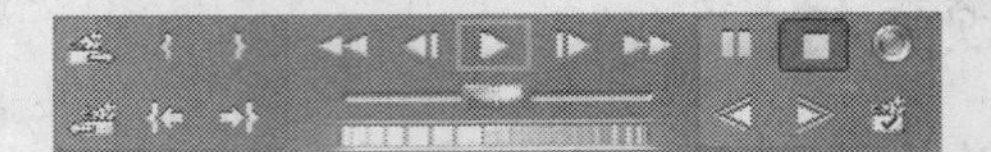

图1-21 单击【播放】按钮

步骤 5 单击了【播放】按钮后，开始播放DV影像，如图1-22所示。

图1-22 正在播放

采集方法一：

步骤 6 确定好需要采集的入点，单击按钮开始采集，如图1-23所示。

图1-23 开始采集

步骤 7 确定好采集的出点后单击按钮结束采集，继而弹出【Save Captured Clip】对话框，给采集的片段命名为“采集01.avi”，如图1-24所示。

步骤 8 单击 OK 按钮关闭对话框，此时采集的剪辑已经存放在项目窗口中了，如图1-25所示。

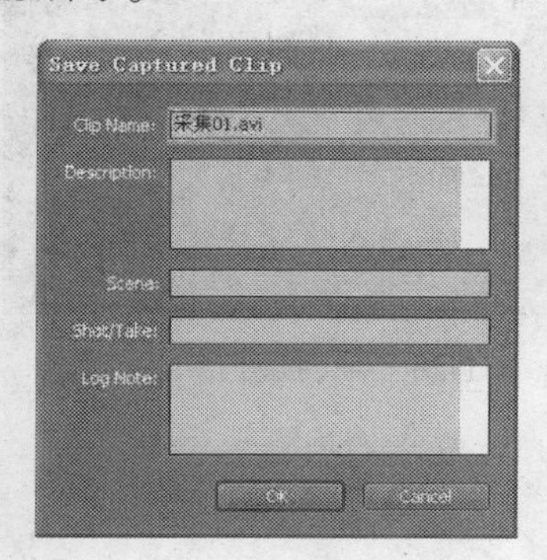

图1-24　【Save Captured Clip】对话框

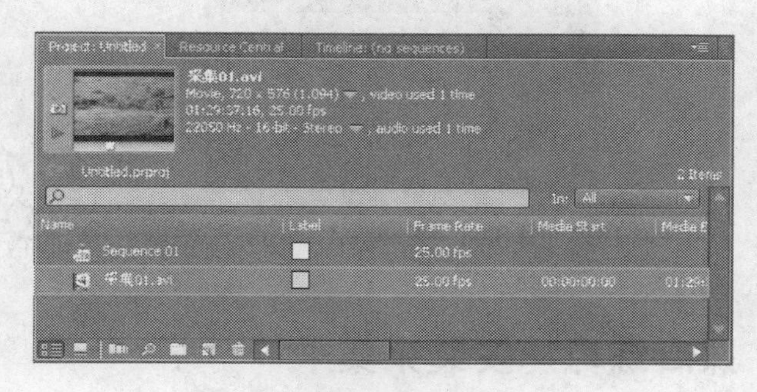

图1-25　项目窗口

采集方法二：

步骤 9 打开【Capture】窗口，通过拖动时间滑块找到需要剪辑片段的入点，单击 Set In 按钮确定采集的入点，如图1-26所示。

图1-26　确定采集的入点

步骤 10 利用同样的方法找到需要采集片段的出点，单击 Set Out 按钮确定。

步骤 11 采集片段的入点和出点都确定了，这时单击【Capture】属性下的 In/Out 按钮，在弹出的【Save Captured Clip】对话框中给采集的片段命名为“采集02.avi”，如图1-27所示。

步骤 12 单击 OK 按钮关闭对话框，此时采集的剪辑已经存放在项目窗口中了，如图1-28所示。

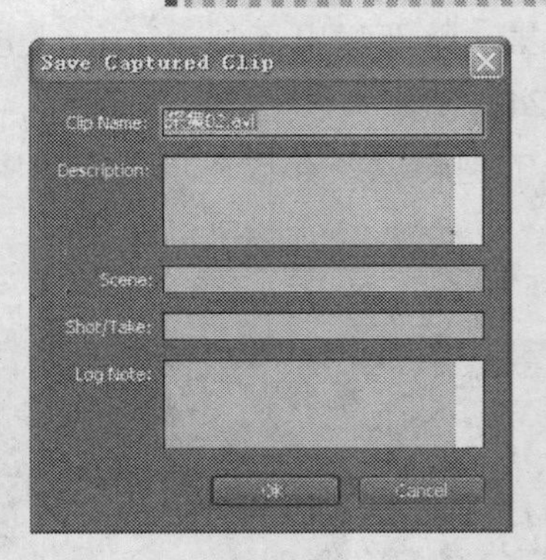

图1-27 【Save Captured Clip】对话框

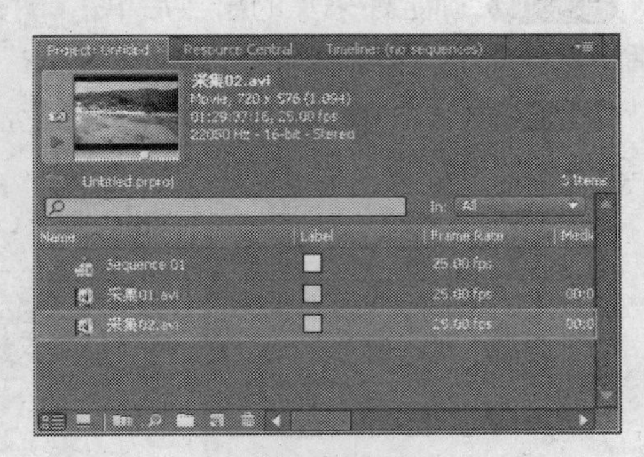

图1-28 项目窗口

课后练习：安装采集卡

下面以安装1394采集卡为例，来介绍采集卡的安装。1394的传输口分大口和小口，不同的设备装的口不同。本例以使用PC大口、DV小口为例来把采集卡装入PC，操作步骤如下。

第一步：在主板中找到PCI插槽，拿开机箱的屏蔽片，选择合适的1394卡位置装入1394卡并压紧，用螺丝固定1394卡的挡板。

第二步：装好1394卡后，机箱后面的1394线插入时需要垂直，然后装好机箱，确定无误后可以开机。

- 开机后XP系统会自动发现新硬件。
- 在设置管理器里增加了1394设备。
- 用1394线将摄影机和计算机1394卡连接起来，安装采集卡附带的DVD制片家2旗舰版或会声会影、Adobe Premiere Pro或Windows Movie Maker等软件。
- 将摄影机打开至拍摄档或回放档，界面会自动弹出采集软件的对话框。
- 用户可以单击任何一个选项开始自己的制作过程。

第2课

Premiere的项目与序列

学习导航图

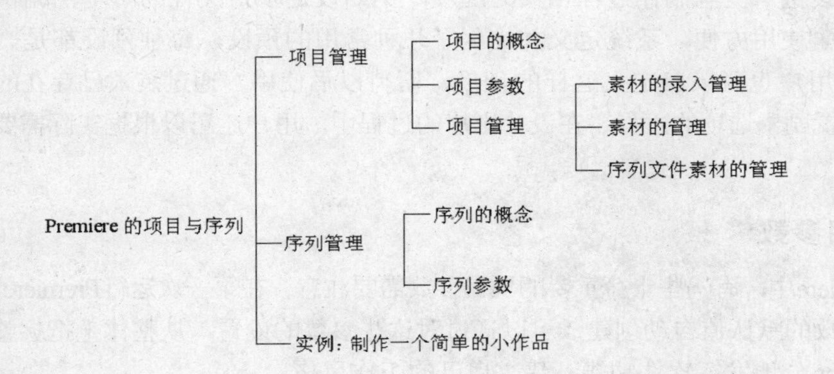

就业达标要求

1. 了解Premiere中项目与序列，以及项目与序列的管理。
2. 通过对项目及序列的理解，动手制作作品。

本课用户主要了解进行影像制作的基础知识，掌握进行影像制作项目的相关设置。在启动或开启一个项目时，必须浏览或进行新项目的设置。在项目设置中，用户对新项目需要进行一些基本参数的设置，以满足编辑素材及生成影像的播放要求。

2.1　项目管理

项目文件管理是Premiere对影视作品进行管理的有效方式。项目文件是一个项目的管理中心，它记录了一个项目的基本设置、素材信息（素材的媒体类型、物理地址、大小、每个素材片段的入点与出点以及素材帧尺寸的相关信息）、如何使用时间线窗口来组织素材以及给素材添加了哪些效果，如运动、过渡、视频音频特效、透明等。

2.1.1　项目的概念

项目的概念从广义上讲是一个特殊的将被完成的有限任务，它是在一定时间内，满足一系列特定目标的多项相关工作的总称。项目的定义包含三层含义：第一，项目是一项有待完成的任务，且有特定的环境与要求；第二，在一定的组织机构内，利用有限资源（人力、物力、财力等）在规定的时间内完成任务；第三，任务要满足一定性能、质量、数量、技术指标等要求。这三层含义对应着项目的三重约束：时间、费用和性能。项目的目标就是满足客户、管理层和供应商在时间、费用和性能（质量）上的不同要求。

但是在Premiere里面讲的项目是完整的一段影片的总称，它里面包含着生成影片的基本素材、素材信息及基本设置等。

如果想要使用Premiere来制作一段影片，那么用户要做的第一件事就是打开相应的项目文件，如果这个项目文件还不存在，就要首先创建一个新的项目文件。

项目文件在影片制作过程中的地位是非常重要的。项目文件中存储着在编辑影片的过程中要用到的所有素材。所有的素材操作基本上都要在项目文件中进行。剧本是Premiere中进行影片编辑的最主要的单位。在创建新项目文件的时候，需要预先进行对项目文件属性的设置，这些属性决定了将来生成的影片的帧频率、压缩比、尺寸大小、输出格式、特性等。还可以在此设定一些与制作过程相关的选项，例如设定项目文件的时基、编辑模式、显示单位等。为了使用方便，系统定义并优化了几种常用的预设，每种预设都是一套常用预设值的组合。用户也可以自定义这样的预设，留待以后使用。通过装入已存在的预设，可以大大简化设置剧本选项的过程。在设计影片的过程中，用户还可以根据实际需要随时更改这些选项。

2.1.2 项目参数

在Premiere中，有一些十分重要的项目参数需要注意。在第一次运行Premiere时，Premiere将按照各参数的默认值自动创建。可以通过对这些参数的设置，从整体上把握整个程序的运行，从而更充分地发挥软件功能，建立自己的工作风格。

在Premiere工作界面的菜单栏上单击【Project】/【Project Settings】/【General】命令，弹出【Project Settings】对话框，在对话框中选择相应的选项对其进行参数设置，如图2-1所示。

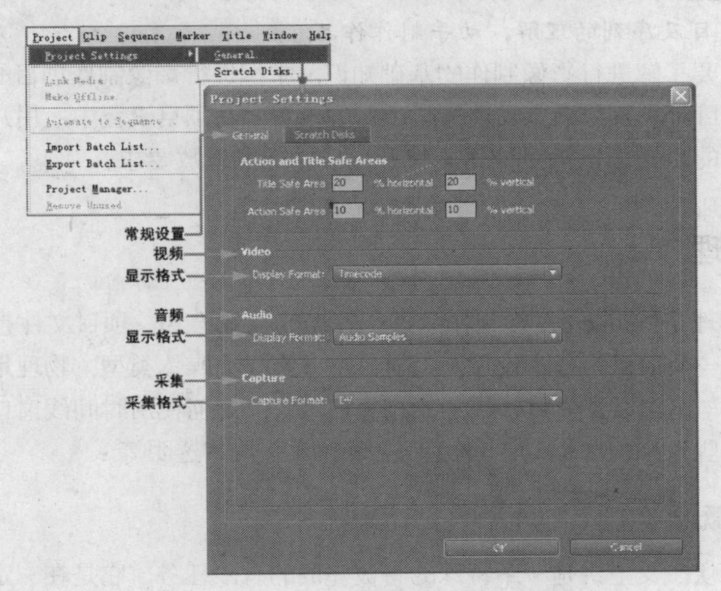

图2-1 【General】选项参数设置

- 【Action and Title Safe Areas】：设置活动和字幕安全区域。在默认的情况下，字幕安全区域为垂直和水平方向20%，活动安全区域为垂直和水平方向10%。
- 【Video】：视频有4种Display Format（显示格式）的方法，分别是Timecode（时间

码）、Feet+Frames 16mm（英尺+帧16mm）、Feet+Frames 35mm（英尺+帧35mm）和Frames（帧），其中常用的是Timecode（时间码）和Frames（帧），如图2-2所示。

- 【Audio】：有两种音频格式，除了默认的Audio Samples外，还有Milliseconds（毫秒），如图2-3所示。
- 【Capture】：有DV和HDV两种采集方式，如图2-3所示。

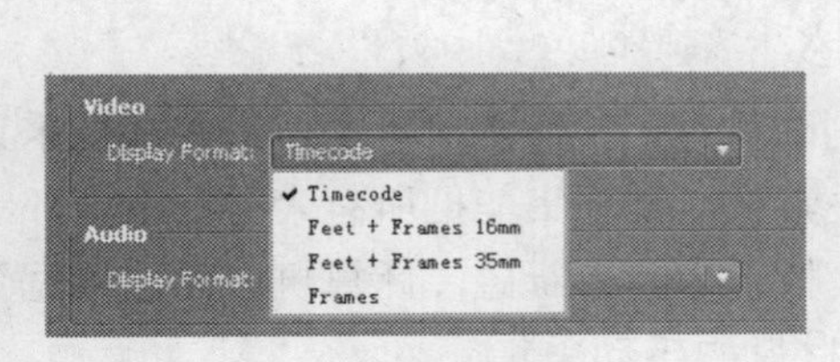

图2-2 视频格式

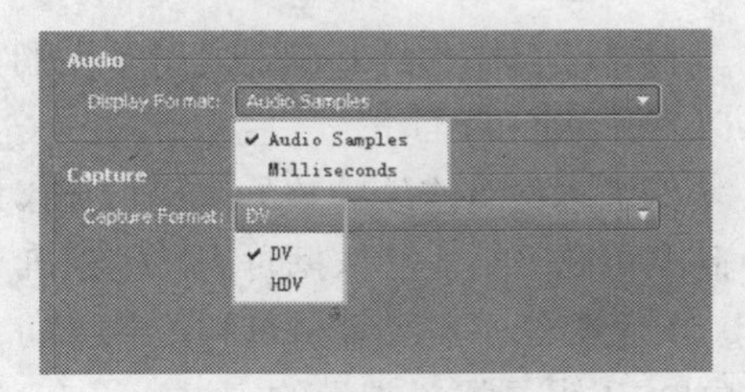

图2-3 音频格式及采集格式

在【Project Settings】对话框中对【General】选项参数设置完以后，选择【Scratch Disks】选项，如果提前将项目文件存储的空间做了选择的话，可以看到项目文件的具体位置，如图2-4所示。

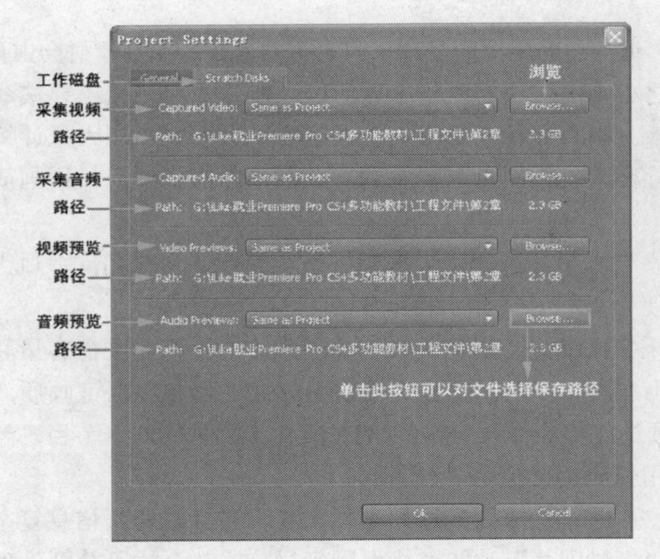

图2-4 【Scratch Disks】选项参数设置

2.1.3 项目管理

项目文件管理是Premiere对影视作品进行管理的有效方式。项目文件是一个项目的管理中心，它记录了一个项目的基本设置、素材信息（素材的媒体类型、物理地址、大小、每个素材片段的入点与出点以及素材帧尺寸的相关信息）、如何使用时间线窗口来组织素材以及给素材添加了哪些效果，如运动、过渡、视频音频滤镜、透明等。

当用户所编辑的影片需要的素材很多的时候，用项目窗口中的文件夹（箱）来管理素材文件是个省事高效的好办法。在项目窗口中，用户可以根据需要创建多层次的箱结构，就像我们使用Windows中的资源管理器来管理磁盘上的文件一样。

非线性编辑系统是目前较理想的后期节目制作环境，它提供了编辑的方便性、随意性和多代复制画质无损失等优点。然而，任何事物都有其两面性。在实际工作过程中，非线性编辑系统也有不尽人意之处，出现了如素材的存储时间受硬盘等条件的限制、上载耗时、对素材的管理不直观、系统运行慢和死机等现象。一个方便、灵活、可靠的系统，加上一套科学的组织和管理素材办法，可以大大提高非线性编辑的效率，发挥系统自身的优势。

素材的录入管理

素材是节目制作的基础，素材录入的有效管理能够大大降低上载时间。素材录入主要应做好以下几方面的工作。

• 保证素材有连续完整的时码。把素材上载到硬盘有三种方法：手动、遥控和批采集。其中遥控和批采集能够依据时码自动精确采集相关素材。批采集能把所有素材一次全部录到硬盘，大大降低了废品素材量和上载时间。如果素材带中间有断磁，计算机就无法根据登录进去的TC码来录找磁带上的素材。没有时码的素材只能手动采集。

• 对素材标名和素材内容做详细的场记，有特征信息的名字便于寻找和唯一确定素材带源，场记便于编导选择和精确采集素材。场记内容包括：镜头内容、镜头运用、入点和出点时码等。

素材的管理

通常制作节目，编导总想尽可能多地采入素材。大量的无用素材会占据宝贵的硬盘空间。采入素材多时，素材小画面很快充满整个显示屏，制作人员不得不靠滚动条来阅读素材。同时，对素材精确找入、出点需花大量时间，且这些小画面会占用大量计算机内存，使运行速度下降。对素材的管理，我们原则上要做到有效利用硬盘资源，使用画质较高的素材，这样易于寻找。

• 设定完备的素材采集信息。素材采集信息一般包括素材名、节目类型、磁带号、标识等。有特征的信息便于素材寻找和节目编辑。

• 选择素材的采集压缩比。影响素材存储量大小的因素是硬盘容量和压缩比。我们可根据计算机的硬盘大小和素材多少，尽量选择低压缩比的素材以保证画质，同时防止因空间不够而出现的诸多麻烦。比如制作几分钟的MTV或几十秒种的广告节目，要求素材少、节目质量高，我们可以选用低压缩比或者不压缩。

• 素材的剪裁。有时已经采入的原始素材太长，包括的镜头信息复杂，寻找和编辑不方便，这时可以利用“素材剪裁”功能，将大段素材分成几个片段分别处理，同时可去掉无用素材段。

• 素材窗口的管理。素材窗口是系统根据用户需要对素材库信息做的映象。对素材的操作，非线性编辑系统一般都提供了添加、删除、排序、查找等功能。对于不同的故事版文件，我们可以使用同一个素材窗口；对于同一个故事版文件，也可使用多个素材窗口。素材内容多，就可以节目的自然段落来划分，把素材存入多个素材窗口，分段编辑，操作素材也很容易。

序列文件素材的管理

• 将几段序列文件素材合成一个素材。利用系统提供的素材重采功能，可将一个已确定的故事版段落重采集于硬盘，而将有关的原始素材删除。在大段原始素材只用一小部分时，可释放不少空间。

• 保留工程文件引用素材。在一段节目制作完成后，我们保存工程文件素材采集信息，全部释放原始采集素材，然后按照采集信息重采素材。这样工程文件引用素材就按使用长度或采集长度保留下来，而将多余素材删除，以节约硬盘空间，还可保留对完成节目修改的灵活性。

· 节目素材的备份。非线性编辑设备的记录媒体主要是硬盘，价格比较昂贵。因此，节目成品片仍是录制在磁带上保留并播出的。而素材和成品片在非线性编辑系统中已被删除。当我们修改节目时，如果直接将成片上载，就会发现这种级联的压缩和解压缩使图像信号严重劣化。我们录两盘节目带，当需要做大段修改时，可以利用一盘作为工作带上载素材。

合理运用硬盘的空间

要让Premiere软件很好地为我们工作，最重要的是有头绪，不要一团乱麻，弄不清，理不明，这就要求用户选择合理的路径，分门别类地保存不同文件，下面通过一个具体的实例来说明。

操作步骤

步骤1 用户的电脑硬盘里要整理得有条理，在创建一个新的剪辑时，应该先在规定的电脑硬盘里面建好对应的文件夹，以便在操作的时候将剪辑存储在指定的文件夹中。比如，把图片、序列、文字、照片、修饰等分门别类地创建个文件夹存放，如图2-5所示。

图2-5 建立的文件夹

步骤2 当启动Premiere应用程序，用户选择新建项目时，会弹出【New Project】对话框，在对话框中单击 Browse... 按钮，在弹出的【浏览文件夹】对话框中为新建的项目文件指定路径，指定好路径后为新项目命名，如图2-6所示。

步骤3 在弹出的下一级对话框中单击 OK 按钮，这时打开刚刚存储的项目文件路径，可以看到两个子文件夹和一个工程文件，如图2-7所示。

步骤4 将自己要用到的素材分门别类地放在各个文件夹中，并且放置在规定的电脑硬盘里面，这样用户在操作的时候才能有的放矢、有条不紊。

步骤5 在项目窗口中单击按钮新建一个Bin（箱），如图2-8所示。

Premiere为用户提供了全心概念的箱，在影片项目需要用到大量素材的情况下，使用箱将素材分门别类，有利于快速找到这些素材。Premiere中的箱相当于Windows中的文件夹的概念，而且也拥有文件夹的操作特性，例如新建、重命名和删除操作等。

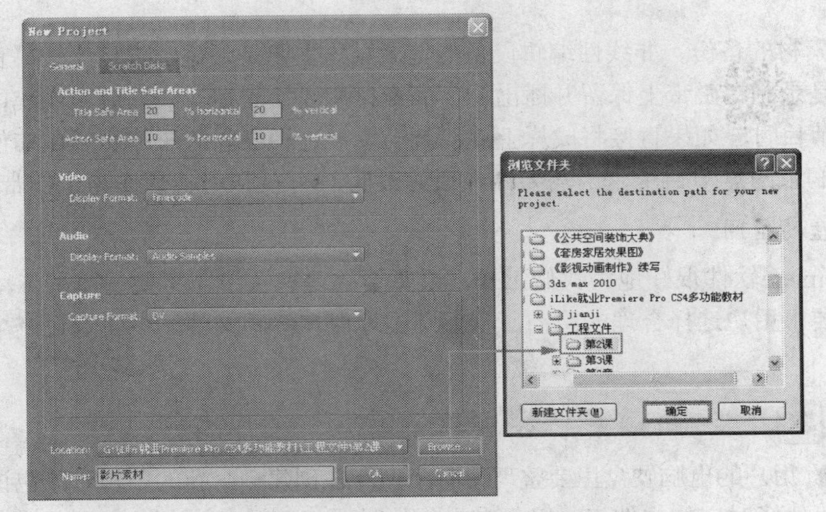

图2-6　为新建项目指定路径和名称

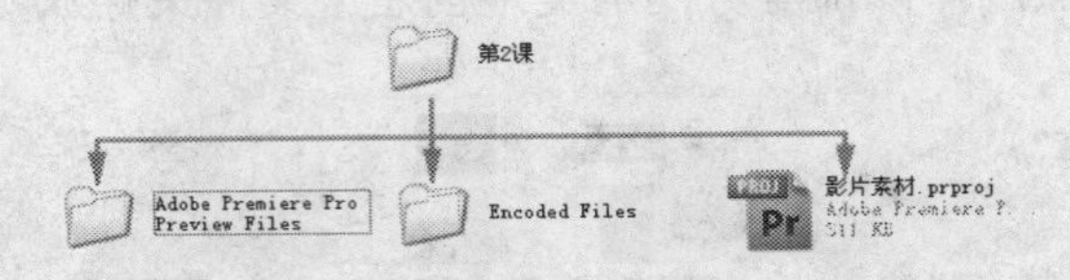

图2-7　两个子文件夹和一个工程文件

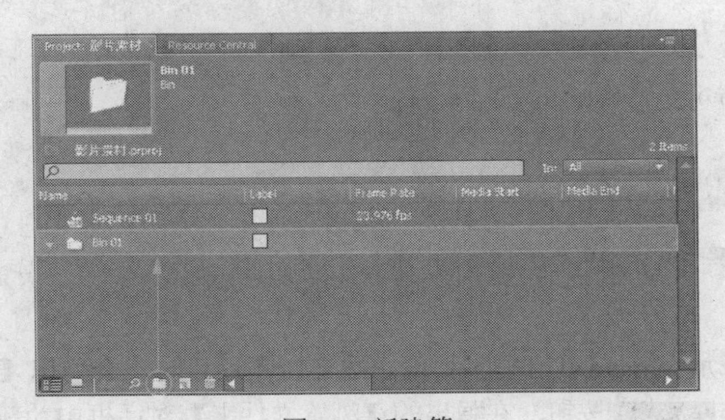

图2-8　新建箱

步骤 6 将鼠标指针移动到“Bin01”上并单击鼠标左键，将其命名为“平面素材”，如图2-9所示。

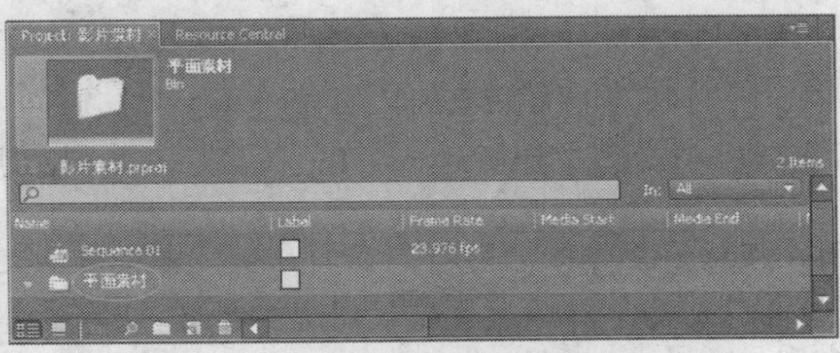

图2-9　给素材库重新命名

步骤 7　确认“平面素材”箱仍处于选择状态，单击菜单栏中的【File】/【Import】命令，在打开的【Import】对话框中选择“平面素材”文件夹中的所有素材，如图2-10所示。

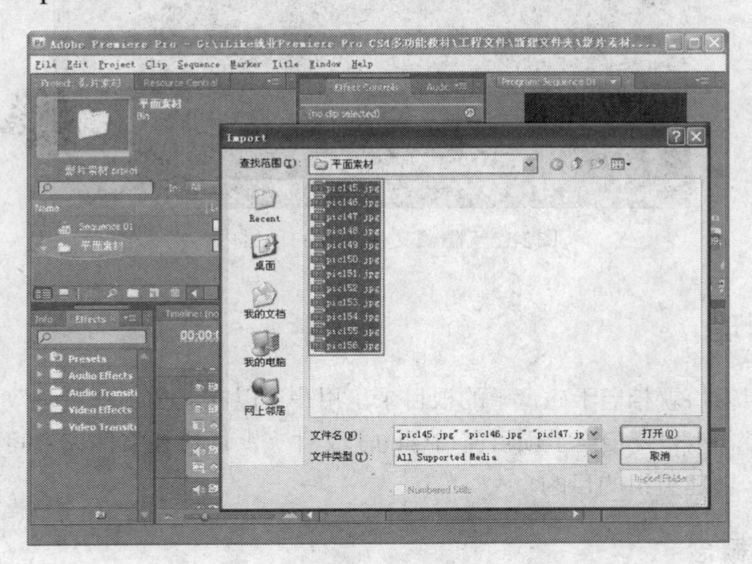

图2-10　选择素材

步骤 8　单击 打开(O) 按钮将素材引入箱中，如图2-11所示。

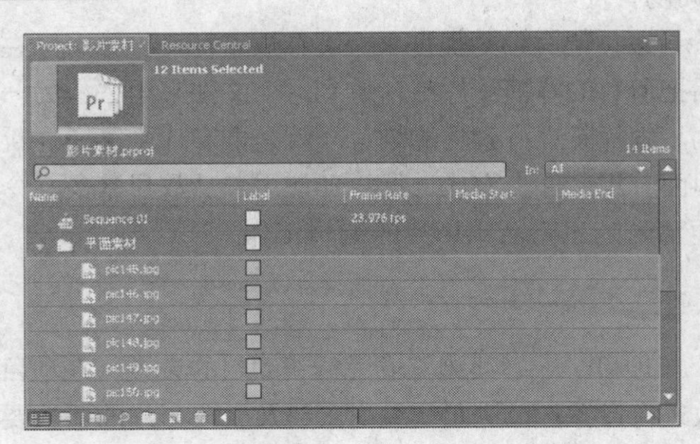

图2-11　引入素材

如果不选中此素材箱的话，引入的素材与其是平行关系，互不影响。制作一个大影片时，用户可以考虑将视频素材、音频素材以及图片素材分别安置在不同的箱内。

步骤 9　在项目窗口中单击“平面素材”文件夹图标左边的“三角形”图标，可以显示或者隐藏文件夹中的项目内容，如图2-12所示。

步骤 10　利用同样的方法，可以建立其他素材库，这些素材在Premiere Pro CS4的项目库里与硬盘里的名字是一一对应的，不需要的文件夹最好及时删除。

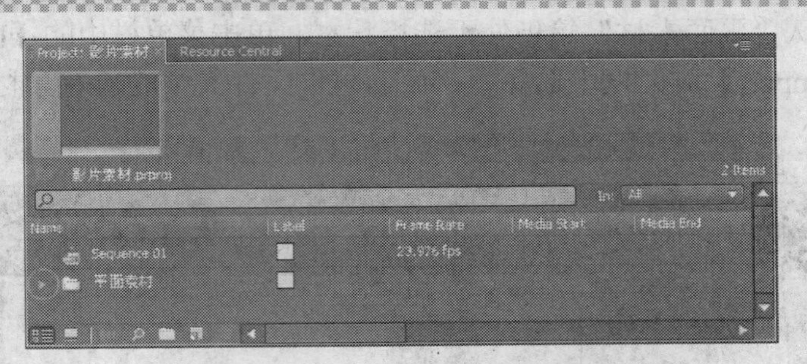

图2-12 隐藏文件夹中的项目内容

2.2 序列管理

最初的项目窗口就相当于磁盘上的根目录，用户可以在这个“根目录”上创建新的子目录，即子文件夹，序列就相当于项目窗口中的子文件夹，通过在文件夹之间移动素材文件来实现分类管理、合理组织的目的。

2.2.1 序列的概念

序列在Premiere中可以说是文件的根目录，它里面囊括了一段影片中包含的所有信息，一个序列就代表一段影片。

一般来说，用户可以按照文件的类型来分类存放素材，例如可以在项目窗口中建立静帧图片子文件夹，然后把所有的静帧图片都存放到这个文件夹里去。另一种常用的分类方法是按照影片时间线上的不同片断进行素材的划分，就是把影片中某一片断要用到的所有素材都放到同一个文件夹里面。用文件夹方式进行管理使用户从数目繁多、令人眼花缭乱的素材中解脱出来，可以用更清晰的思路从事影片的编辑工作。

2.2.2 序列参数

启动或开启一个新项目时，必须浏览或进行新项目的设置。在项目设置中，用户将对新项目的一些基本参数进行设置，以满足所编辑素材及生成影片的播放要求，这些设置主要包括常规设置、视频设置和音频设置等。

序列参数的设置就是项目文件的设置，在启动Premiere应用程序时，新建一个项目文件，在弹出的【Project Settings】对话框中设置了常规参数和文件保存路径后，单击 OK 按钮，在弹出的【New Sequence】对话框中进行项目文件的设置，如图2-13所示。

序列给出的形式有很多种，PAL是中国地区使用的形式，以NTSC开头的形式则多为北美地区使用，所以在标准情况下，选择DV-PAL项下的Standard 48kHz或Standard 32kHz。

选择【General】选项卡后可以看到选择了PAL制式后，项目文件具体的常规设置，如图2-14所示。

选择【Tracks】选项卡后可以看到项目文件的参数设置，如图2-15所示。

· 常规设置：电影的标准基准是24，NTSC制电视（北美和日本）的时间基准是30，PAL制电视（欧洲和中国）的时间基准是25。对于时间显示模式，从网络上或是光驱上播放视频可选30 fps Non Drop-Frame Time-code。

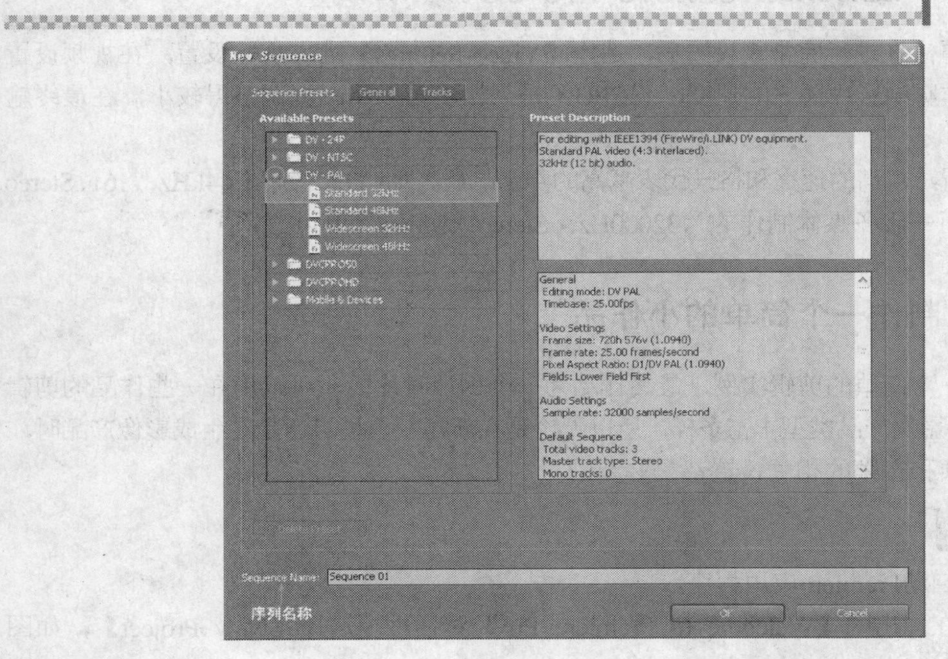

图2-13　【Sequence Presets】选项卡设置

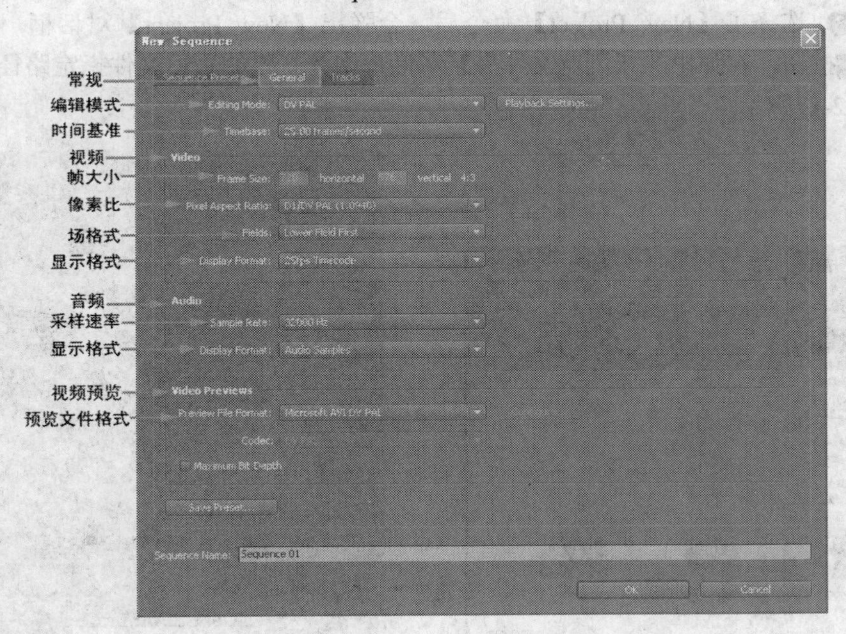

图2-14　【General】选项卡设置

轨道
视频
音频

图2-15　【Tracks】选项卡设置

• 视频设置：在进行完常规设置后，选择【Video Settings】进入视频设置，在视频设置中帧尺寸的制作影响影片播放的速度，若CPU不是很快，可以将图框调整得较小，在最终输出时放大即可。

• 音频设置：越高的速率和格式代表越高的声音品质。如CD的音质是44kHz、16位Stereo（立体声），而一般多媒体制作的为32000Hz、Stereo或Mono（单声道）。

2.3 实例：制作一个简单的小作品

本例介绍一个简单的剪辑实例，最终作品为一个倒计时片段，可以用在一些作品的剪辑开始部分。由于影像产品类型丰富多样，所以无论是在新建一个项目还是在生成影像产品时，对项目进行视频和音频的相关设置都是必要的。

操作步骤

步骤1 启动Premiere应用程序。

步骤2 在弹出的【Welcome to Premiere Pro】对话框中选择【New Project】，如图2-16所示。

步骤3 选择了【New Project】命令后，会弹出【New Project】对话框，在对话框中单击 Browse... 按钮，在弹出的【浏览文件夹】对话框中为新建的项目文件指定路径并为新项目命名，如图2-17所示。

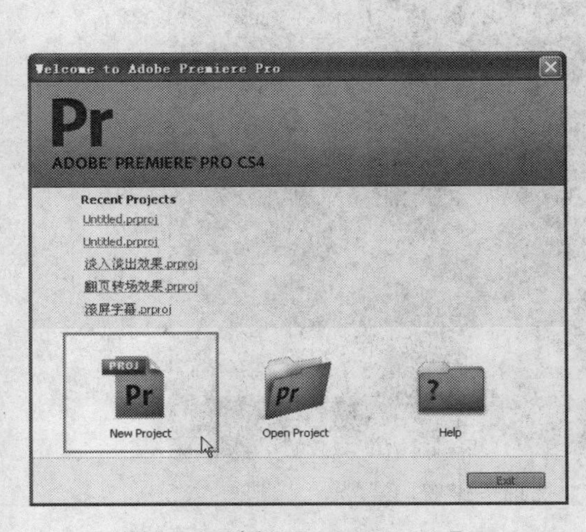

图2-16 选择【New Project】

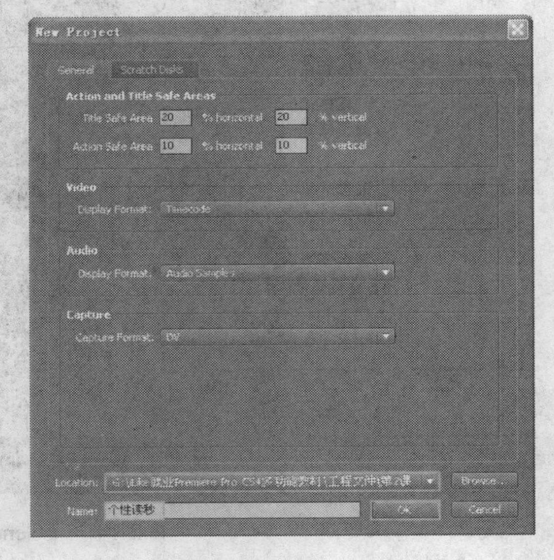

图2-17 【New Project】对话框

步骤4 单击【OK】按钮，在【New Sequence】对话框中选择【DV-PAL】下的“Standard 48kHz”，为新序列命名为“读秒”，如图2-18所示。

步骤5 单击【File】/【Import】命令，将打开【Import】对话框，按住【Ctrl】键选择“读秒.wmv”和“声音.wav”文件两个素材，将其导入Premiere中，如图2-19所示。

步骤6 在项目窗口中选中“读秒”，拖动鼠标将其移至时间线窗口Video1轨道中，如图2-20所示。

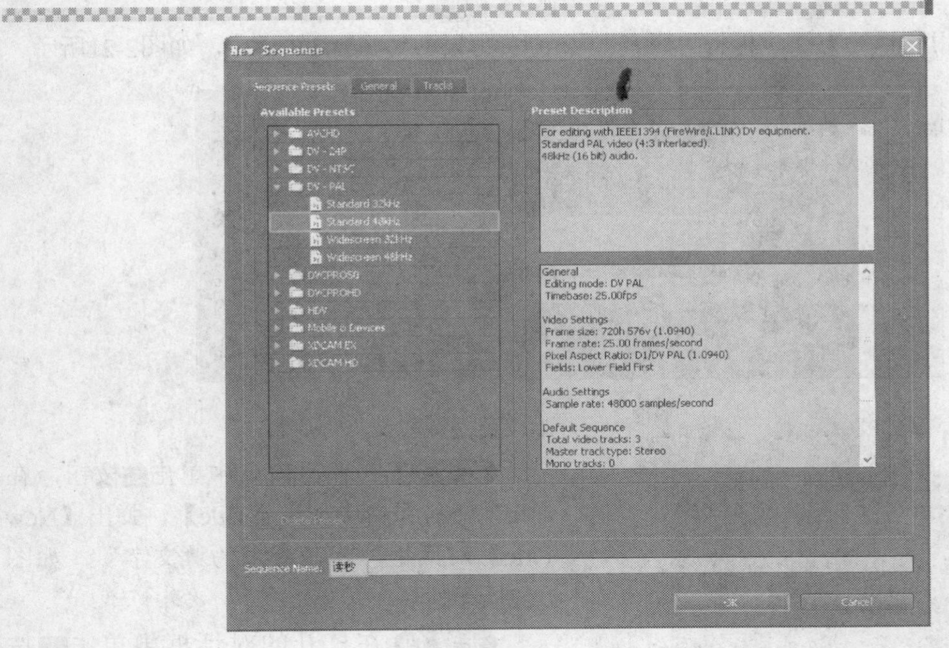

图2-18　【New Sequence】对话框

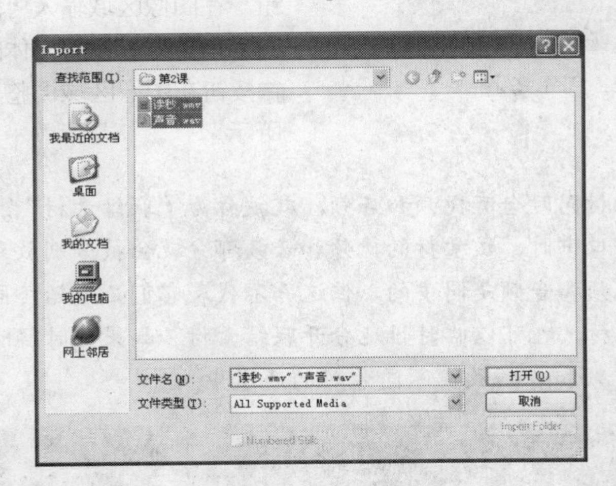

图2-19　导入文件

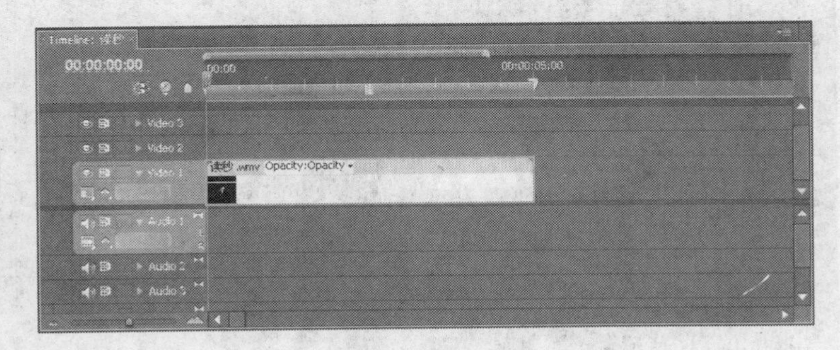

图2-20　导入文件

将文件导入时间线窗口后，有时文件的显示会很小，可以调整时间线窗口左下角的按钮及滑块。

步骤 7 用同样的方法，再将“声音”移至时间线窗口Audio1轨道中，如图2-21所示。

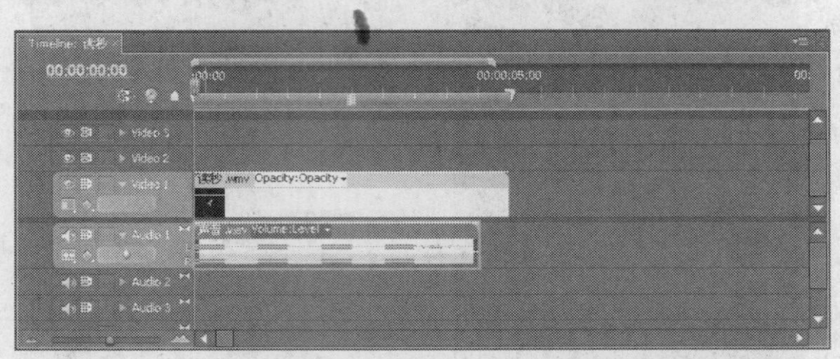

图2-21 导入文件

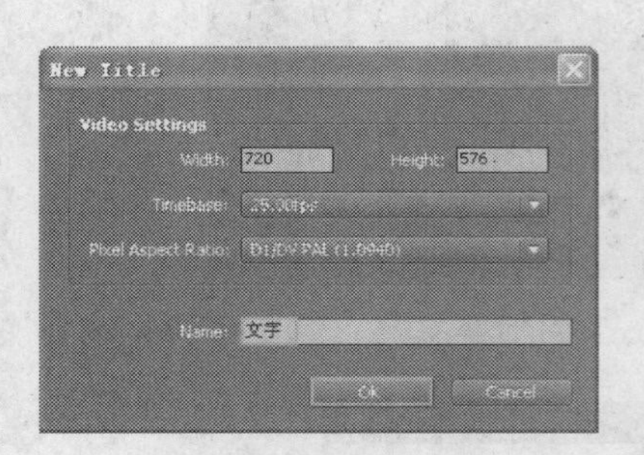

图2-22 创建文字

步骤 8 在项目窗口中单击按钮，在弹出的下拉菜单中选择【Title】，弹出【New Title】对话框，将其命名为“文字”，如图2-22所示。

步骤 9 在打开的对话框中单击按钮，在图像区域输入“Start”字样，采用默认的字体类型，设置字体的大小和颜色，并单击按钮在图像区域调整文本的位置，如图2-23所示。

如果一个素材同时含有视频和音频，就被称为“联结素材”。当一个素材被拖拽到时间线窗口中时，该素材的视频和音频部分就会被分别放到相应的通道中，同一素材的视频和音频是同步的，但这并不代表它们必须始终同步。可以永久性地分开联结素材，也可以临时性地分开联结素材。如果临时解除联结，就可以将联结素材的视频和音频放在不同号码的通道中。

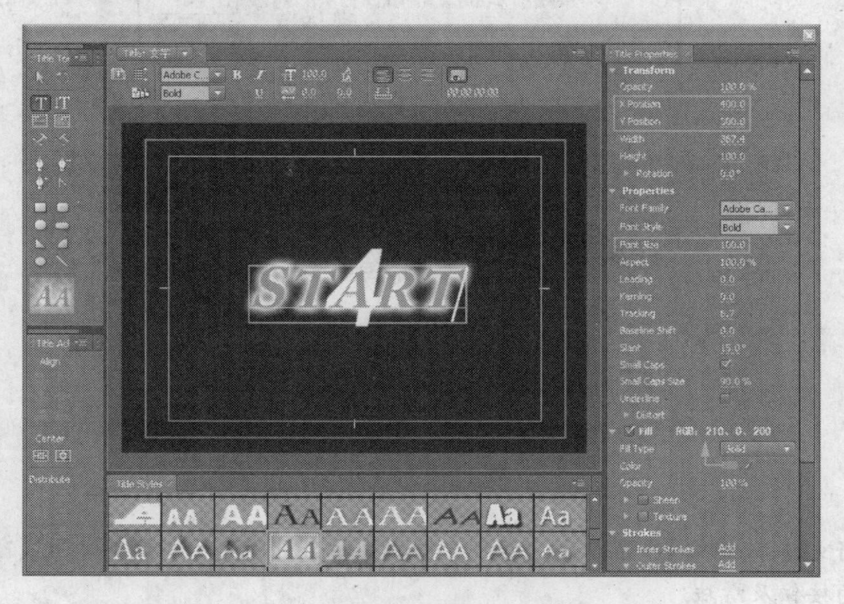

图2-23 创建文本

步骤 8 创建完文本单击☒按钮，关闭对话框。在时间线窗口中根据视频将时间指针调整至第4秒，选中项目窗口中的“文字”素材，将其拖入时间线窗口中的Video2轨道中，如图2-24所示。

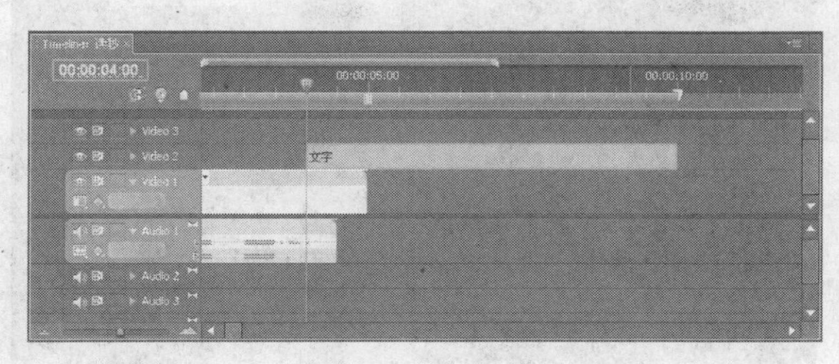

图2-24　导入素材

步骤 9 单击时间线窗口中的按钮，调整“文字”的长度，如图2-25所示。

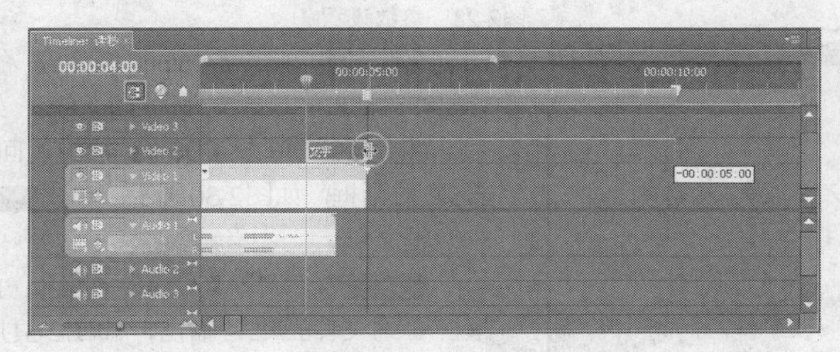

图2-25　调整素材

步骤 10 单击Program（节目）窗口中的▶按钮，查看效果，如图2-26所示。

步骤 11 按【Ctrl+S】组合键保存文件，可以发现将文件保存后其标题栏尾部的“*”号就消失了，因此要适时的将文件保存，不然一旦出现类似死机的情况将失去文件，如图2-27所示。

图2-26　查看效果

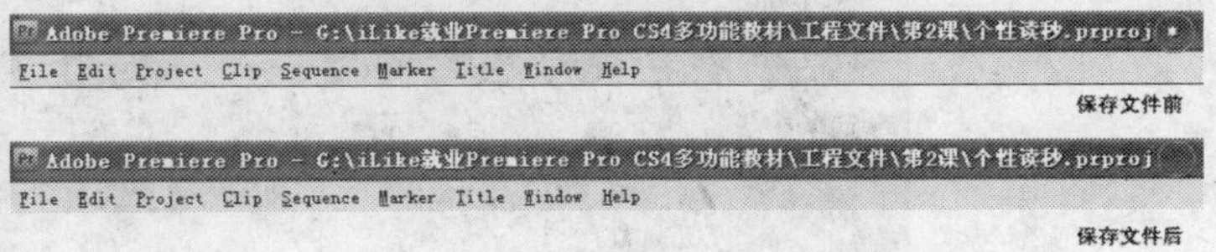

图2-27　保存文件

步骤 12 单击菜单栏中的【File】/【Export】/【Media】命令，在弹出的【Export Settings】对话框中设置各项参数，如图2-28所示。

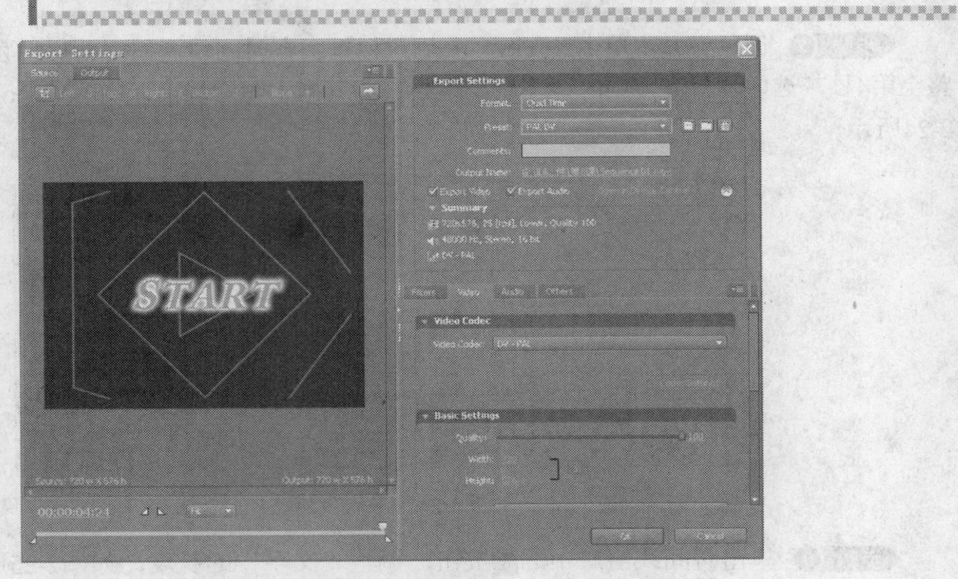

图2-28 参数设置

图2-29 保存文件

步骤 13 单击【Output Name】右侧的按钮，在弹出的对话框中选择文件保存的路径，如图2-29所示。

步骤 14 单击【保存】按钮返回【Export Settings】对话框，如图2-30所示，单击 OK 按钮关闭对话框。

步骤 15 弹出【Adobe Media Encoder】对话框，看到文件正准备输出，如图2-31所示。

步骤 16 单击 开始队列 按钮，生在影片，如图2-32所示。

步骤 17 队列完成后，生成的影片可以在前面保存的文件夹中找到，如图2-33所示。

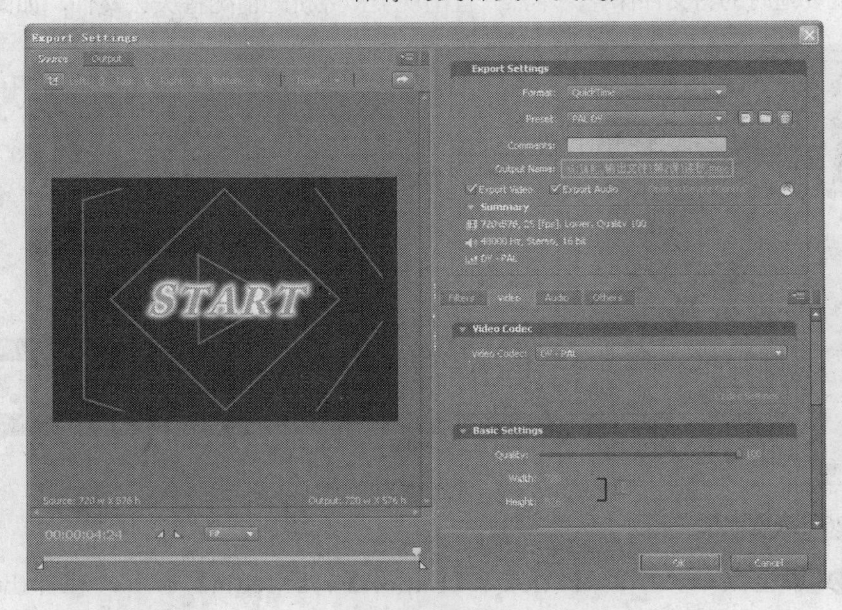

图2-30 设置参数

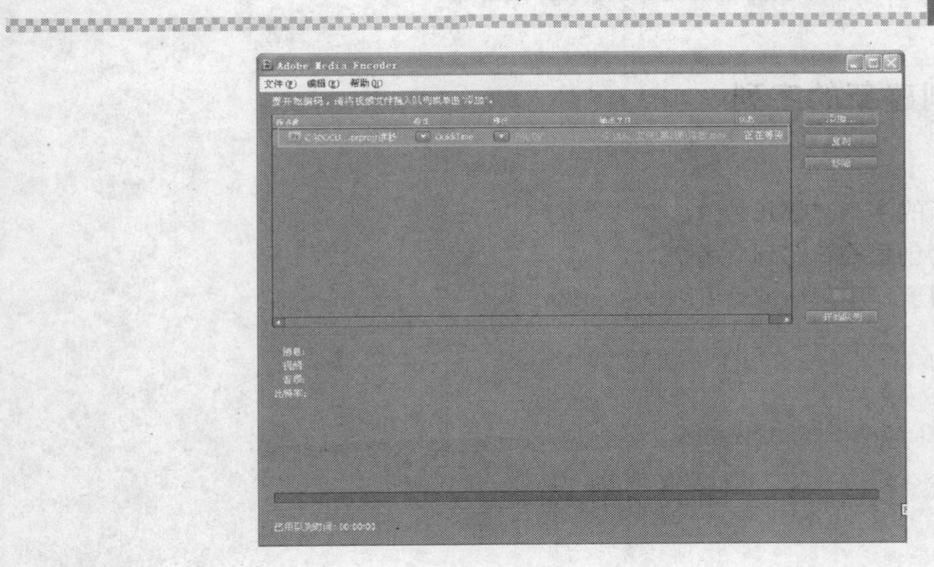

图2-31　准备输出

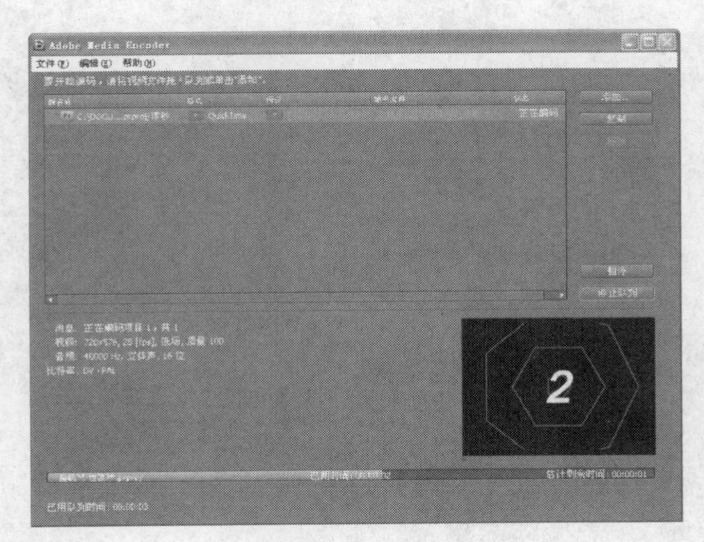

图2-32　输出文件

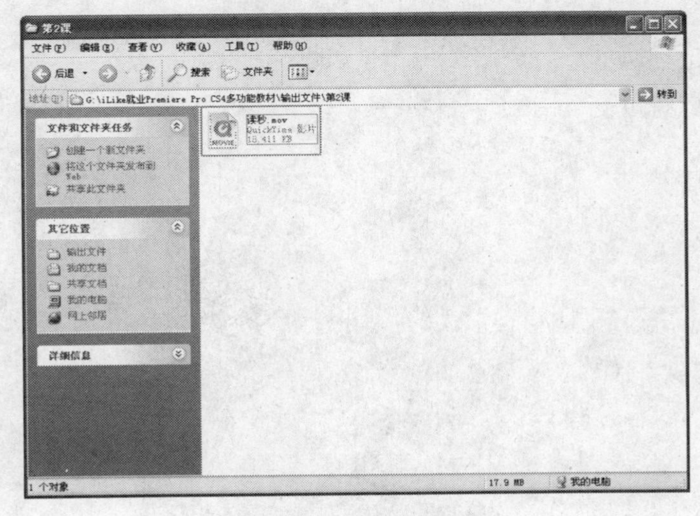

图2-33　生成的影片

课后练习：创建新的序列

问答题

（1）创建新的序列有哪几种方法？

（2）怎样为创建的新序列命名？

（3）在项目窗口中怎样调整序列的位置？

第3课

素材的基本组织和剪辑

学习导航图

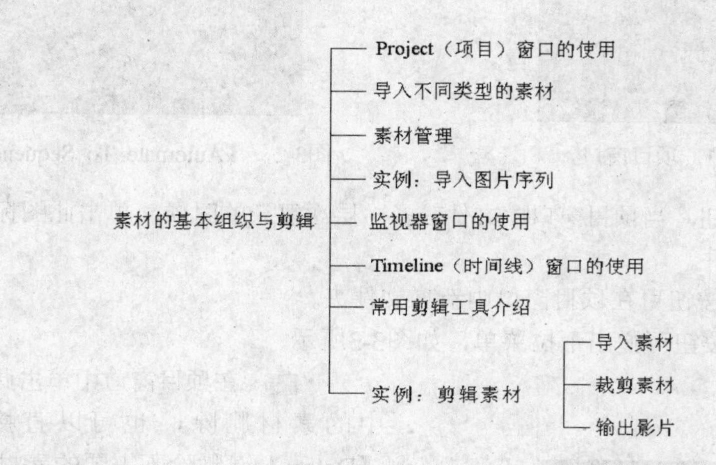

就业达标要求

1. Premiere工作界面各个窗口的作用及应用。
2. 了解软件工作界面，动手实践引入剪辑素材。
3. 学会利用各种工具辅助剪辑素材。

本课将详细介绍素材的基本组织和剪辑，在Premiere Pro CS4的三个主要窗口中都可以实施编辑，但其功能各有侧重。项目窗口是整个项目制作的核心，时间线窗口用于对节目的各个剪辑进行编辑，而监视器窗口则主要用于对整个节目的监测和编辑。

影片编辑的方法和技巧丰富多样，包括设置切入、切出点，使用裁剪模式以及预览剪辑等。

3.1 项目窗口的使用

项目窗口是整个项目制作的核心，用于存放该项目所有的基本素材，并显示了素材的基本信息，如名称、类型、持续时间（或大小）等。项目窗口不仅是一个存放素材的“仓库”，还是一个编辑素材的“车间”。

项目窗口详释

项目窗口就相当于一个大文件，它能保存某一节目所包括的素材，如图3-1所示。

- ▤：列表显示。单击此按钮，项目窗口会以列表显示模式显示。

• ：图标显示。当项目窗口有素材时，单击此按钮，可以看到素材的图标画面。

• ：单击此按钮，可以弹出【Automate To Sequence】对话框，如图3-2所示。

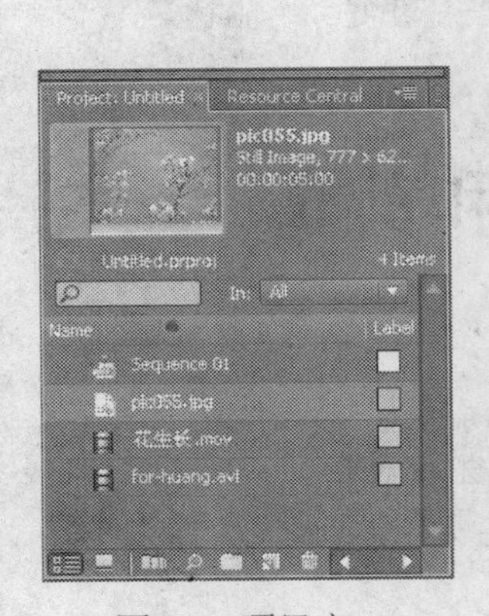

图3-1　项目窗口

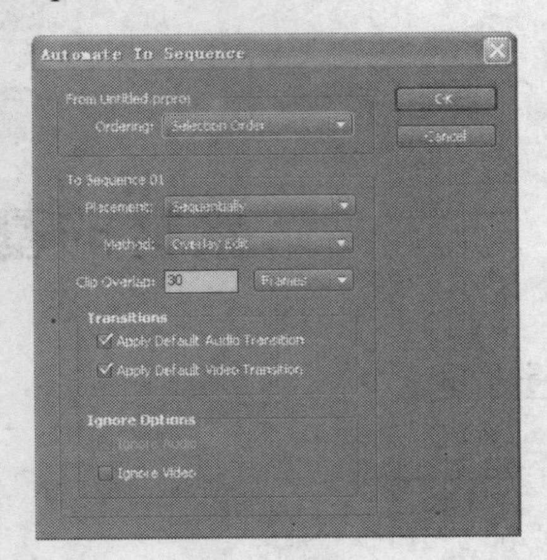

图3-2　【Automate To Sequence】对话框

• ：搜索按钮，当项目窗口中文件较多、层次复杂的时候，单击此图标就可通过弹出的对话框来查找文件。

• ：单击此按钮可在项目窗口中新增文件夹。

• ：单击此按钮可弹出下拉菜单，如图3-3所示。

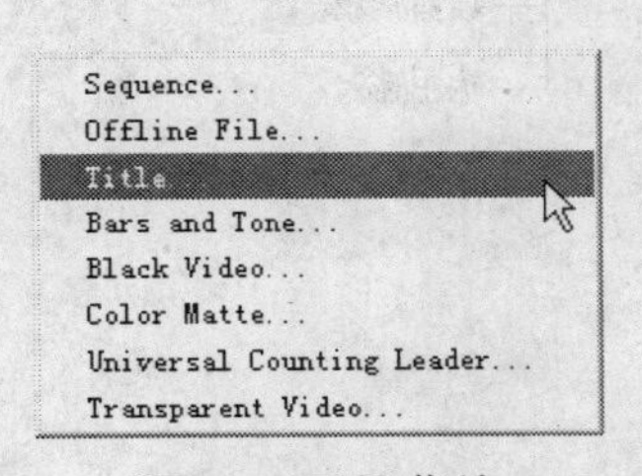

图3-3　下拉菜单

• ：在项目窗口中单击此按钮，可将选中的素材删除；也可以直接按键盘上的【Delete】键删除不需要的素材文件。

项目窗口的使用

项目窗口的用途主要有导入素材、预览素材和组织素材三个方面。

• 导入素材：Premiere剪辑的素材需要首先导入项目窗口，然后从项目窗口再引入时间线窗口。因此，在素材使用的过程中，项目窗口充当了一个中转站和仓库的作用。将素材导入项目窗口中的方法有多种，在此不做赘述。

• 预览素材：导入项目窗口中的素材都清楚地显示出其类型、尺寸、长度等信息。同时，在窗口左上角的预览窗口中可以播放视频、音频素材。

• 组织素材：一个影视作品的剪辑往往需要大量的素材，过多的素材增加了搜索的难度，项目窗口可以将素材根据不同的需要进行分类，这极大地方便了整个剪辑过程。

3.2　导入不同类型的素材

素材是剪辑的基础，Premiere能够剪辑视频、图片素材和音频素材，但这并不是说能够剪辑所有的素材。例如，常见的DVD视频盘中以“DAT”为后缀的视频文件就不能导入Premiere Pro CS4中进行剪辑。

常见的素材格式

Premiere支持的常见素材格式如下。

视频素材：视频泛指将一系列的静态影像以电信号方式加以捕捉、记录、处理、储存、传送与重现的各种技术。视频素材是最常见、最主要的编辑素材。Premiere Pro CS4几乎可以处理任何视频格式，包括对DV、HDV、Sony XDCAM、XDCAM EX、Panasonic P2和AVCHD 的原生支持。支持导入和导出FLV、F4V、MPEG-2、QuickTime、Windows Media、AVI、BWF、AIFF等格式。

图片素材：图片是一种静态素材，Premiere支持导入和导出BMP、JPEG、PNG、PSD、TIFF等格式的图片素材。

音频素材：Premiere具有强大的音频剪辑功能，但是支持的音频格式较少，例如，新型音频格式APE就不能导入编辑。Premiere支持的常见音频格式有.wav、.wma、.mp3等。

导入素材的方法

素材是节目制作的基础，素材录入的有效管理能够大大降低上载时间。不同的素材在导入时需要不同的参数设置，下面将以实例的形式介绍导入不同类型素材的方法并以不同的方式进行导入。

操作步骤

步骤1 启动Premiere应用程序，新建一个项目文件。

步骤2 单击【File】/【Import】命令，在弹出的【Import】对话框中选择“向日葵.jpg”，如图3-4所示。

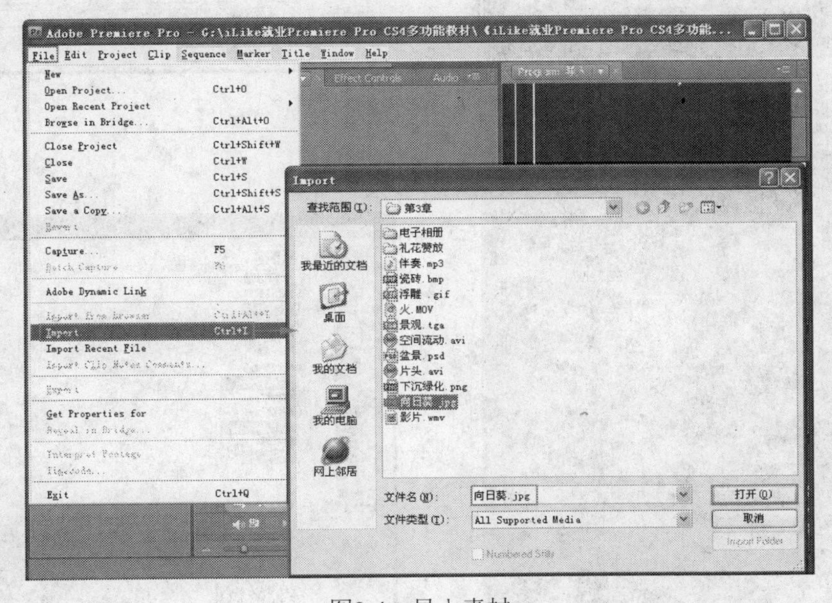

图3-4 导入素材

步骤3 单击打开(O)按钮后，“向日葵”文件将出现在项目窗口中，如图3-5所示。

此处是将项目窗口单独移动出来得到的效果，方便观察。

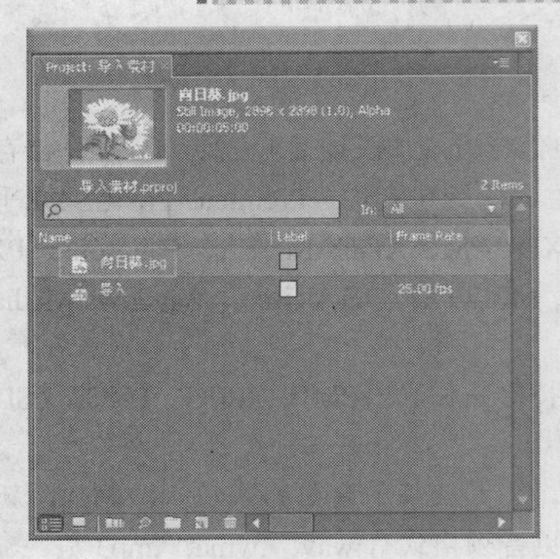

图3-5　导入的素材

步骤 4 在项目窗口中的空白处单击鼠标右键，在弹出的快捷菜单中选择【Import】命令，在弹出的【Import】对话框中框选如图3-6所示的素材。

步骤 5 在项目窗口中单击其下方的按钮，素材将以图标的方式展现，如图3-7所示。

步骤 6 在项目窗口中的空白处双击，在弹出的【Import】对话框中按住【Ctrl】键选择如图3-8所示的文件。

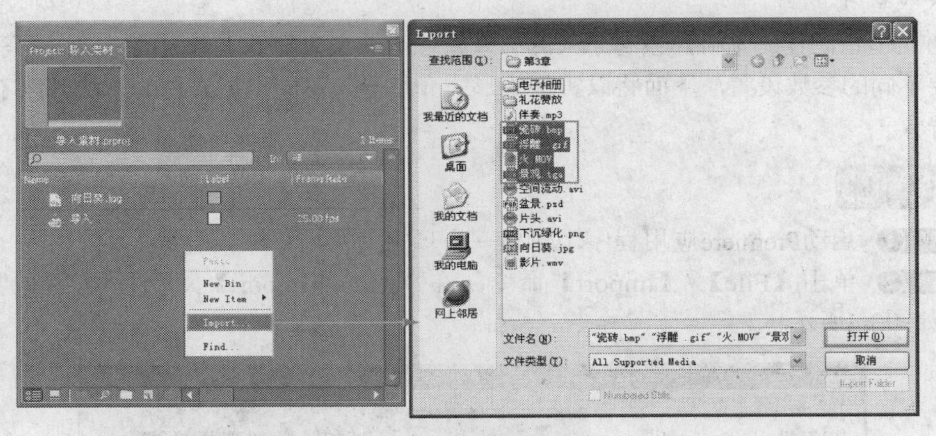

图3-6　选择素材

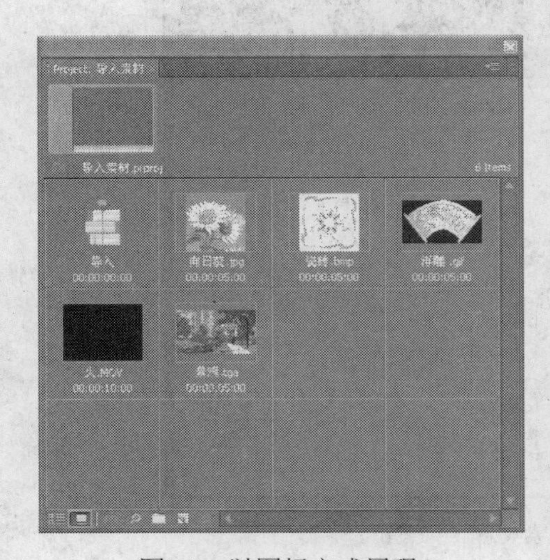

图3-7　以图标方式展现

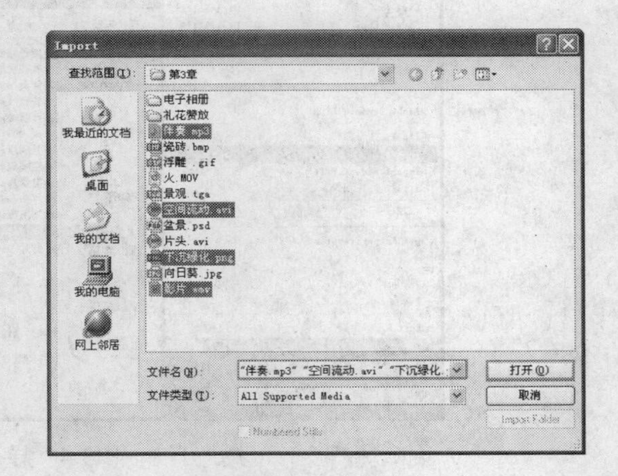

图3-8　选择素材文件

步骤 7 此时观看项目窗口中的素材，可以看到视频、音频及不同类型图片的区别，如图3-9所示。

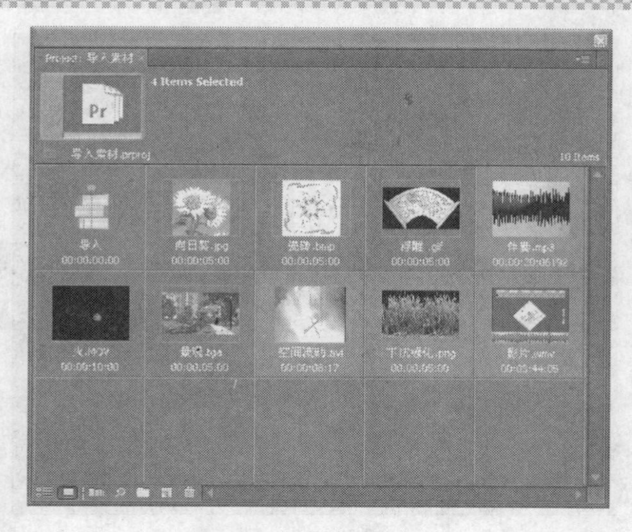

图3-9　项目窗口

步骤 8 在Premiere软件左下角的【Media Browser】（媒体浏览器）中选择“盆景.psd”文件，如图3-10所示。

步骤 9 将选中的“盆景”拖至项目窗口中，在弹出的对话框中单击 Merge All Layers 右侧的小三角，选择【Individual Layers】项，如图3-11所示。

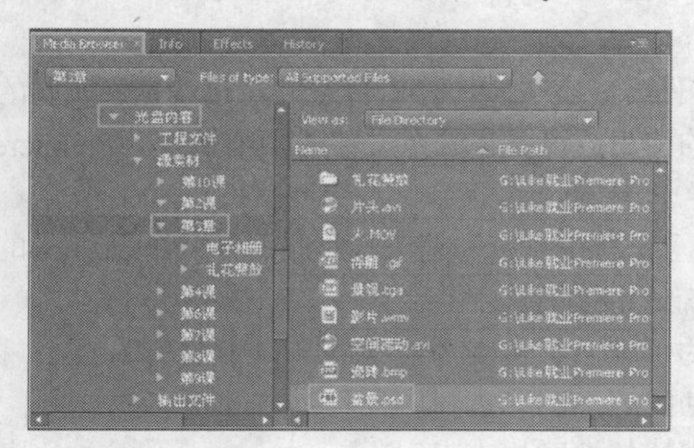

图3-10　选择文件

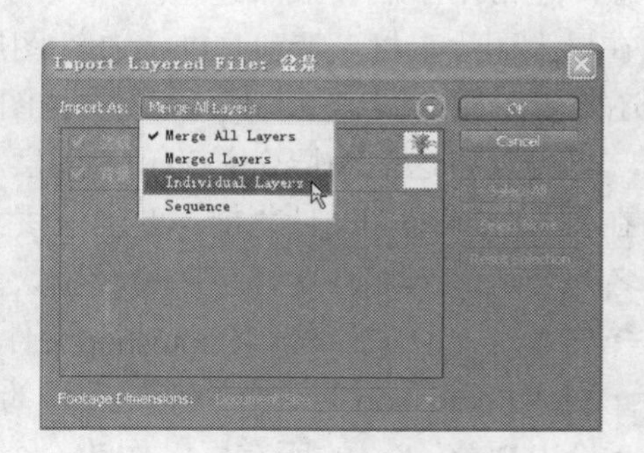

图3-11　设置参数

步骤 10 取消勾选“背景”，选择单独的一层，然后单击 OK 按钮关闭对话框，如图3-12所示。

步骤 11 此时“盆景”已经导入到项目窗口中，效果如图3-13所示。

导入素材的注意事项

通过前面的实例，读者可以看到素材导入时需要根据素材本身的情况设置导入参数，其中最为主要的是Alpha通道的使用和图层的合并。

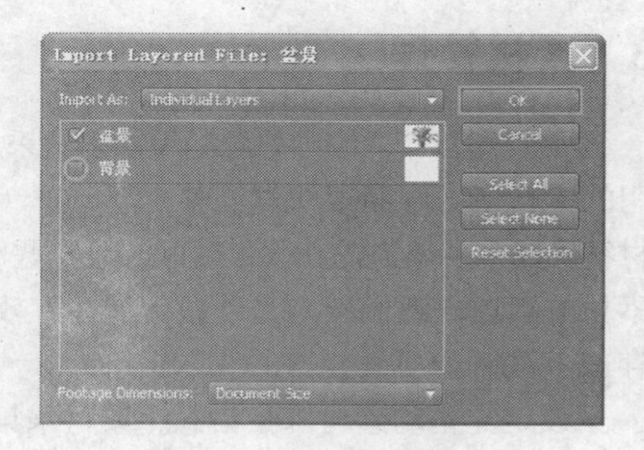

图3-12　设置参数

图3-13　导入素材

Alpha通道通常存在于MOV格式的视频素材或TGA、TIF格式的图片素材中，正确地使用Alpha通道可以实现透明或遮罩的效果。

通常情况下，一个典型素材项目的色彩信息包含在三个通道中：红色通道、蓝色通道和绿色通道。不过，素材项目还包含第四个通道，它被称为Alpha通道，该通道包含了影像的透视信息，经常用于制作效果遮罩。

在导入图片素材，特别是Photoshop图片文件时，有些图片是未合层的，也就是说不同的图像还处于不同的图层上。Premiere支持图层的使用，可以将图像文件的图层转换为Premiere图层，也可以将这些图层合并为一个图层。

在引入Photoshop文件之前，要确认该文件可以减少预览和渲染的时间，并为Photoshop的层命名为合适的名称，这样可以避免引入和修改时出现不必要的麻烦。

- 作为一个合成影像，Photoshop文件中的每一个层转变为监视器窗口中分离的层。
- 引入Photoshop文件中的某一层作为单独的静态图片素材。
- 合并Photoshop的所有层，作为一个单独的静态图片素材引入。

3.3　素材管理

通常制作节目，编导总想尽可能多地采用素材。大量的无用素材会占据宝贵的硬盘空间。采用的素材多，画面很快充满整个显示屏，制作人员不得不靠滚动条来阅读素材。同时，对素材精确找入、出点需花大量时间，且这些小画面会占用大量计算机内存，使运行速度下降。对素材的管理，我们原则上要做到能够有效利用硬盘资源，易于寻找。这就需要在素材组织和存放上注意如下几点。

- 设定完备的素材采集信息。素材采集信息一般包括：素材名、节目类型、磁带号、标识等。有特征的信息便于素材寻找和节目编辑。
- 选择素材的采集压缩比。影响素材存储量大小的因素是硬盘容量和压缩比。我们可根据计算机的硬盘大小和素材多少，尽量选择低压缩比以保证画质。同时防止因空间不够而出现的诸多麻烦。比如制作几分钟的MTV或几十秒种的广告节目，要求素材少、节目质量高，我们可以选用低压缩比或者不压缩。

· 素材的剪裁。有时已经采入的原始素材太长，包括的镜头信息复杂，寻找和编辑不方便，这时可以利用“素材剪裁”功能，将大段素材分成几个片段，分别处理。同时可去掉无用素材段。

· 素材窗口的管理。素材窗口是系统根据用户需要对素材库信息做的映像。对素材的操作，非线性编辑系统一般都提供了添加、删除、排序、查找等功能。对于不同的故事版文件，我们可以使用同一个素材窗口；对于同一个故事版文件，也可使用多个素材窗口。

大量的素材导入项目窗口后，也存在素材的组织和管理问题。在此，本节重点介绍如何在项目窗口中组织、管理素材。

与其他后期制作的软件类似，在Premiere中也可以创建箱进行素材的管理，这样不仅使窗口更加简捷，也更便于素材的查找，提高工作效率，下面举例说明箱的用法。

操作步骤

步骤1 在项目窗口中单击按钮，新建一个“箱”，可以将其命名为“影音素材”，如图3-14所示。

步骤2 在项目窗口中首先选中所有视频与音频素材，然后用鼠标将它们拖至“影音素材”箱中，如图3-15所示。单击箱前面的三角可以展开箱，再次单击可以关闭它。

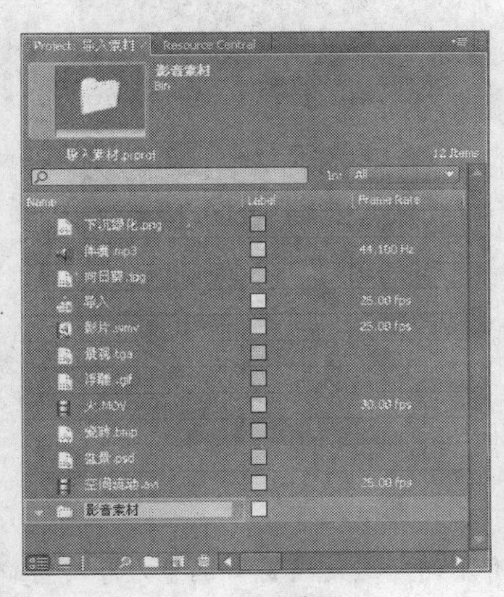

图3-14 新建箱

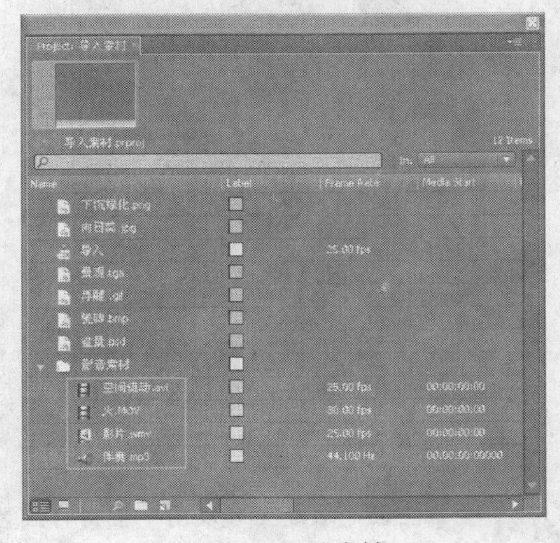

图3-15 调整素材

步骤3 在项目窗口中选中“影音素材”，单击按钮，在“影音素材”箱中新建一个子箱，命名为“视频”，然后将“影音素材”中的视频拖至其中，如图3-16所示。

步骤4 用同样的方法，选中“影音素材”，单击按钮，再创建一个子箱，命名为“音频”，再将其中的文件拖入，如图3-17所示。这样便将音频素材和视频素材放置在不同的箱中，更加便于搜索。

步骤5 确认在项目窗口中未选中任何箱，单击按钮，再创建一个箱，此时创建的箱和“影音素材”箱是平级的。将新创建的箱命名为“图片素材”，再将项目窗口中的图片拖入其中，如图3-18所示。

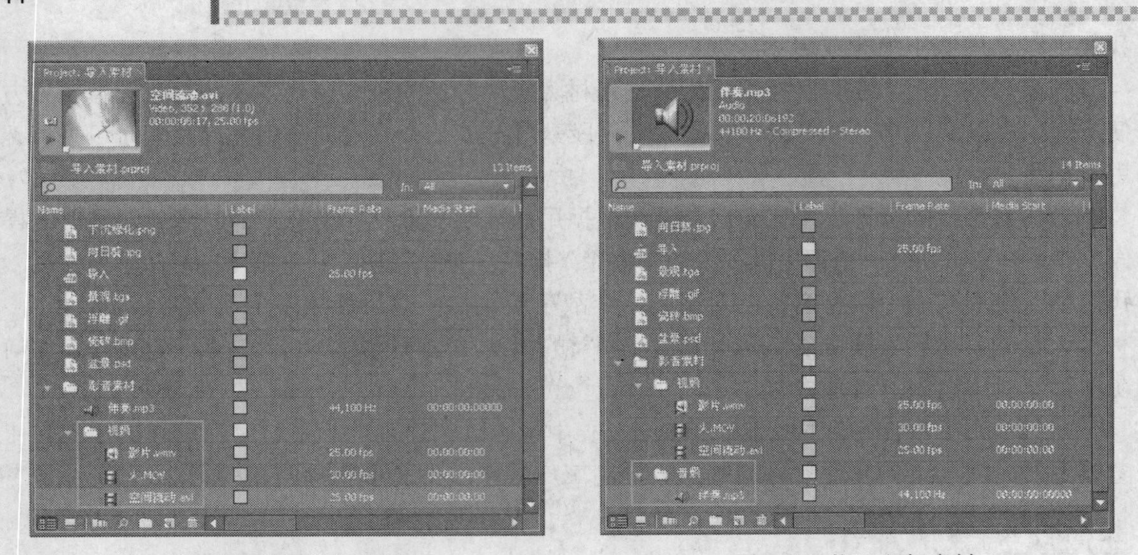
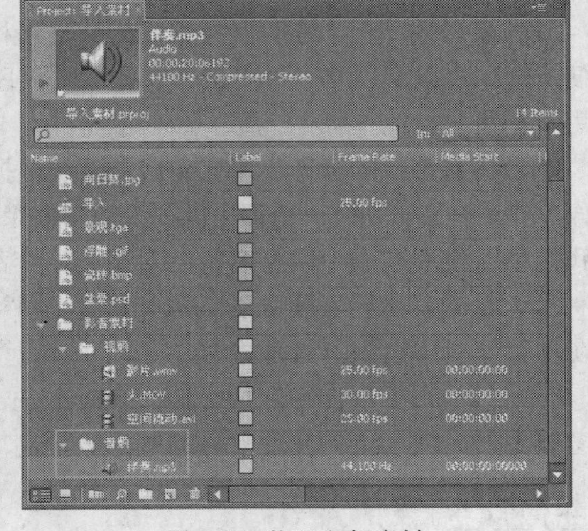

图3-16 整理视频素材　　　　图3-17 整理音频素材

步骤 6 连续单击■按钮，会发现可以创建多层子箱，使大量素材井然有序，如图3-19所示。

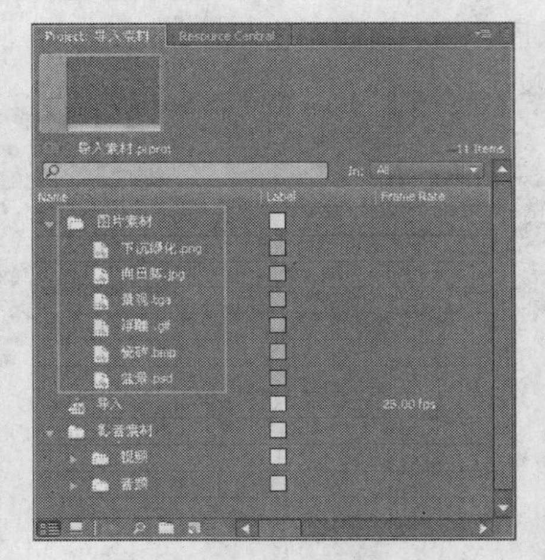

图3-18 整理图片素材

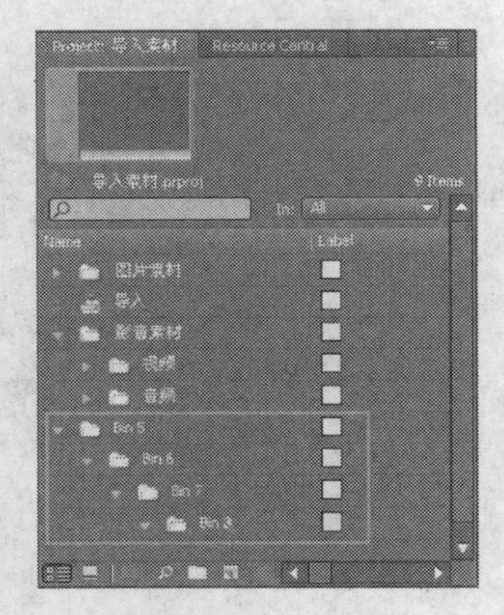

图3-19 子箱

在上面的叙述里发现图中素材的位置会略有不同，这是将窗口调整为浮动窗口的原因，调整为浮动窗口只是为了效果更清楚，用户只要掌握箱的用法即可。

3.4 实例：导入图片序列

图片序列是图片素材的一种。图片序列也就是一个动作由多张连续的静帧图片组成，将多幅连续的图像按照一定的速率播放，基于人视觉暂留的生理特点，就产生了连续不间断运动的感觉，这就是动画的原理。一些三维软件如3ds Max、Maya等软件可以生成图片序列，这些图片序列通过后期软件的剪辑合成最终生成视频作品。

将图片序列导入Premiere并进行剪辑需要注意几个方面的内容，本节重点介绍导入图片序列的过程。

操作步骤

步骤1 启动Premiere应用程序，建立一个新的项目文件。

步骤2 在窗口的空白处双击鼠标左键，在弹出的【Import】对话框中选择“礼花绽放”文件夹，在打开的文件夹中选择任意一个文件，勾选“Numbered Stills”，如图3-20所示。

步骤3 单击 打开(O) 按钮将所有文件引入到窗口中，所有的图片序列变为一个素材，其图标与没有声音的视频素材相同，如图3-21所示。

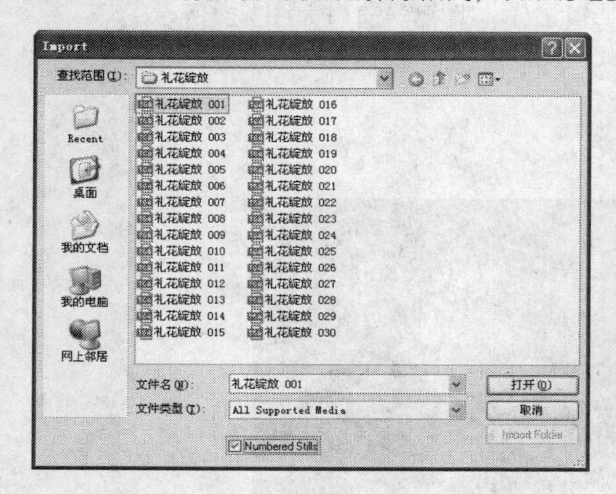

图3-20　选择图片

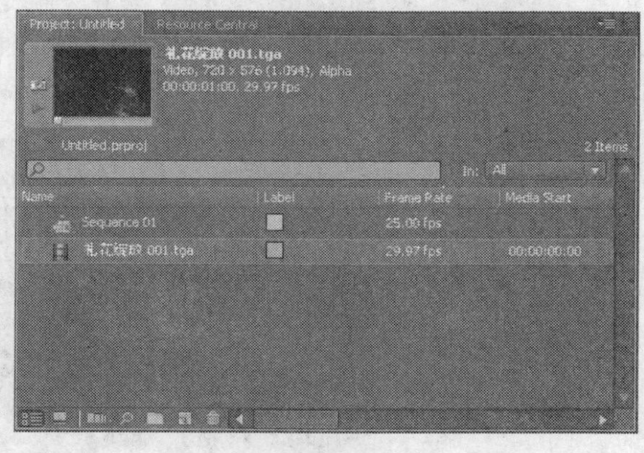

图3-21　导入图片序列

步骤4 如果在弹出的【Import】对话框中不勾选“Numbered Stills”，则导入的图片素材将与导入静帧图片无异，导入“礼花绽放001.tga”的效果如图3-22所示。

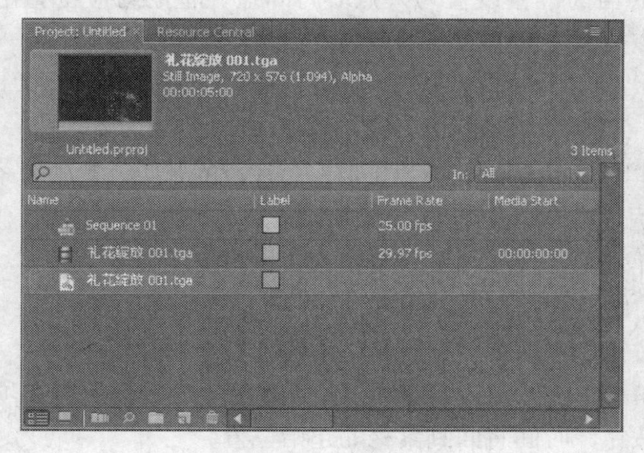

图3-22　导入素材效果

3.5　监视器窗口的使用

监视器窗口是Premiere中的重要部分，在工作界面中也占据大部分的面积。这里说的监视器窗口是指Source（源）窗口和Program（节目）窗口，是Premiere的重要组成部分，如果说时间线窗口是Premiere的双手，那监视器窗口就是Premiere的眼睛，在项目窗口中双击素材，或者在时间线窗口中双击需要的素材，均可以使素材在源窗口中显示，如图3-23所示。

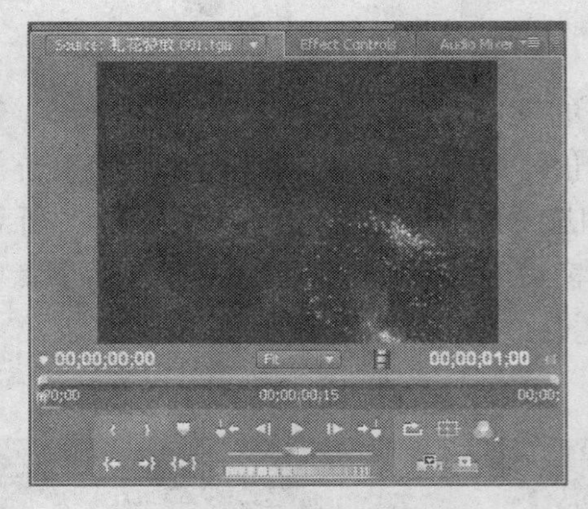

图3-23　预览作用

监视器窗口详释

监视器窗口包括许多不同和相同的特征和控件按钮，这些特征和控件按钮可以帮助用户对素材项目进行适时、适地的操作。编辑影片的工作不仅可以在时间线窗口中进行，在监视器窗口中同样可以执行影片的编辑工作。监视器窗口如图3-24所示。

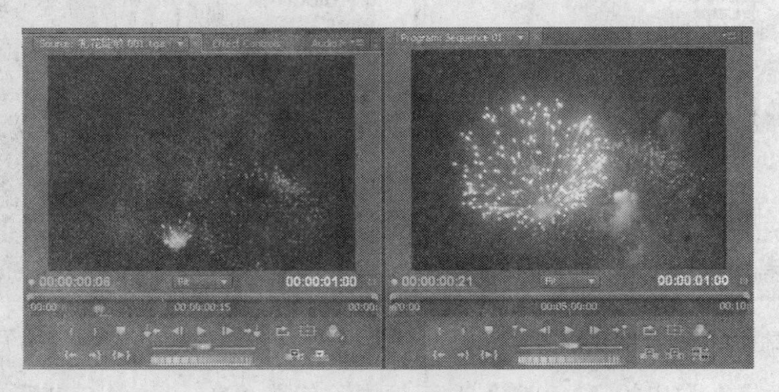

图3-24　监视器窗口

- ：将片段的当前位置设置为入点，时间监控框的对应位置出现“{”，当按住【Alt】键时再单击该按钮，会清除已设定的入点。
- ：将片段的当前位置设置为出点，时间监控框的对应位置出现“}”，当按住【Alt】键时再单击该按钮，会清除已设定的出点。
- /：将编辑线定位于时间标尺上前一个片段的开始位置/后一个片段的开始位置。
- /：将画画逐帧向后移/前移。
- /：播放/停止。
- ：在片段的出点和入点循环播放。
- ：激活此按钮，可以在监视器窗口中看到安全框。
- ：输出按钮，单击此按钮，在弹出的下拉菜单中选择所需选项进行设置。
- ：单击此按钮，时间将回到素材的起始位置。
- ：单击此按钮，监视器中将出现素材最后一帧的影像。
- ：播放从入点到出点的影像。
- ：飞梭工具，向右拖动中间的按钮播放素材片段，向左拖动则向后播放素材片段。按钮距离中心越远，播放或向后播放的速度越快。

使用监视器窗口剪辑素材

除了预览作用外，监视器窗口还具有剪辑素材的功能。两个监视器窗口的剪辑功能是不同的，源窗口是对素材的编辑，而节目窗口与时间线窗口相关联，是对时间线窗口的剪辑。

• ：插入按钮，快捷键为【，】，顾名思义，可以在一段素材中插入另一段素材。

例如，在项目窗口中双击“向日葵”，导入源窗口中，调整素材的长度，然后将时间线窗口中的时间调整至第10帧，单击按钮，即可将“向日葵”插入第10帧的位置，原来素材被分为两段，后面的部分被推到插入素材的后面，效果如图3-25所示。

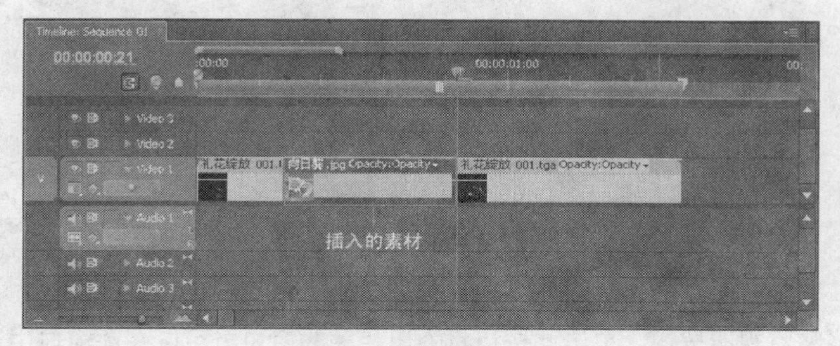

图3-25　插入素材

• ：覆盖按钮，快捷键为【。】，单击此按钮，新素材将取代旧素材。

例如，在项目窗口中双击“向日葵”，导入源窗口中，调整素材的长度，然后将时间线窗口中的时间调整至第10帧，单击按钮，“向日葵”将覆盖原素材与插入素材长度相同的一段，效果如图3-26所示。

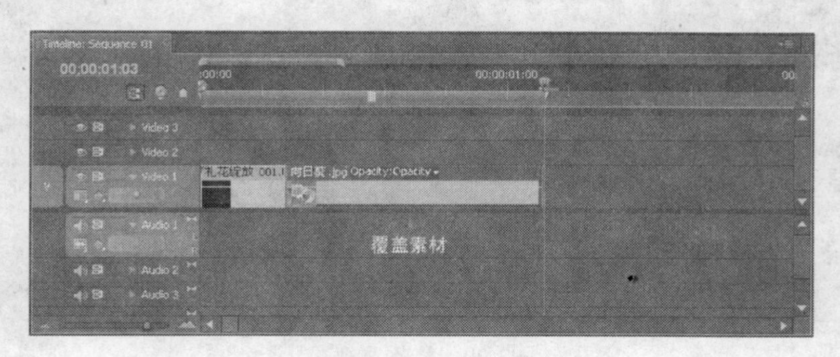

图3-26　覆盖素材

• ：将当前片段从编辑轨道中抽走，与其相邻的片段不改变位置。

例如，在节目窗口中将时间调整至第10帧，单击按钮设置一个入点，再将时间调整至第16帧，单击按钮设置出点，然后单击按钮，效果如图3-27所示。

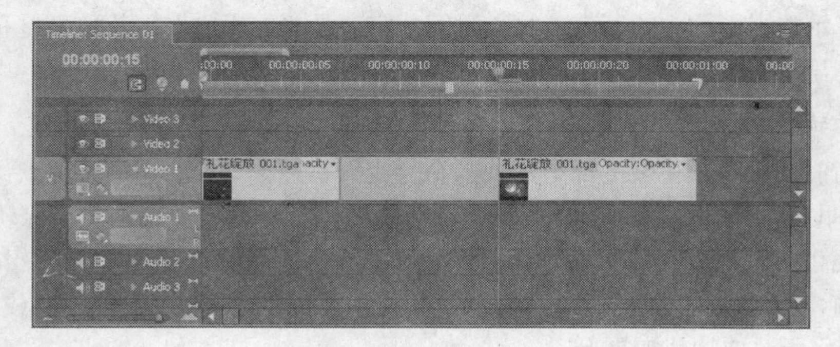

图3-27　按钮应用效果

• ：将当前片段从编辑轨道中抽走，接在它后面的片段被提前。

例如，在节目窗口中将时间调整至第10帧，单击按钮设置一个入点，再将时间调整至第16帧，单击按钮设置出点，然后单击按钮，效果如图3-28所示。

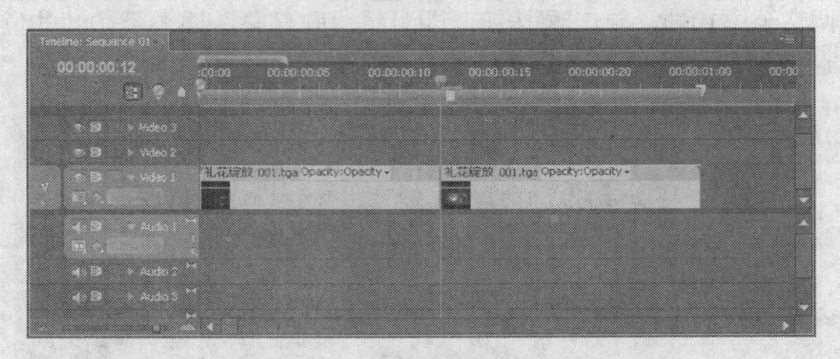

图3-28 按钮应用效果

• ：修整监视器按钮，单击此按钮将弹出相关的窗口，可以在此窗口中对素材进行调整，如图3-29所示。

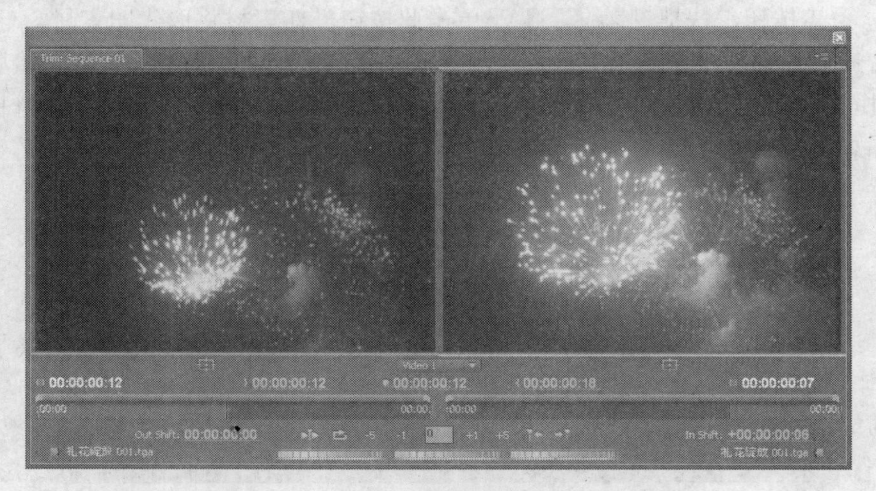

图3-29 修整监视器

3.6 时间线窗口的使用

时间线窗口用于对整个节目的各个素材进行编辑。在时间线窗口中，从左至右以影片播放时的次序显示整个影片中的所有素材。时间线窗口是“编辑室”，装配素材和剪辑影片的操作都是在这里进行的，如图3-30所示。

时间线窗口的轨道

轨道是时间线窗口最主要的部分，轨道分为视频轨道和音频轨道。系统默认一个项目存在6个轨道，即3个视频轨道和3个音频轨道，可以根据项目的需要增加或删除轨道。视频轨道可以引入视频、图片素材进行剪辑，音频轨道则可以引入声音素材进行剪辑。

时间线窗口中的轨道可以展开，以显示相应剪辑更多的信息。单击Video或是Audio前面的按钮可以将所对应的轨道展开。

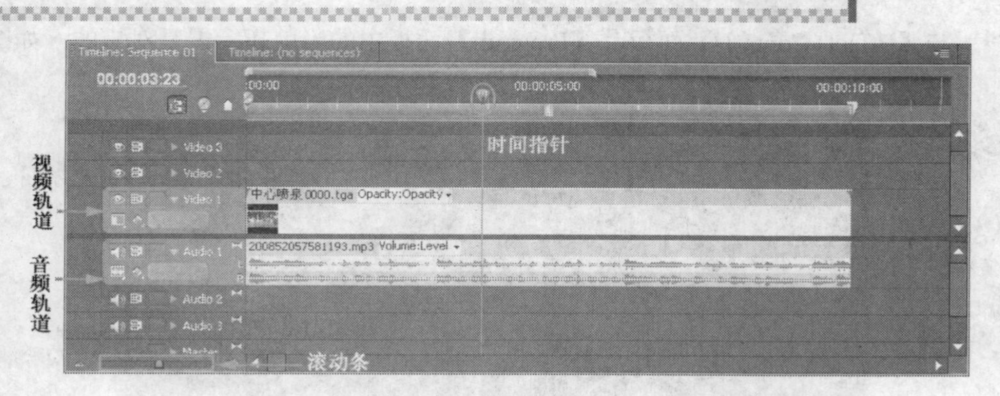

图3-30 时间线窗口

时间线窗口是以播放时间的次序在水平方向存放剪辑的。在节目很长而时间很短的情况下，时间线窗口的可视部分可能只占所有剪辑长度的一小部分。为了总览时间线窗口，可以使用底部的滚动条。

如果一个素材同时含有视频和音频，就被称为“联结素材”。当一个素材被拖曳到时间线窗口中时，该素材的视频和音频部分就会分别放到相应的轨道中。虽然同一素材的视频和音频是同步的，但这并不代表它们必须始终同步。

在时间线窗口中选中一个或多个需要删除的剪辑，直接按下键盘上的【Delete】键，则选中的剪辑就会被删除，并且在删除的位置留下空白，如图3-31所示。

为了防止在时间线窗口轨道中的素材被编辑，可以将这个轨道锁住，在要锁定的轨道名称左侧的框中单击，将会出现一个🔒图标，表示此轨道已被锁定，如图3-32所示。

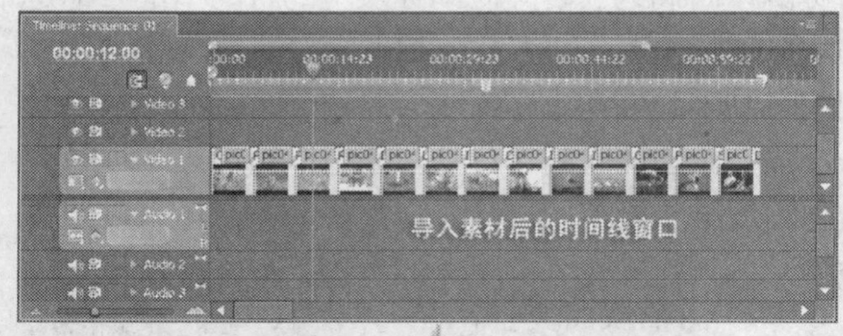

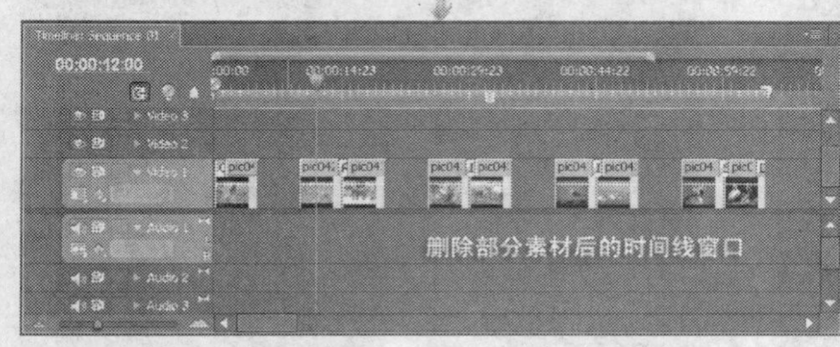

图3-31 删除部分素材

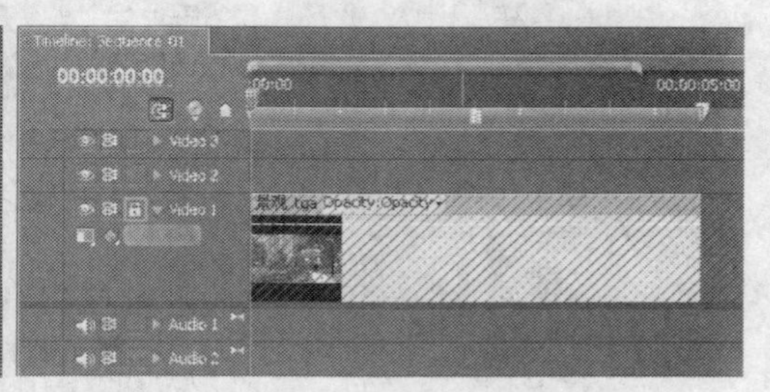

图3-32 锁定轨道

时间指针

时间指针指示当前播放的时间位置。播放剪辑时，时间指针指示当前时间在时间线窗口的位置，还可以在时间线窗口中直接拖动时间指针快速浏览剪辑。

很多后期软件中都有时间指针，需要注意的是，在Premiere中时间指针由当前指示器与编辑线两部分组成，当前指示器用于提示工作区域的位置，而当前指示器下方的红线被称为编辑线，与【Effect Controls】面板及【Program】面板中的当前指示器是对应的，如图3-33所示。

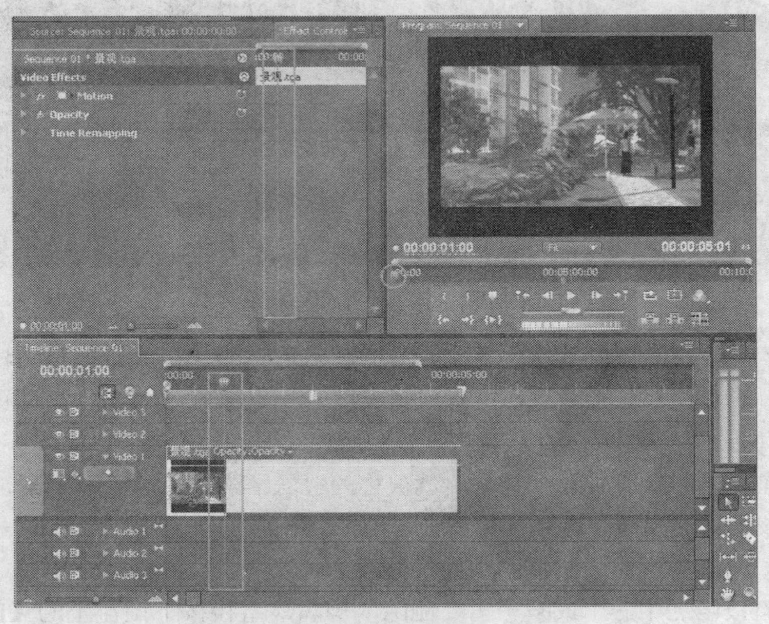

图3-33　当前指示器

时间标尺

时间标尺是一个有时间刻度的长条，标识了时间的长度。时间标尺上的时间单位并不是固定不变的，调整滚动条可以使时间标尺间隔有所不同，在默认的情况下，每一小格为5秒，每一大格由12个小格组成，即1分钟，如图3-34所示。

默认的时间显示格式为“25 fps Timecode”，因此时间单位从左至右分别代表：小时、分、秒和帧。调整滚动条，时间间隔的疏密程度会有所不同，除了调整滚动条，还可以调整时间标尺上方的滑条进行设置，如图3-35所示。

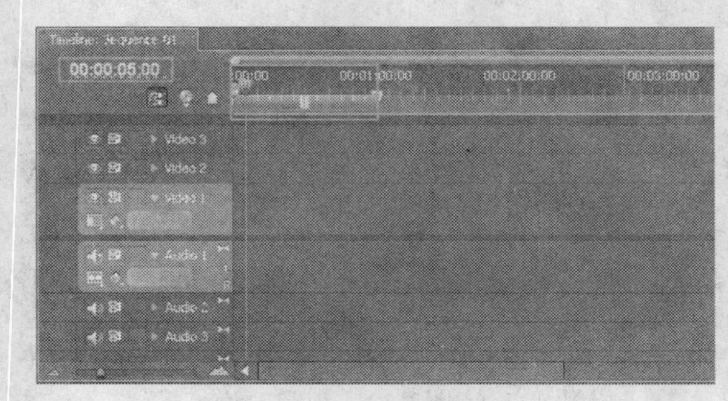

图3-34　时间标尺

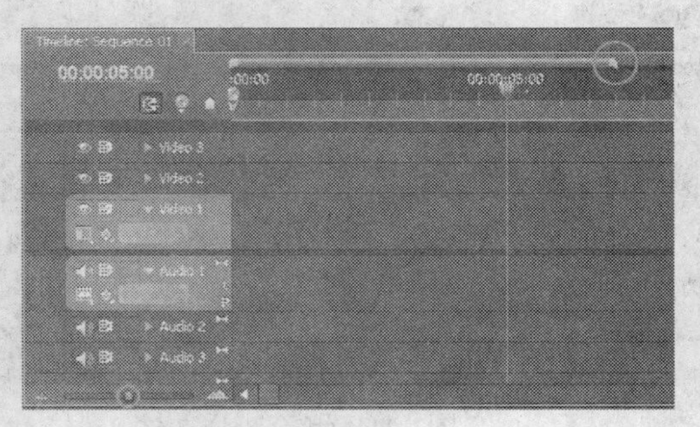

图3-35　调整时间标尺

3.7　常用剪辑工具介绍

在时间线窗口的右侧有一个工具面板，其上排列着在时间线窗口中进行操作时常用的工具按钮，如图3-36所示。

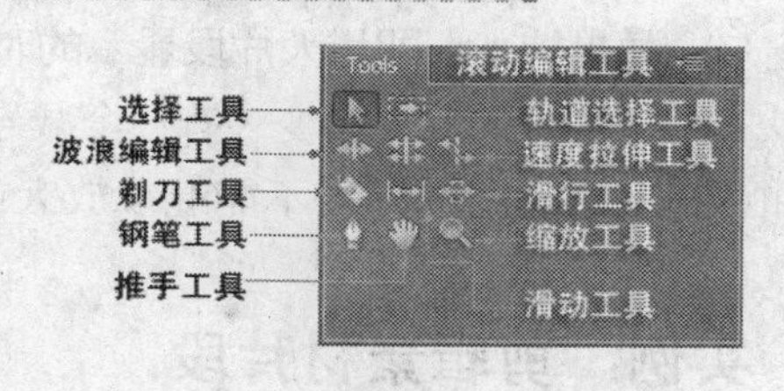

图3-36 工具面板

- （选择工具）：可以选择单个片段，单击并按住鼠标左键不放可以在轨道上或轨道之间拖动片段，也可以对片段进行剪辑。
- （轨道选择工具）：可以选择单个轨道上在某个特定时间之后的所有片段或部分片段。将鼠标指针移到轨道片段上有片段的位置，鼠标指针变成了一个向右的箭头，单击鼠标可以选中轨道上该片段以后（包括该片段）的所有片段。

按住键盘上的【Shift】键不放，可以同时选择其他轨道上的片段。

- （波浪编辑工具）：它通过改变节目的总体持续时间而保持其他片段的持续时间。当拖动编辑线时，编辑线左边的片段增加或者减少了多少帧，整个节目的持续时间也将延长或者缩短相同的帧数。具体操作时，将鼠标指针移到需要改变的片段边缘，然后按住鼠标向左或向右拖动。整个节目的持续时间将随着拖动而延长或者缩短，同时，相邻片段的持续时间将保持不变。
- （滚动编辑工具）：它可以保持整个节目的持续时间为常数。当调整编辑线时，一个片段上增加或者减少了多少帧，编辑线另一边的片段将减少或者增加相同数目的帧。具体操作是，将鼠标指针移到需要改变的片段边缘，然后按住鼠标不放向左或者向右拖动。一个片段增加多少帧，邻近片段就要减少相同数目的帧。
- （速度拉伸工具）：用于改变片段速度的工具。将鼠标指针移到片段的任一端，只要有足够的空间就可以改变片段的速度，同时影响到持续时间。拉长整个片段将使速度变慢，反之，压缩将使速度加快。
- （剃刀工具）：将鼠标指针移到要分开的位置上，然后单击鼠标，即可发现原始片段一分为二。
- （滑动工具）：它可以将片段的出点和入点前移或者后移，而不影响时间线窗口的其他任何片段。当向左或者向右拖动一个片段时，它的原始片段的入点和出点也将随之改变，节目的持续时间和其他片段的出、入点都将保持不变。具体操作是，将鼠标指针移到需要编辑的片段上，单击鼠标并按住鼠标左键不放，然后拖动鼠标。
- （滑行工具）：它能够通过改变一个片段的出点和后一个片段的入点来保持选定片段和节目的持续时间。当向左或者向右拖动一个片段时，前一个片段的出点和后一个片段的入点，以及被拖动片段在整个节目中的出、入点位置将随之移动。而被拖动片段的出、入点和整个节目的持续时间将保持不变。
- （钢笔工具）：该工具可调节关键帧节点。
- （推手工具）：这个工具主要是为编辑一些较长的片段而设计的。将鼠标指针移到时间线窗口的轨道上，然后单击鼠标左键并拖动，可以使时间线窗口发生移动，显示出本来看不到的其他部分。其作用相当于直接拖动时间线窗口底部的滚动条，但是比滚动条更容易掌握速度和精确度。
- （缩放工具）：用来调节片段显示的时间间隔。具体操作是，在时间线窗口中的任一位置单击就可放大片段，即减少片段显示的时间间隔。也可以单击鼠标并拖动，将需要观察得更详细的部分包围在内，这样放大之后，该部分依然停留在时间线窗口的可视范围之内而不会移出窗口。如果缩小，即增大片段显示的时间间隔，可以按住键盘上的【Alt】键不放，鼠标指针将从有一个加号的放大镜变为有一个减号的放大镜。在时间线窗口中的任意位置单击鼠标左键，即可增大时间间隔。当不能继续放大或者缩小时，鼠标指针将变为一个空白的放大镜。

3.8 实例：剪辑素材片段

有了很好的素材，但离目标还差得很远，必须进行必要的剪辑和拼接，将不需要的部分去掉。将素材拖动到时间线窗口，这实际是编辑窗口，所有的素材都要在这里进行编辑。

操作步骤

步骤 1 启动Premiere应用程序，新建一个项目文件。

步骤 2 在【New Project】对话框中单击 Browse... 按钮为项目文件选择合适的路径，并将项目文件命名为“剪辑素材片段”，如图3-37所示。

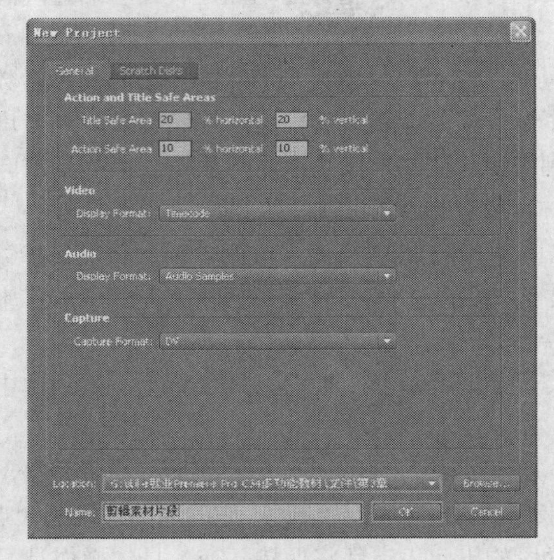

图3-37 【New Project】对话框

步骤 3 在【New Sequence】对话框中的【General】选项卡下选择【Editing Mode】为“DV PAL”，如图3-38所示。

导入素材

步骤 4 在项目窗口的空白处单击鼠标右键，在弹出的快捷菜单中选择【Import】命令，在弹出的【Import】对话框中选择“片头.avi”，如图3-39所示。单击 打开(O) 按钮将素材导入。

步骤 5 将鼠标指针移到项目窗口中“片头.avi”的图标上，按住鼠标左键不放，鼠标指针会变成一个握紧的拳头。拖动鼠标一直将图标拖到时间线窗口的Video1轨道上，使其头部对齐轨道的开始点，如图3-40所示。

在项目窗口对剪辑实施拖拽的时候，一定要将鼠标指针放在该剪辑的图标上。

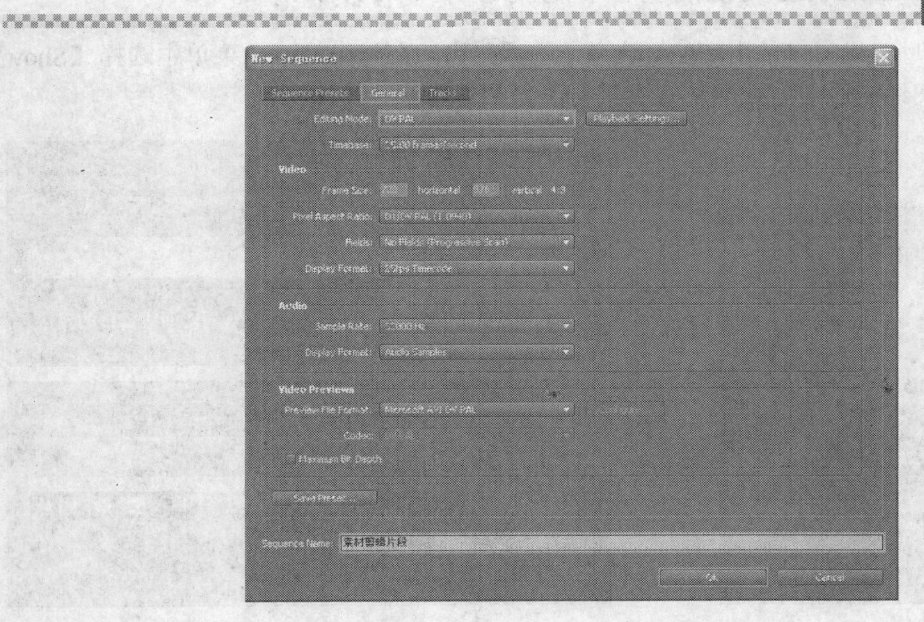

图3-38　【New Sequence】对话框

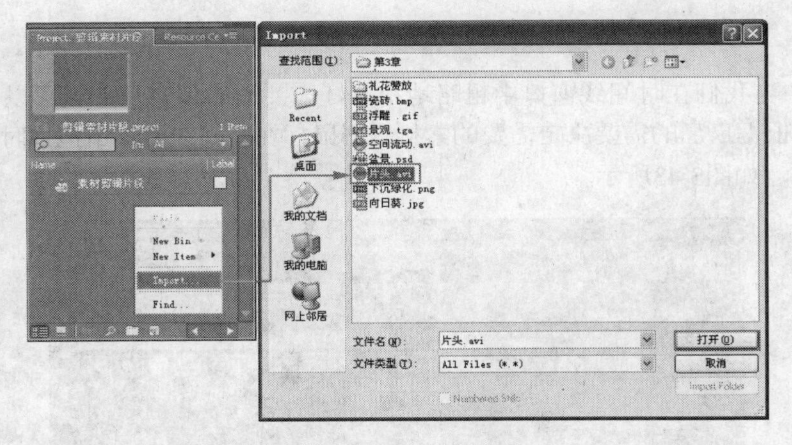

图3-39　导入素材

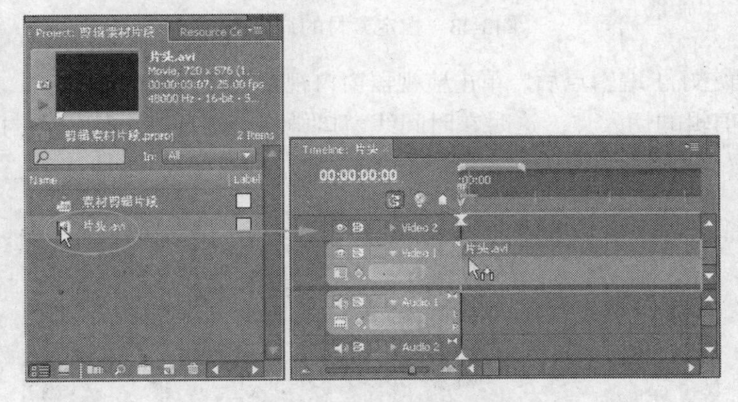

图3-40　将素材拖到时间线窗口

步骤6 松开鼠标左键，素材就引入到时间线窗口了，可以在监视器窗口激活按钮显示视频素材安全框，单击按钮可以观看素材，如图3-41所示。

步骤 7 在时间线窗口单击Video1轨道上的按钮，在弹出的下拉菜单中选择【Show Frames】，在时间线窗口中拖拽滑块查看素材，如图3-42所示。

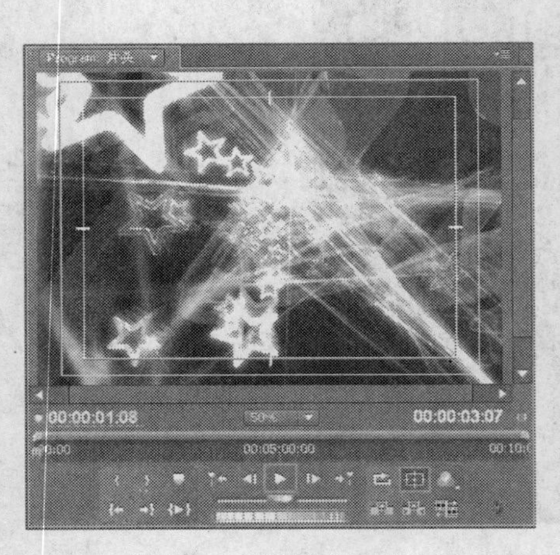

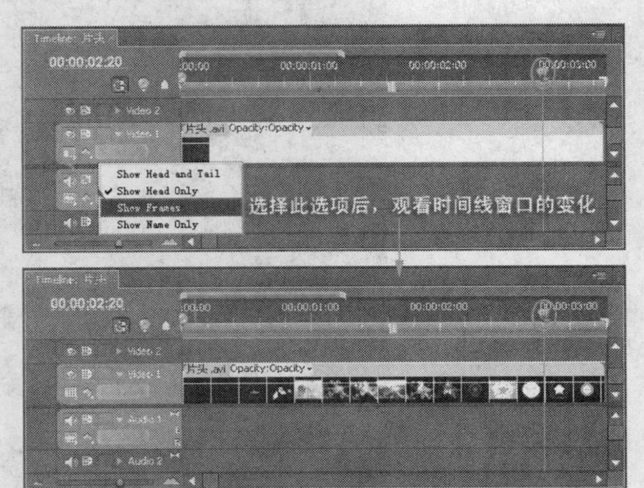

图3-41 观看视频素材　　　　图3-42 设置时间线窗口的显示方式

裁剪剪辑

步骤 8 当我们在时间线窗口中粗略地组装好需要用的剪辑后，就可以对其实施剪辑了。用户可以根据自己的需要决定需要的素材，用鼠标在时间线窗口中拖拽时间滑块来指定素材的编辑点，如图3-43所示。

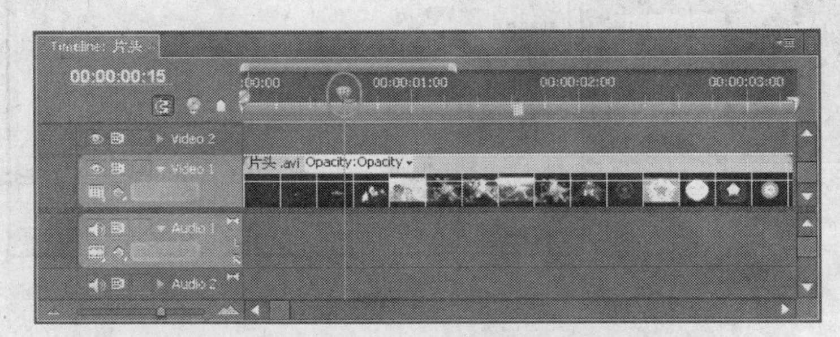

图3-43 指定素材的编辑点

步骤 9 确定好了编辑点后，单击监视器窗口视图控制区域的按钮，就可以将指定的编辑点设置为该剪辑的切入点。这时在时间线窗口中将会出现一个切入点的符号，如图3-44所示。

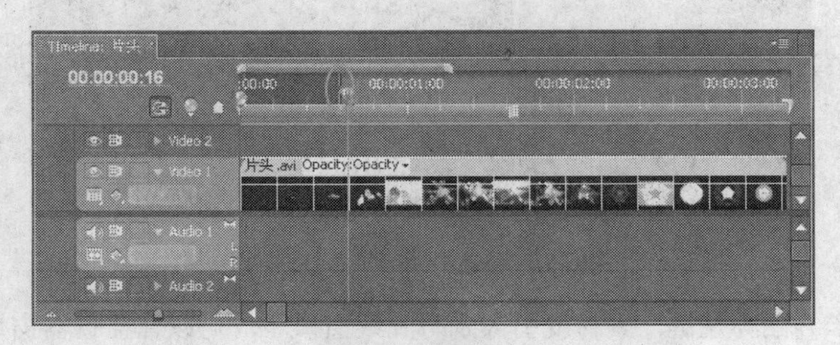

图3-44 剪辑的切入点

步骤10 在监视器窗口中也可以看到该剪辑的切入点，如图3-45所示。

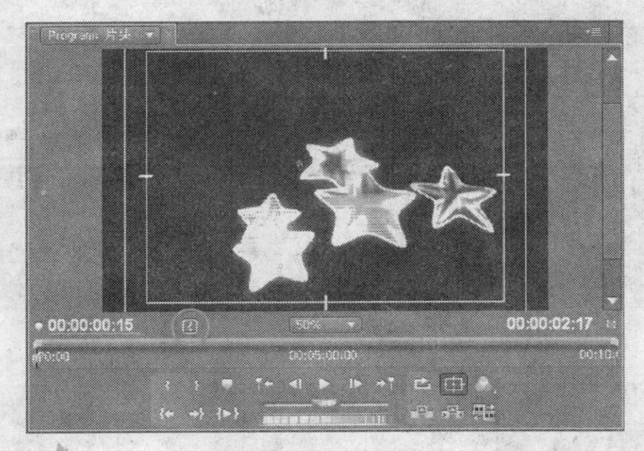

图3-45　剪辑的切入点

步骤11 同样，在时间线窗口设定下一个编辑点的位置，然后在监视器窗口中单击按钮，就将当前的编辑点设置成了该剪辑的切出点，如图3-46所示。

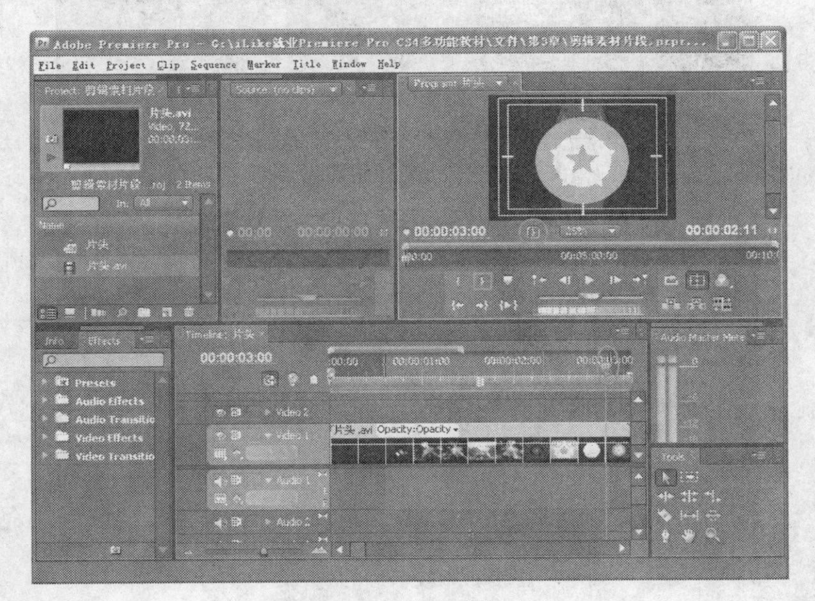

图3-46　设置剪辑的切出点

步骤12 对剪辑设置了切入点和切出点并不是立即应用到节目中，在时间线窗口中激活按钮，将时间指针拖动至该剪辑的切入点处，将鼠标指针放置在该剪辑的开始处，如图3-47所示。

步骤13 当鼠标指针变为图3-48所示的形状时，按住鼠标左键向右拖动到切入点处，如图3-48所示。

步骤14 此时，时间线窗口中该剪辑的开始部分到该剪辑的切入点的部分呈空白显示，如图3-49所示。

步骤15 同样，将鼠标指针放置在该剪辑的结尾处，按住鼠标左键将剪辑拖动到切出点处，如图3-50所示。

图3-47　将鼠标指针放置在该剪辑的开始处

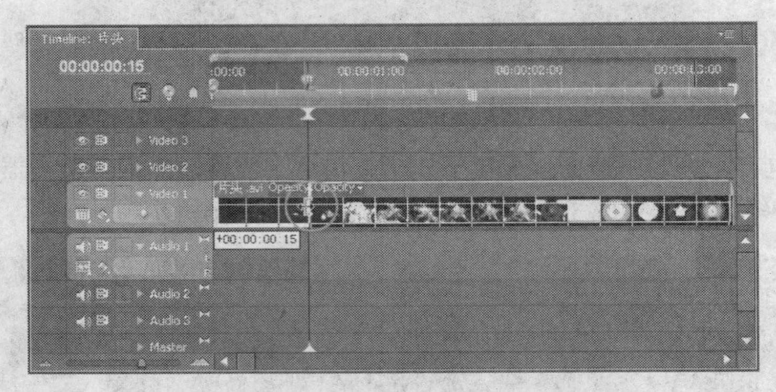

图3-48　拖动鼠标到切入点处

图3-49　裁剪后的剪辑

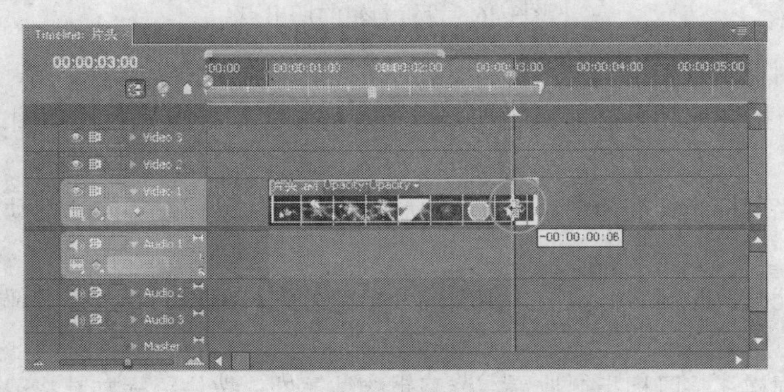

图3-50　裁剪剪辑

步骤 16 裁剪后的剪辑如图3-51所示。

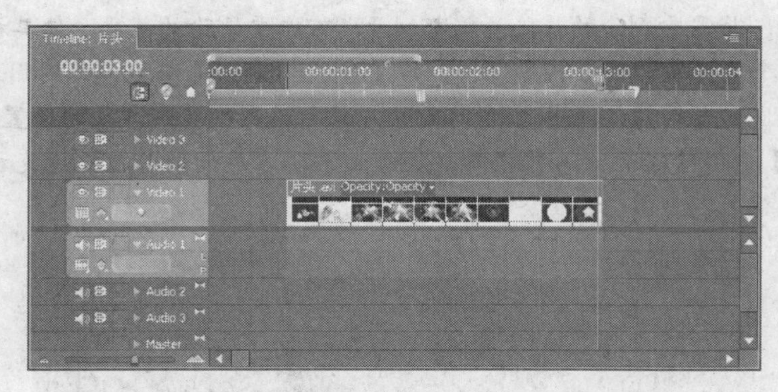

图3-51 裁剪后的剪辑

步骤 17 在工具栏中选择按钮，在时间线窗口中选中剪辑，如图3-52所示。

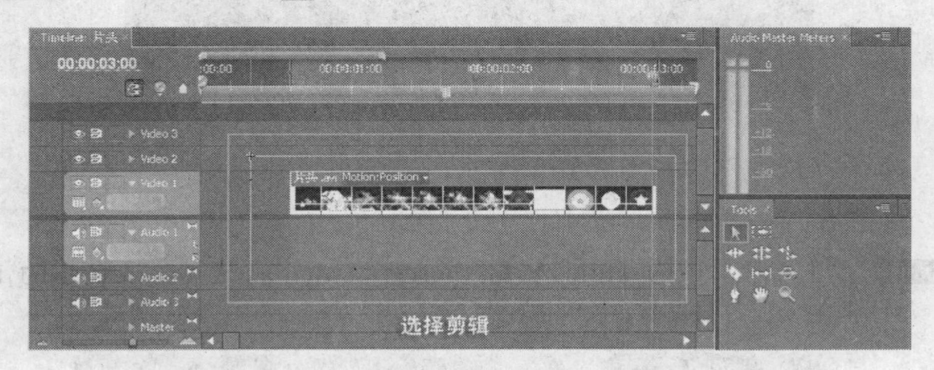

图3-52 选择剪辑

步骤 18 选中剪辑后，在时间线窗口中按住鼠标左键并拖动，调整剪辑的位置，如图3-53所示。

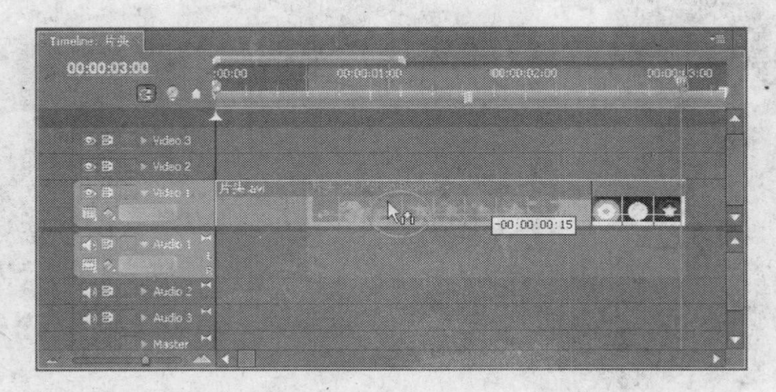

图3-53 调整裁剪后剪辑的位置

步骤 19 调整后剪辑的位置如图3-54所示。

在时间线窗口中剪辑素材有两种方法：一种是直接拖动；另一种是利用截断和删除多余片段。上面介绍了第一种方法的使用，下面把第二种方法简单介绍一下：单击工具条中的按钮，然后将鼠标指针移到片段上，会发现鼠标指针变成了一

个剃刀形状，在需要截断的地方单击鼠标左键，即可将本来连接在一起的片段一分为二。将需要删除的片段两端都切开，右击要删除的片段，使其被选中，同时弹出一个快捷菜单。其中【Clear】和【Ripple Delete】命令都可以用来删除片段，唯一不同的是，【Clear】命令只删除片段，不影响其余片段的位置，而【Ripple Delete】命令除了删除片段之外，还移动紧跟在后面的片段，填充被删除片段留下的空位。

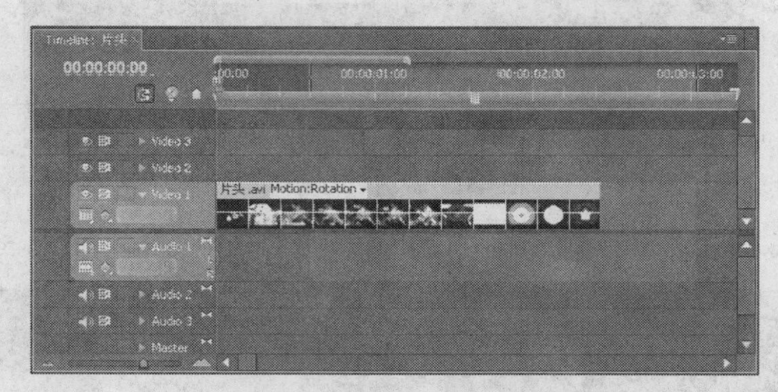

图3-54　调整后剪辑的位置

输出影片

步骤 20 单击菜单栏中的【File】/【Export】/【Media】命令，在弹出的【Export Settings】对话框中设置各项参数，如图3-55所示。

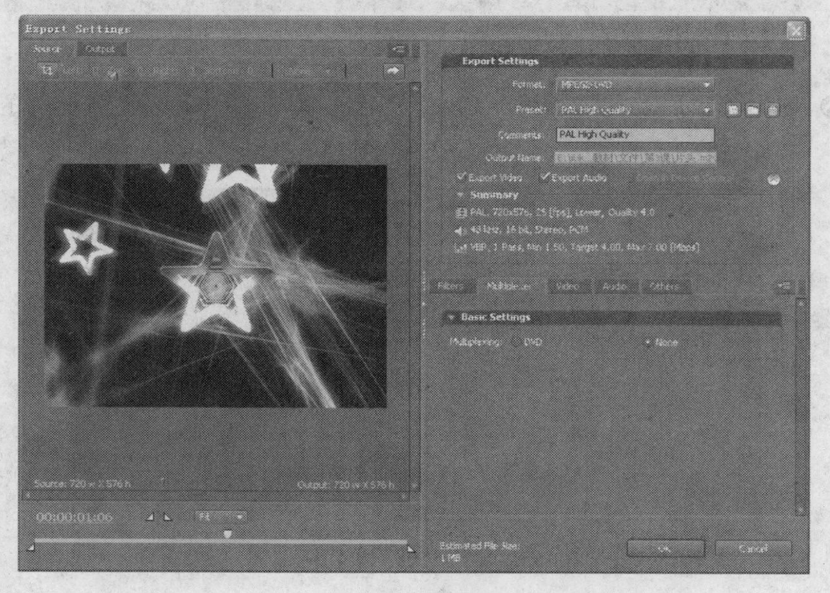

图3-55　设置参数

步骤 21 在【Export Settings】对话框中继续设置其他选项的参数，如图3-56所示。

步骤 22 单击 OK 按钮后弹出【Adobe Media Encoder】对话框，单击 开始队列 按钮就开始生成影片了，如图3-57所示。

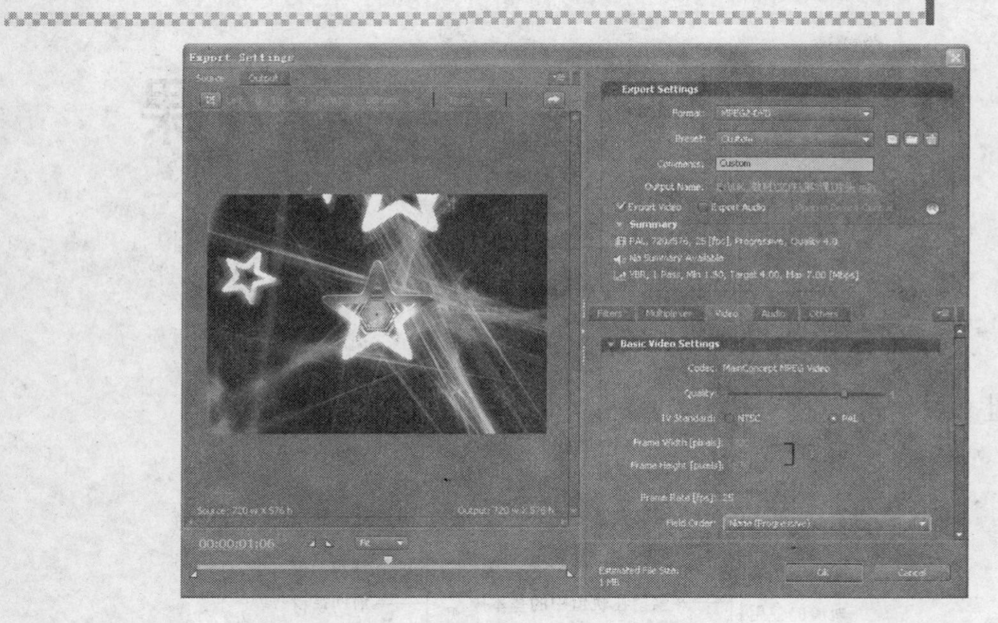

图3-56　设置其他参数

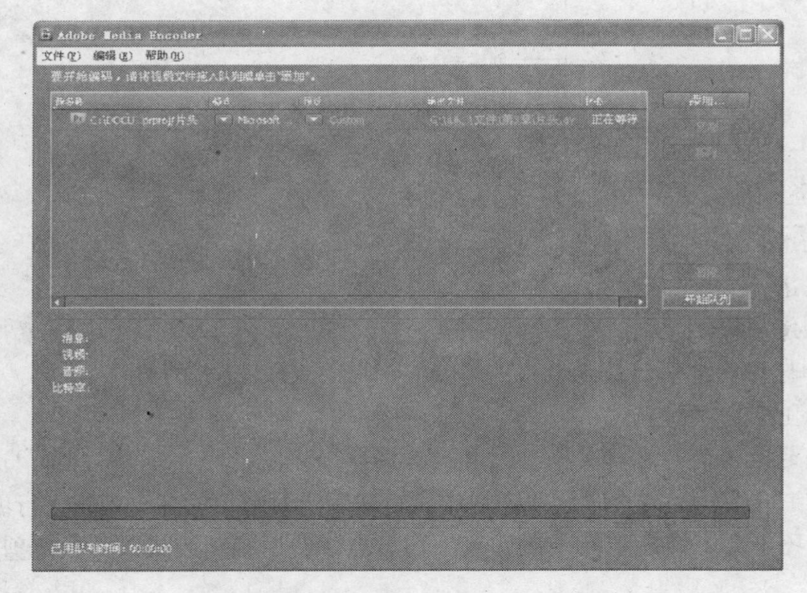

图3-57　【Adobe Media Encoder】对话框

步骤 23 队列完成后，生成的影片就保存在前面存储的文件夹中了。

课后练习：制作简单电子相册

过程提示：

（1）影片素材：使用静帧图片素材；

（2）要求：使用一个视频通道来完成电子相册的制作；

（3）画面效果：一张张地展示静帧图片素材；

（4）效果参考：本书配套资料中的“电子相册.m2v”。

第4课

轨道的使用

学习导航图

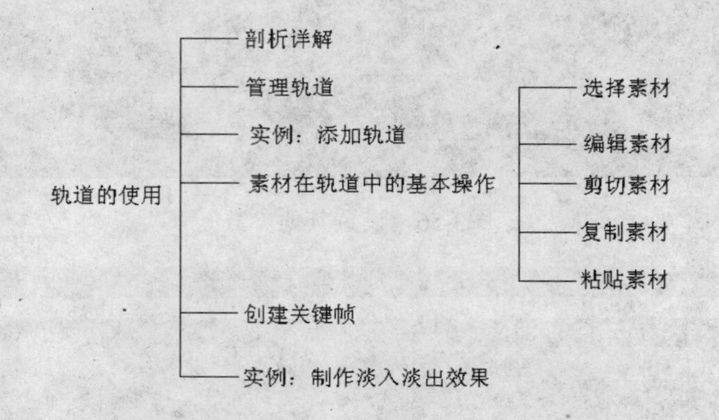

就业达标要求

1. 认识轨道。
2. 管理轨道。
3. 添加轨道的方法。
4. 熟悉素材在轨道中的基本操作。
5. 在轨道上创建关键帧。
6. 关键帧的运用能给剪辑带来什么样的效果。

本课将详细介绍轨道，在时间线窗口中，轨道用于对节目的各个剪辑进行编辑，影片编辑的方法和技巧丰富多样，包括设置切入、切出点，使用裁剪模式以及预览剪辑等。

4.1　剖析详解

轨道是显示素材内容的窗口，视频轨道和音频轨道是Premiere剪辑影像的基本构成元素，它具有许多与素材相关的属性、类型、透明度以及剪辑的合成模式等，如图4-1所示。

• 00:00:00:00：在Premiere中，时间显示的基本形式为“时：分：秒：帧”，将鼠标指针放在其上单击鼠标左键可以设置时间，单击鼠标右键，在弹出的快捷菜单中可以设置时间显示形式，系统提供了“25 fps Timecode”、“Feet+Frames 16mm”、“Feet+Frames 35mm”和“Frames”四种形式，如图4-2所示，以便供用户根据影片需要来设置时间类型。

图4-1　时间线窗口

• (Snap)：捕捉按钮，拖动时间指针或者剪辑素材时可以精确捕捉到剪辑的位置。

• (Set Encore Chapter Marker) / (Set Unnumbered Marker)：单击此按钮可以在时间线中设置标记，也可以在【Marker】对话框中设置标记，如图4-3所示。标记可以提示所要编辑的时间位置。

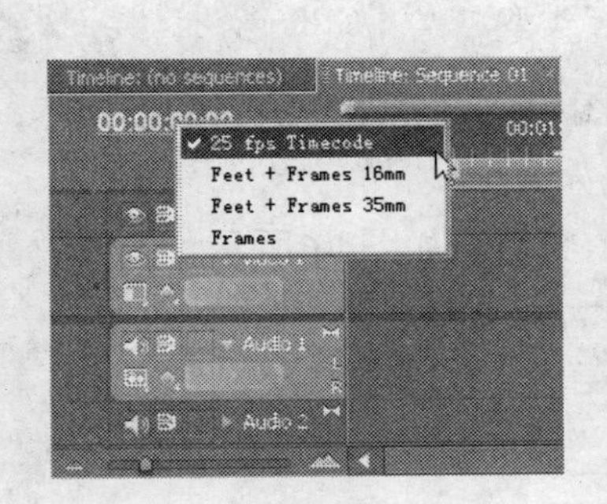

图4-2　时间显示形式

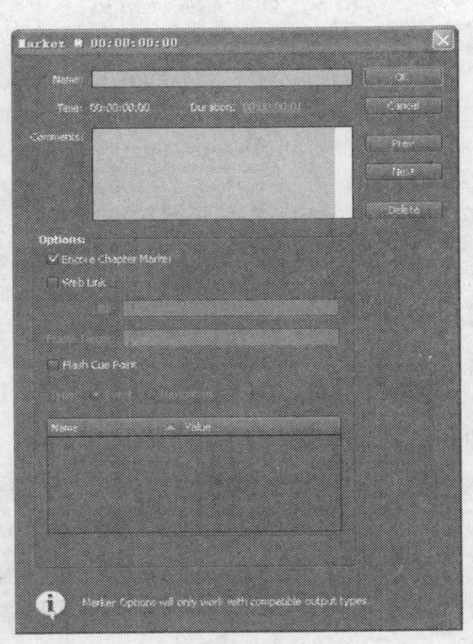

图4-3　【Marker】对话框

• 时间指针：可以拖动时间标尺中的滑块进行剪辑的精确定位。

• 明暗控制线：将鼠标指针放在此黄线上，指针将变成形状，在箭头的右边有对上下箭头，表示向上为增加亮度，向下为减小亮度。

• (Toggle Track Output)：单击轨道上的此图标，可在监视器窗口中隐藏其内容。再次单击该图标，可重新显示内容。

• (Toggle Sync Lock)：只有开启轨道的目标同步锁定按钮，才能对轨道中的素材执行插入、波纹等编辑操作。

• ：将鼠标指针移至左边的方框，然后单击此方框，此方框内将出现一把锁的图标（），这就表明已锁定该轨道，如图4-4所示。

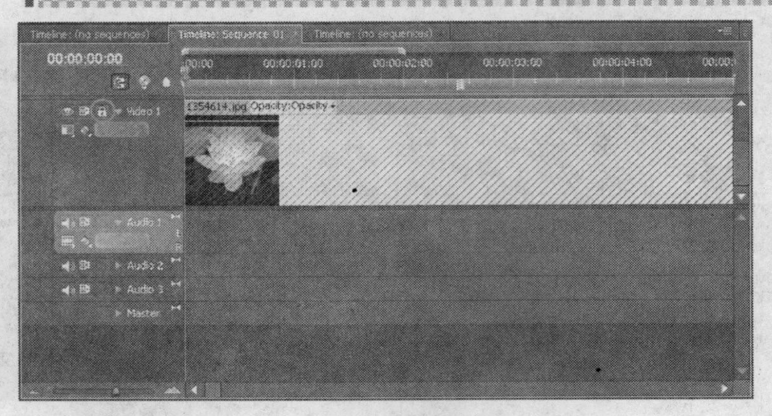

图4-4 锁定该轨道

• ▶：视频和音频轨道都可以展开，以显示相应剪辑更多的信息，单击Video或是Audio前面的▶按钮，轨道展开后轨道号左边的三角符号将会变成下拉三角符号，表明此轨道已经被展开。单击此下拉三角符号，又可收回此轨道。

• （Set Display Style）：设置轨道中剪辑的显示类型，如图4-5所示。

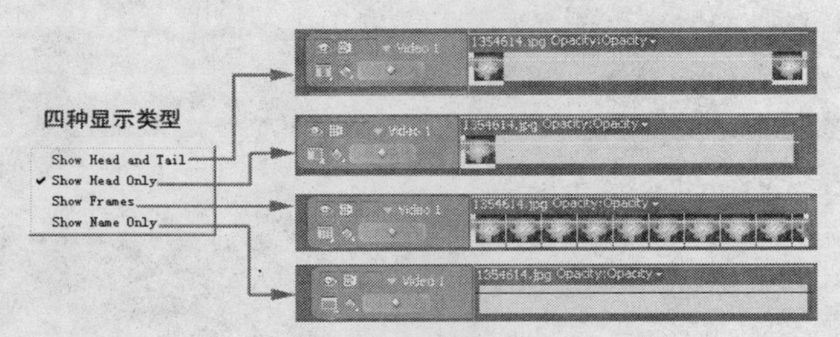

图4-5 剪辑的四种显示类型

• （Toggle Track Output）：单击音轨上的此图标，可关闭此剪辑的扬声器，再次单击该图标，可重新打开扬声器。

• （Set Display Style）：设置音轨剪辑的显示类型，如图4-6所示。

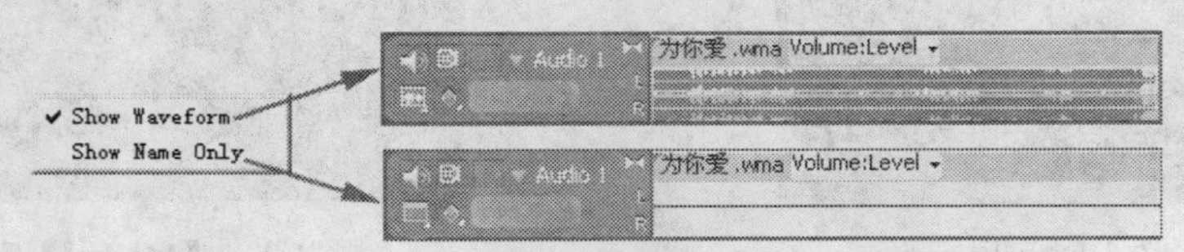

图4-6 音轨的两种显示类型

• （Zoom Out）/（Zoom In）：通过缩放时间标尺来缩放素材在轨道可视区域中的显示，向左拖动按钮可视范围变大，向右则缩小。

• 滚动条：时间线窗口是以播放时间的次序在水平方向存放剪辑的。在节目很长而时间很短的情况下，在时间线窗口的可视部分可能只占所有剪辑长度的一小部分。为了总览时间线窗口，可以使用时间线窗口底部的滚动条。

4.2　管理轨道

在Premiere中视频和音频素材都享有自己专用的轨道。用户可以将*.jpg、*.avi、*.psd和*.aif、*.wav等格式的视频和音频素材文件引入这些轨道进行编辑加工。

在时间线窗口中，系统默认一个项目存在6个道：3个视频轨道和3个音频轨道。每个轨道的左边都标有这个轨道的名字，名字的左边有一个三角形的标志，单击这个标志就会把这个轨道展开或者隐藏，展开的目的是对轨道进行更进一步的编辑或查看。展开以后还可以用同样的方法将这些轨道再重叠到一起，节省了对话框的空间，需要编辑哪一个轨道就将它展开，如图4-7所示。

展开轨道后如果觉得轨道不够宽，可以通过拖动的方法把一个轨道拉大，这样同时也会移动相邻轨道的位置。将鼠标指针移至时间线窗口的左侧两轨道之间的间隔线上，当鼠标指针变成⇟形状时，上下拖动，即可改变轨道的大小，如图4-8所示。拉宽后的轨道更便于操作。

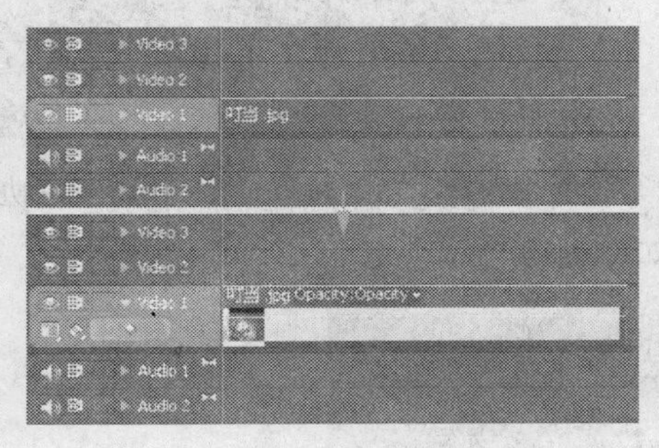

图4-7　展开轨道

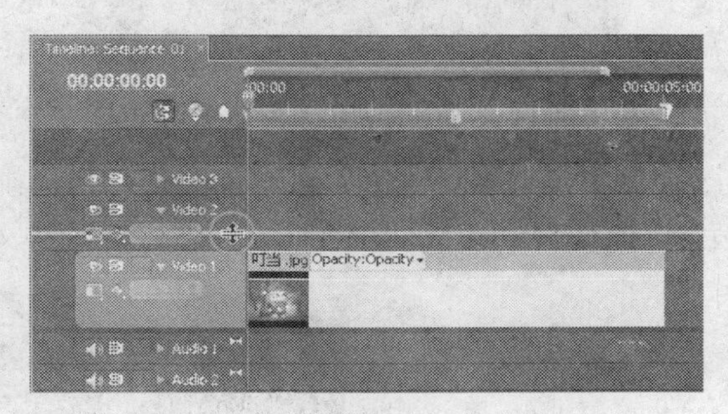

图4-8　调整轨道的大小

多个轨道的作用在于实现素材的叠加效果，如果需要叠加的素材较多，默认的3个视频轨道就不能满足编辑的需要。单击菜单栏中的【Sequence】/【Add Tracks】命令，可以打开【Add Tracks】（添加轨道）对话框，通过设置参数满足需要，如图4-9所示。

添加轨道时也可以将鼠标指针放在轨道上，单击鼠标右键，在弹出的快捷菜单中选择【Add Tracks】命令。另外，在调整的过程中，也可以根据素材的不同将其拖至时间线窗口的空白处，此时会自动为素材添加一个轨道，如图4-10所示。

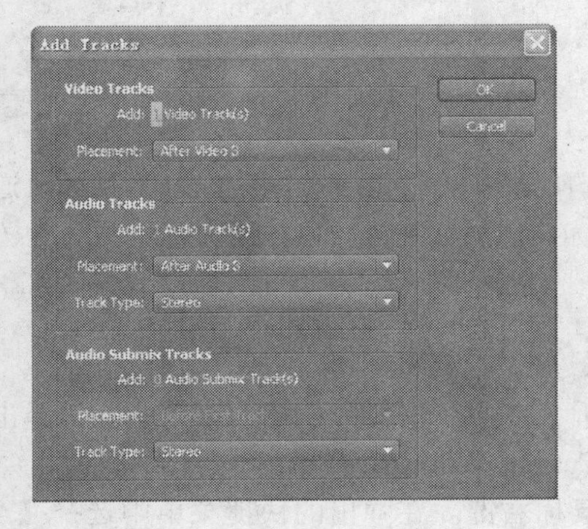

图4-9　【Add Tracks】对话框

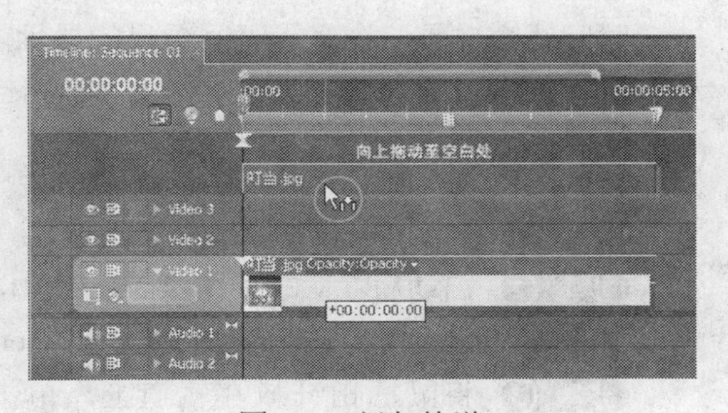

图4-10　添加轨道

如果要删除轨道，先选中要删除的轨道，然后单击菜单栏中的【Sequence】/【Delete Tracks】（删除轨道）命令，打开【Delete Tracks】对话框，如图4-11所示。

若要删除音频轨道，则要勾选“Delete Audio Tracks”复选框，然后在下面的下拉菜单中选择相应的目标轨道，例如“Audio2”。同样，若要删除视频轨道，则要勾选“Delete Video Tracks”复选框，然后选择目标轨道，例如“Video 3”，如图4-12所示。

图4-11 【Delete Tracks】对话框

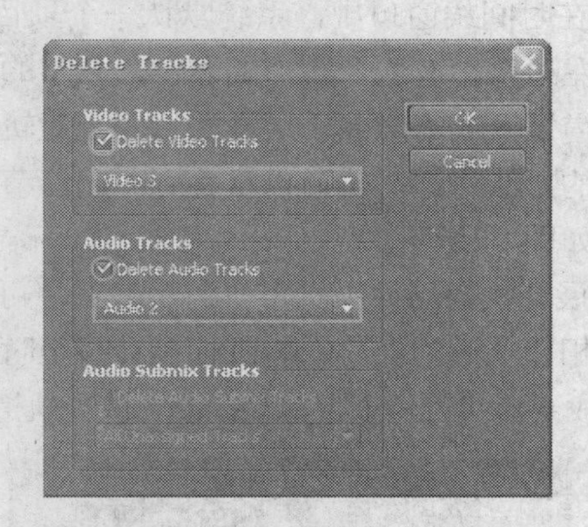

图4-12 设置参数

添加或者删除轨道后轨道都会进行自动排序，例如，共有4个视频轨道，删除第3轨道后第4轨道便自动改为第3轨道，并进行自动排列，如图4-13所示。

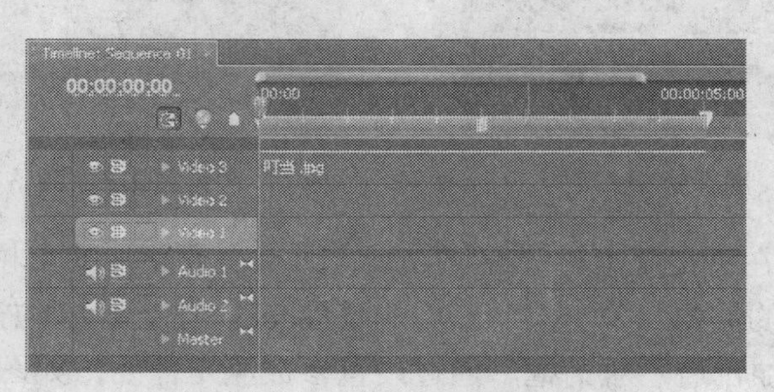

图4-13 删除轨道后的效果

被选中的轨道呈灰色，在删除轨道后，轨道中的所有内容也会被删除，但不会影响项目窗口中的剪辑。

4.3 实例：添加轨道

时间线窗口是一个基于时间标尺的显示窗口，最多可以包括Video Track（视频轨道）和Audio Track（音频轨道）各99个。本例介绍如何添加视频轨道和音频轨道。

操作步骤

步骤1 启动Premiere应用程序，新建一个项目文件。

步骤2 启动后默认的工作界面如图4-14所示。如果工作界面发生了变化，可以单击菜单栏中的【Window】/【Workspace】/【Reset Current Workspace】命令重置工作界面。

步骤3 将鼠标指针放在轨道上，单击鼠标右键，在弹出的快捷菜单中选择【Add Tracks】命令，如图4-15所示。

图4-14　工作界面

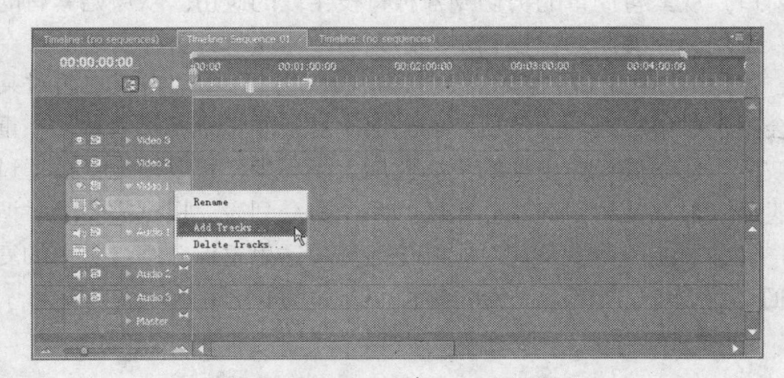

图4-15　选择【Add Tracks】命令

步骤4 选择【Add Tracks】命令后打开【Add Tracks】对话框，设置添加轨道的数量和类型，如图4-16所示。

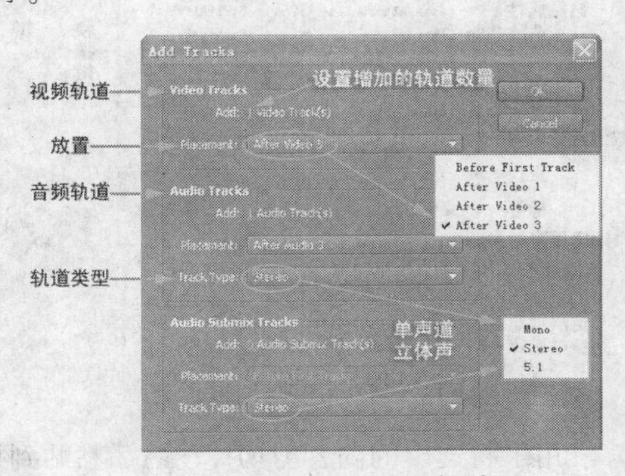

图4-16　【Add Tracks】对话框

步骤5 单击 OK 按钮后，添加的轨道会显示在时间线窗口中，如图4-17所示。

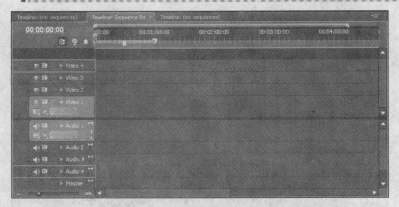

图4-17　添加轨道后的效果

4.4　素材在轨道中的基本操作

在进行影片编辑的过程中，用户需要下达大量的操作命令。从素材导入至项目窗口到素材引入时间线窗口、从素材简单的剪切到各种特技手段的应用、从原始素材的捕获到影片成品的输出，可以说，影片编制的过程就是一系列用户命令的组合。所有的命令选项，用户都可以在Premiere的菜单栏中找到。然而，在实际应用的过程中，当用户面对某一个具体问题的时候，往往会由于菜单栏选项的条目繁多、层次复杂而感到无所适从。在重重层叠的菜单与子菜单中奔波，也使得误操作出现的可能性增大了不少。所以用户可以通过快捷键快速执行某条命令，还可以根据使用情况建立自己的多个命令列表，根据需要随时调入命令窗。菜单栏选项为用户提供了编辑命令及其对应的快捷键，这里重点介绍最常用的复制、剪切和粘贴功能，【Edit】（编辑）菜单下提供的各种命令如图4-18所示。

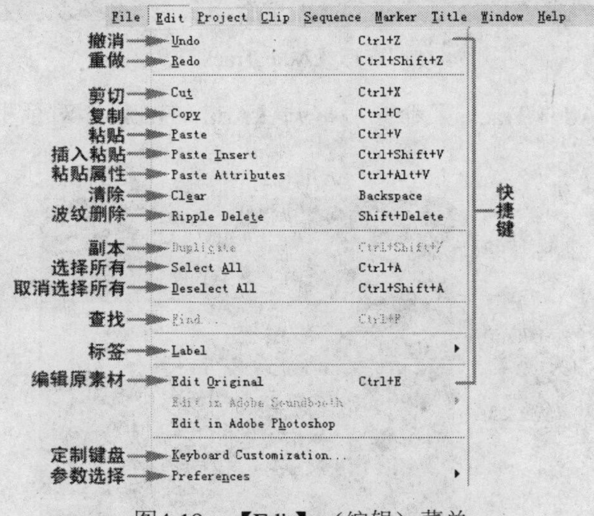

图4-18　【Edit】（编辑）菜单

- 【Cut】（剪切）：用于将选中的内容剪切掉，然后粘贴到指定的位置。快捷键：【Ctrl+X】。
- 【Copy】（复制）：用于将选中的内容复制一份，然后粘贴到指定的位置。快捷键：

【Ctrl+C】。

· 【Paste】（粘贴）：与【剪切】和【复制】命令配合使用，用于将复制或剪切的内容粘贴到指定的位置。快捷键：【Ctrl+V】。

· 【Paste Insert】（插入粘贴）：用于将复制或剪切的内容在指定的位置以插入的方式进行粘贴。快捷键：【Ctrl+Shift+V】。

· 【Paste Attributes】（粘贴属性）：用于将其他素材片段上的一些属性粘贴到选中的素材片段上，这些属性包括一些过渡特技、滤镜和设置的一些运动效果等。快捷键：【Ctrl+Alt+V】。

为了便于说明，首先从Project窗口中将所有片段拖到Video1轨道上，如图4-19所示。

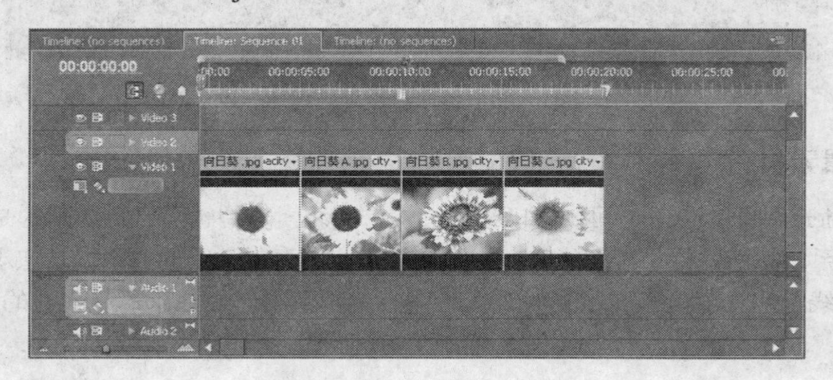

图4-19　轨道上的所有片段

4.4.1 选择素材

选择素材是编辑的第一步，选中素材后可以对其进行复制、删除、粘贴、调整速度等操作。在Premiere轨道中可以选中单个素材，也可以选中多个素材，还可以选中整个轨道的所有素材。

在工具面板中单击（选择工具）按钮，可以选择单个片段，单击并按住鼠标左键不放可以在轨道上或轨道之间拖动片段，也可以按住鼠标左键不放拖出一个矩形，将想要选择的片段包括在该矩形内即可选中，如图4-20所示就是在轨道上选择“向日葵B.jpg”和“向日葵C.jpg”。

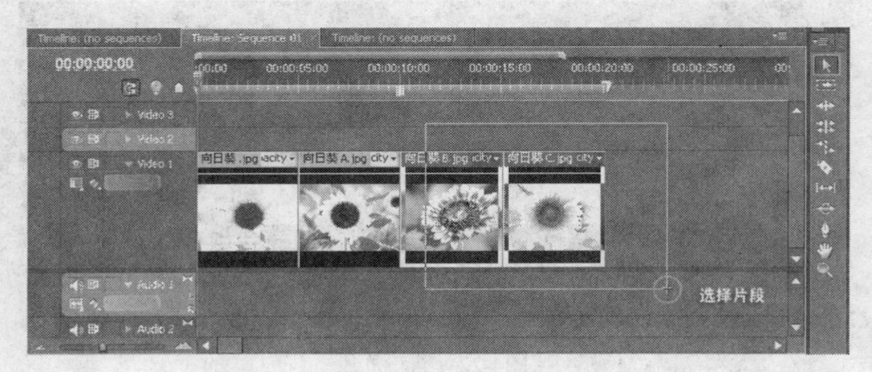

图4-20　选择片段

选择片段时也可以单击工具面板中的（轨道选择工具）按钮，来选择单个轨道上在某个特定时间之后的所有片段。将鼠标指针移至轨道上有片段的位置，鼠标指针即变成一个向右的箭头，单击鼠标选中轨道上该片段以后（包括该片段）的所有片段，如图4-21所示，按住键盘上的【Shift】键，可以同时选择其他轨道上的片段。

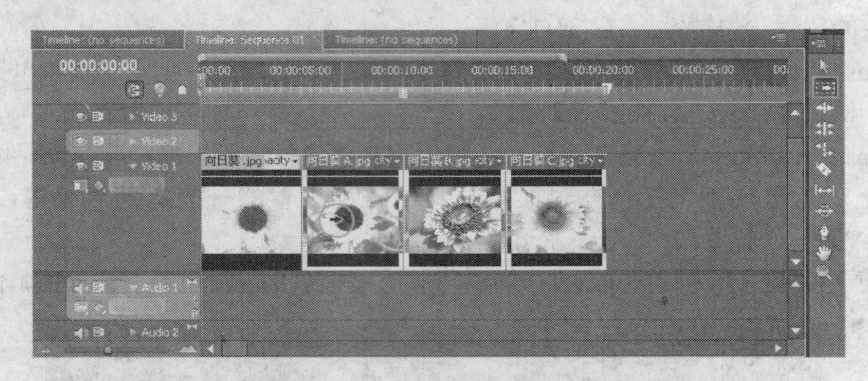

图4-21　利用轨道选择工具选择片段

4.4.2　编辑素材

在Premiere中可以利用时间线窗口来进行素材的编辑。编辑素材更注重的是处理各种素材之间的关系，特别是位于时间线窗口中不同轨道上的素材之间的关系，从宏观上把握各段素材在时间线上的进度。但在很多时候，用户在编辑素材时更注重的是素材的内容。

剪辑素材

素材的剪辑过程，实际上就是对该素材片段的入点（In Point）和出点（Out Point）进行设置。所谓入点，就是指素材剪辑完成后的开始点，对于视频素材而言，就是指其第一帧画面。出点则是指素材剪辑完成后的结束点，即视频素材片断的最后一帧画面。通过改变入点和出点的位置，即可实现素材长短的改变。

在时间线窗口中剪辑素材有两种方法：一种是直接拖动调整素材入点和出点，另一种是截断和删除多余片段。

• 第一种方法：单击按钮，确保此按钮处于激活状态，然后将鼠标指针移至要剪辑片段的边缘，鼠标指针变成了一个双箭头中间嵌红线的形状，按住鼠标左键不放，左右拖动鼠标，可改变片段的长度，如图4-22所示。

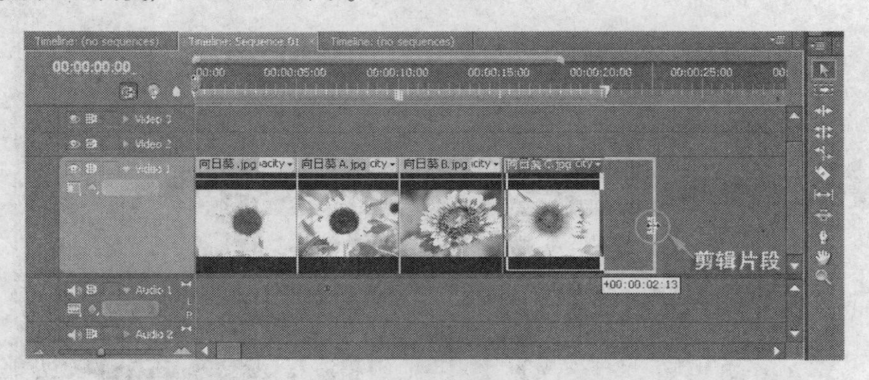

图4-22　剪辑片段

• 第二种方法：单击工具条中的按钮，然后将鼠标指针移到片段上，会发现鼠标指针变成一个剃刀形状，在需要截断的地方单击鼠标左键，即可将本来连接在一起的片段一分为二，如图4-23所示。

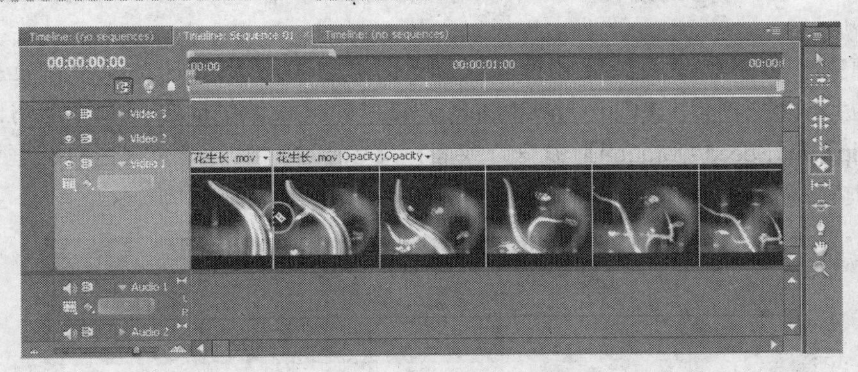

图4-23 用剃刀工具进行剪辑

将需要删除的片段两端都切开，右击要删除的片段使其被选中，同时弹出一个快捷菜单，其中【Clear】（清除）和【Ripple Delete】（波纹删除）命令都可以用来删除片段。如图4-24所示，选择【Clear】命令。

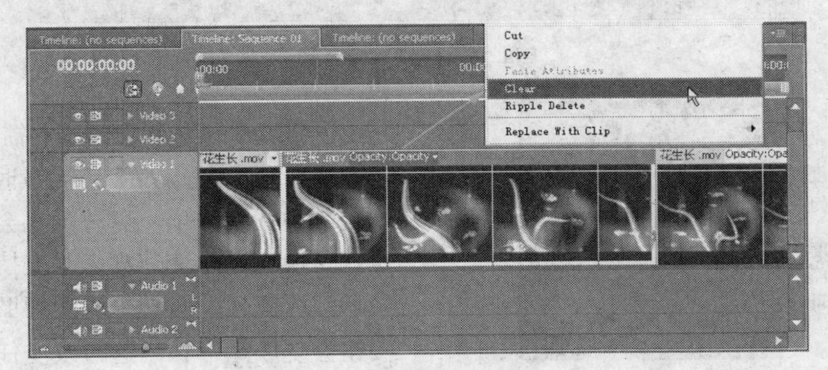

图4-24 选择【Clear】命令

选择【Clear】命令之后发现只删除了片段，不影响其余片段的位置，如图4-25所示。

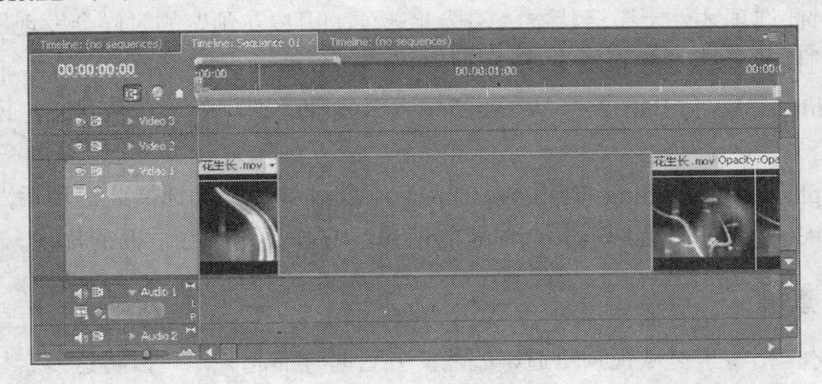

图4-25 清除片段后的轨道

选择【Ripple Delete】命令除了删除片段之外，还移动紧跟在后面的片段，填充被删除片段留下的空位，如图4-26所示。

调整素材的速度和持续时间

剪辑素材是指通过删除素材的一段来改变其长度；调整素材的速度则是调整播放的速度，从而实现“快动作”或“慢动作”的效果。剪辑素材和调整素材的速度都能改变素材的持续时间。

在轨道中右击需要改变速度和持续时间的片段，在弹出的快捷菜单中选择【Speed/Duration】命令，系统弹出【Clip Speed/Duration】对话框，如图4-27所示。也可以单击菜单栏中的【Clip】/【Speed/Duration】命令，或者按【Ctrl+R】组合键。这个对话框可以调整素材的速度和持续时间。

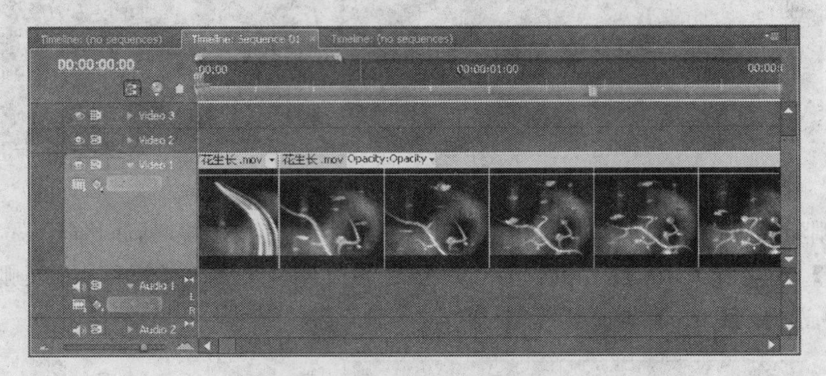

图4-26　波纹删除片段

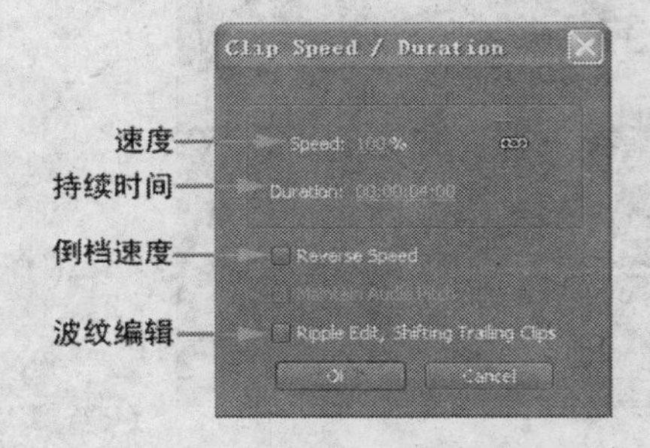

图4-27　【Clip Speed/Duration】对话框

• ：处于该状态时，它锁定【Speed】（速度）和【Duration】（持续时间）选项，改变其中任意一项，另一项也会随之改变，也就是说通过改变速度来改变持续时间或者是通过改变持续时间来改变速度。单击这个按钮会变成形状，这时改变任意一项，另一项参数不会随之改变。

• 【Reverse Speed】（倒档速度）：只有视频素材时此选项才处于激活状态，勾选此选项，用户在预览的时候会发现片段的播放顺序是从后往前播放。要是静态图像，此选项处于灰色状态，即不可用。

• 【Maintain Audio Pitch】：从图4-27中可以发现此选项处于灰色状态，说明目前调整的片段没有音频。

• 【Ripple Edit，Shifting Trailing Clips】（波纹编辑）：选择此选项后，在改变某一片段的速度和持续时间时会影响其余片段的位置，它移动紧跟在后面的片段。

4.4.3　剪切素材

剪切素材是指将素材从视频轨道中删除，并暂时存储起来，可以将这段素材粘贴到轨道的其他位置或其他轨道中。

要剪切素材，首先要选中剪切的对象，在Video1轨道中选择“向日葵A.jpg”，此时选中的片段被亮框包围，单击菜单栏上的【Edit】/【Cut】命令，或者直接按键盘上的【Ctrl+X】组合键，剪切“向日葵A.jpg”片段，如图4-28所示。

选择【Cut】命令后，观察Video1轨道上的变化，如图4-29所示。可以看到刚刚选中的片段的位置被空了出来。

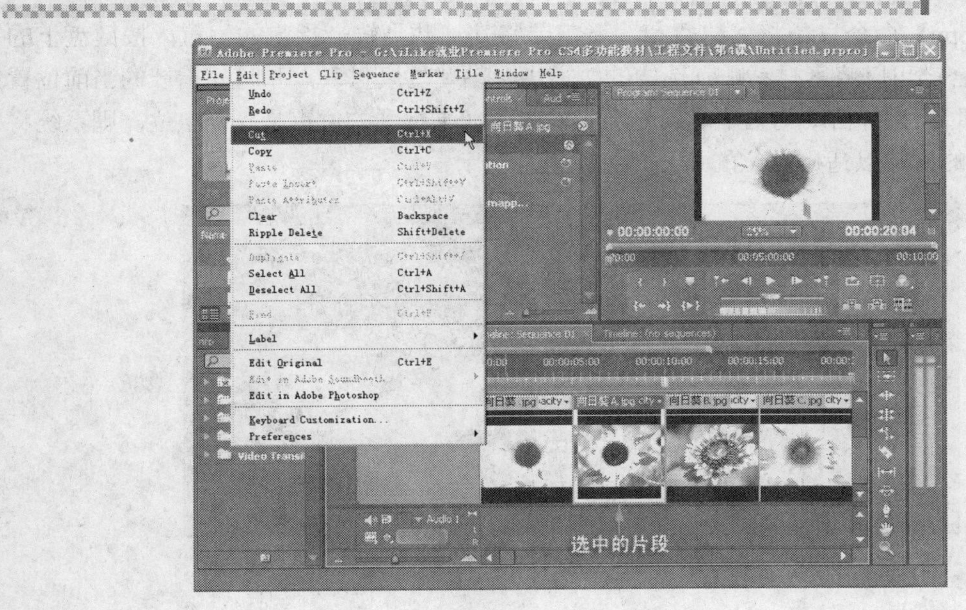

图4-28　选择【Cut】命令

图4-29　剪切片段

4.4.4　复制/粘贴素材

在视频剪辑中经常会重复使用同一段素材，这就需要将素材进行复制。要复制素材，首先要选中复制的对象，在Video1轨道中选择“向日葵B.jpg”，此时选中的片段被亮框包围，单击菜单栏上的【Edit】/【Copy】命令，或者直接按键盘上的【Ctrl+C】组合键，或者就是在选中的片段上单击鼠标右键，在弹出的快捷菜单中选择【Copy】命令，复制“向日葵A.jpg”片段，如图4-30所示。

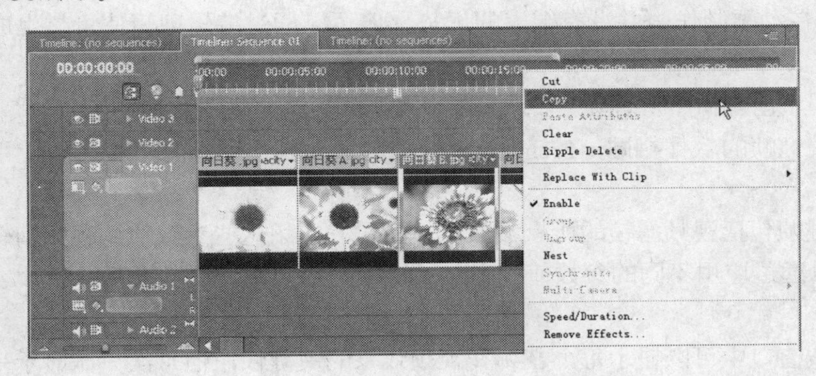

图4-30　复制片段

使用【Copy】命令只是将素材暂存，还需要将其粘贴到轨道指定的位置，按键盘上的【Ctrl+V】组合键可以将素材粘贴到选中的轨道中。粘贴的素材入点和时间指针的当前位置对齐，粘贴后时间指针自动与粘贴的素材出点对齐。如果粘贴的位置是一个空位，则系统将调整原始片段的出点以适应空位的大小，如图4-31所示。

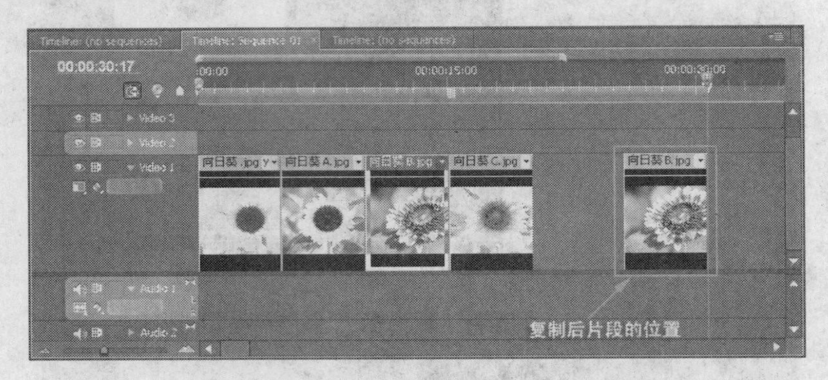

图4-31　复制后片段的位置

如果片段的全长小于空位长度，则多余部分将继续保持空白；如果位置上已有其他片段，则原始片段将取代目标片段，并且自动调整出点以适应目标片段的长度，如图4-32所示。如果原始片段的全长小于目标片段，则多出部分将为空白。这种复制和粘贴可以保持原始片段的部分属性（如动画、过滤等）。

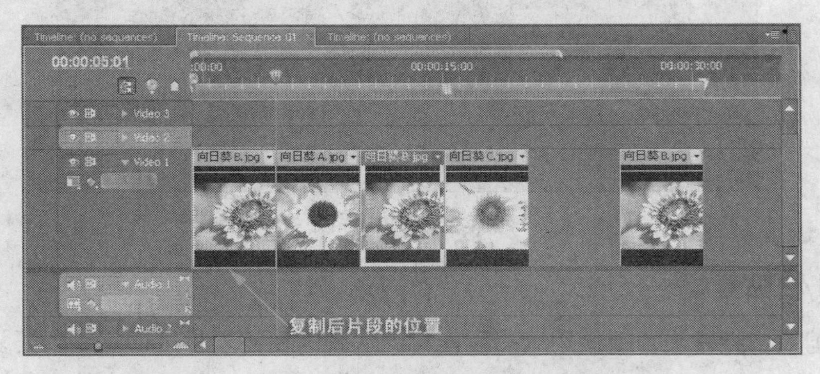

图4-32　复制后片段的位置

4.5　创建关键帧

Premiere在动画制作中并没有很大的优势，但可以通过编辑剪辑使素材生成动画效果，具有强大的运动生成功能。

关键帧用于创建和控制动画、效果、音频属性及其他类型。关键帧之间的帧称为插补帧。与其他具有关键帧的软件相同，Premiere中的关键帧在制作动画时，也必须使用两个以上的关键帧。

一个关键帧包括视频滤镜的所有参数值，同时它应用这些参数值到视频剪辑的一个指定时间中。可以通过应用不同的参数值到多个关键帧，经过时间的变化后，就改变了一个滤镜的效果。

在时间线窗口中可以显示每个音频和视频效果的关键帧，但每次只能显示一个轨道或者单个剪辑的一个属性关键帧。时间线窗口中用于控制关键帧的主要按钮如图4-33所示。

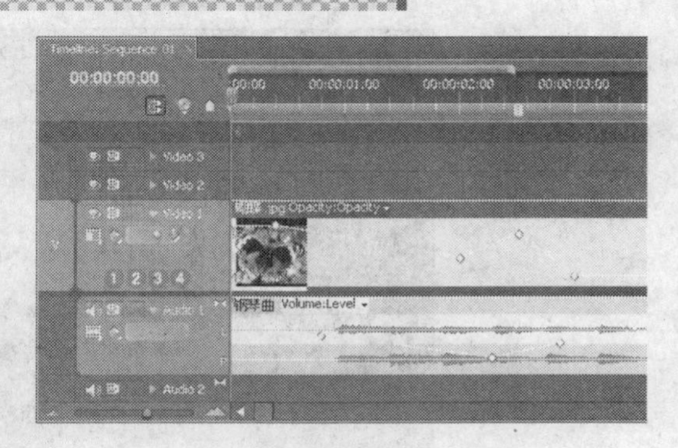

图4-33　主要按钮

· 1. “显示关键帧”按钮，可以设置显示或者隐藏关键帧。

· 2. “前一个关键帧”按钮，单击这个按钮可以将时间指针与前一个关键帧对齐。

· 3. “添加或删除关键帧”按钮，如果时间指针所在的位置已经存在一个关键帧，单击这个按钮可以将关键帧删除；如果时间指针所在的位置还没有关键帧，单击这个按钮可以创建一个新的关键帧。

· 4. “后一个关键帧”按钮，单击这个按钮可以将时间指针与后一个关键帧对齐。

在时间线窗口中选中（移动）或（钢笔）工具，按住【Ctrl】键单击关键帧图形，也可以设置关键帧，然后调整效果属性的值，如图4-34所示。

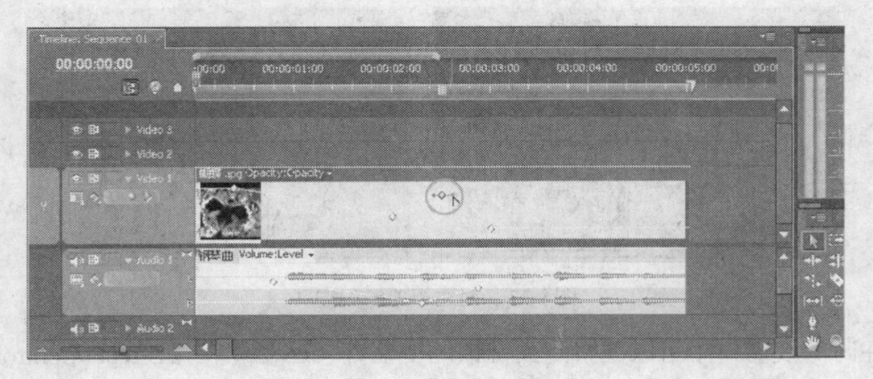

图4-34　设置关键帧

要创建关键帧，首先将素材拖入轨道中，在轨道中选中素材，如图4-35所示。

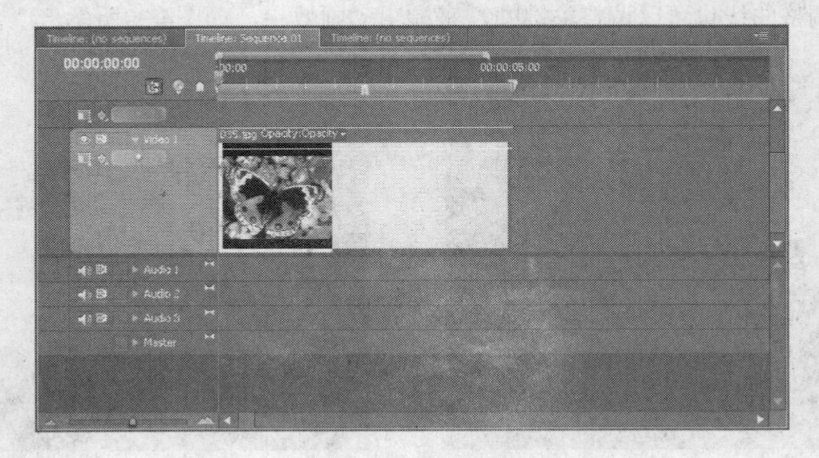

图4-35　选中素材

用户可以在剪辑的任何位置设置关键帧，现以图4-35为例来创建剪辑的关键帧，假如想在“00：00：00：10”处创建一个关键帧，首先将时间指针拖至“00：00：00：10”处，单击按钮就创建了一个关键帧，如图4-36所示。

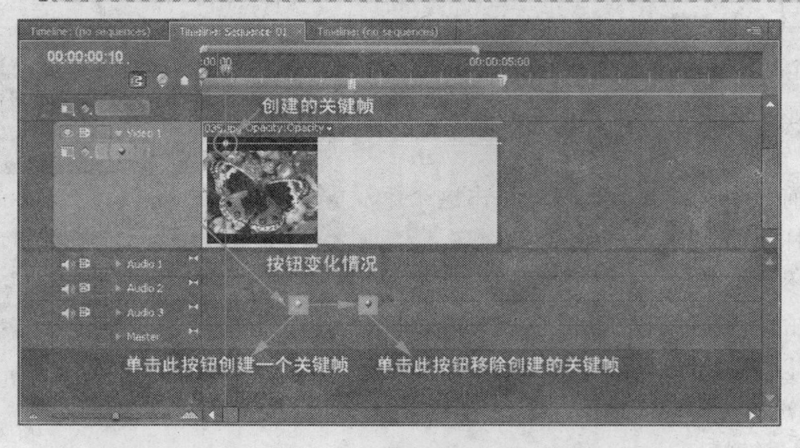

图4-36　创建的关键帧

拖动时间指针至“00：00：01：00”处，用户会发现按钮又变成按钮，单击再创建一个关键帧，创建的关键帧如图4-37所示。

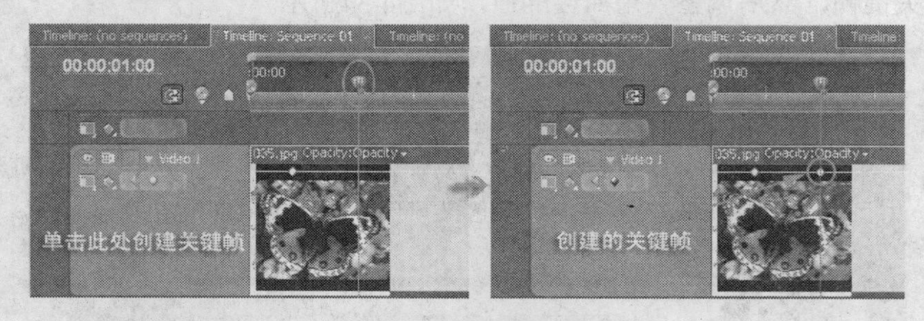

图4-37　创建第2个关键帧

除了在时间线窗口中可以观察到关键帧的变化外，还可以在【Effect Controls】（效果控制）面板中查看，如图4-38所示。

关键帧一般由一个点标记和数值构成，多个关键帧可以在时间线窗口中构成关键帧曲线图形，通过调整曲线也可以调整关键帧，来编辑动画效果，如图4-39所示。

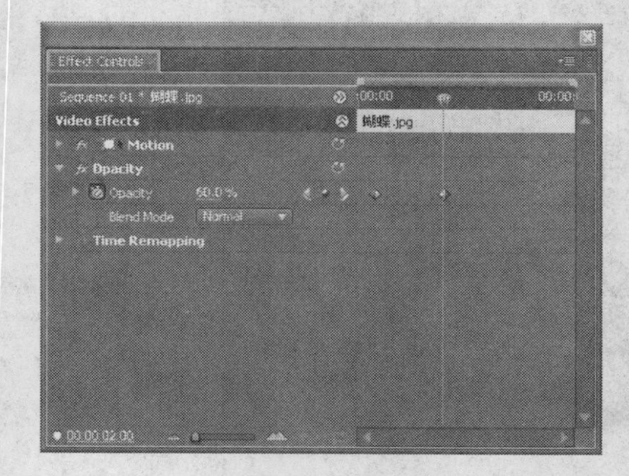

图4-38　效果控制面板

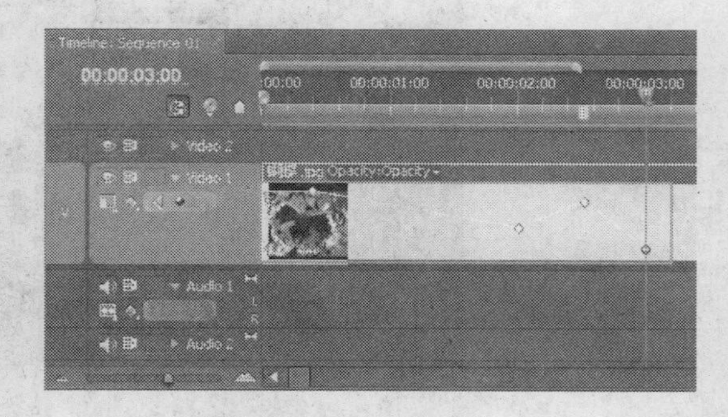

图4-39　调整关键帧曲线

4.6　实例：制作淡入淡出效果

在一个剪辑中，剪辑的开始帧和结束帧都是默认的关键帧之一。如果给剪辑创建了关键帧，这个关键帧若是不经过参数值的设置，那么对滤镜不产生任何效果。下面通过制作剪辑的淡入淡出效果来介绍关键帧的作用。

操作步骤

步骤1 启动Premiere应用程序，建立一个“淡入淡出”项目文件。

引入素材

步骤2 在Project窗口的空白处双击鼠标左键，在弹出的【Import】对话框中选择“蝴蝶.jpg”图片，如图4-40所示。

步骤3 选择文件后，在【Import】对话框中单击打开(O)按钮，将文件导入到项目窗口，如图4-41所示。

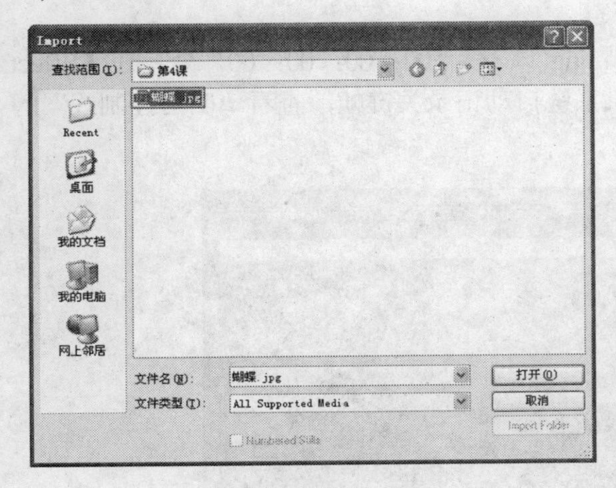

图4-40　选择文件

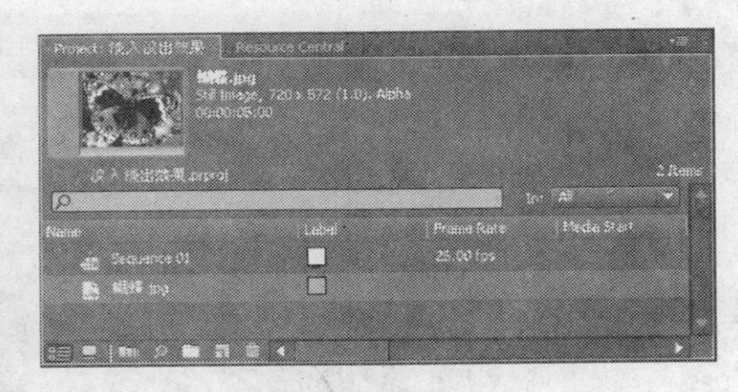

图4-41　项目窗口

步骤4 将鼠标指针移至“蝴蝶.jpg”的图标处，按住鼠标左键将其拖入“Video1”轨道中，如图4-42所示。

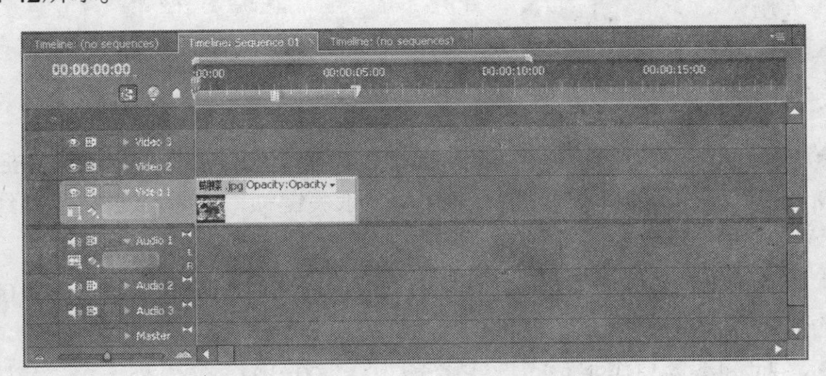

图4-42　引入剪辑

步骤5 从图4-42中可以看到剪辑太小，将鼠标指针移至“Video1”和“Video2”的交接处，当鼠标指针变成形状时，按住鼠标左键向上拖动将“Video1”放大，如图4-43所示。

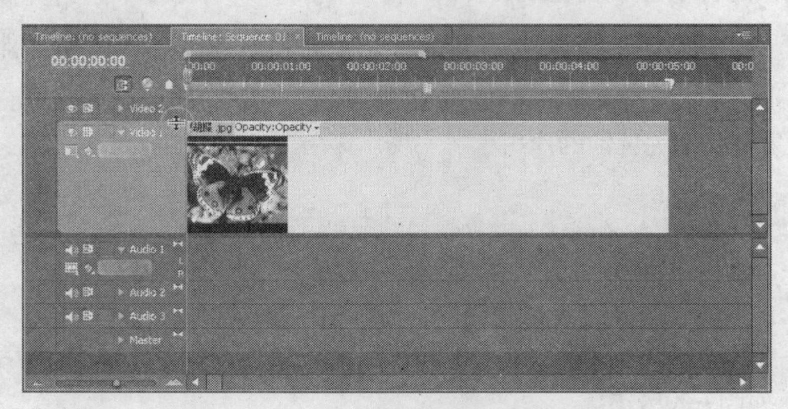

图4-43 调整轨道

创建关键帧

步骤6 在“Video1”轨道中选择“蝴蝶.jpg”，在“00：00：00：00”处，在【Effect Controls】面板中将“Opacity”设置为0，此时系统自动记录关键帧，查看“明暗控制线”的变化，如图4-44所示。

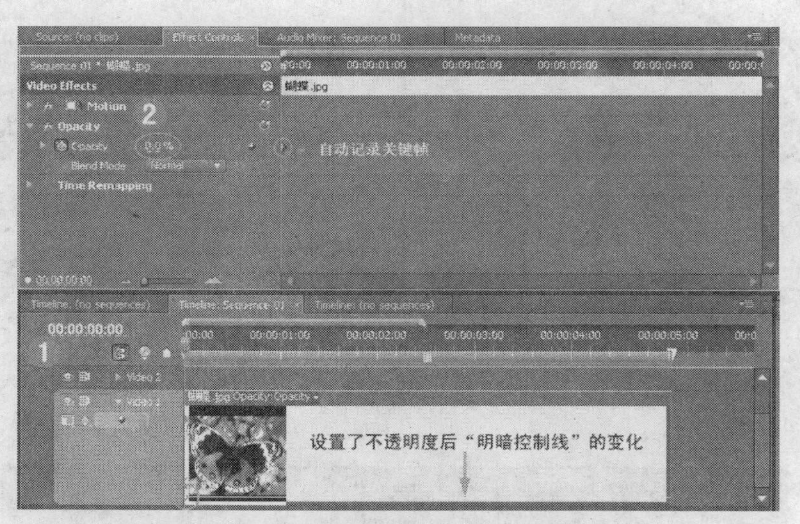

图4-44 参数设置

步骤7 在时间线窗口中将时间指针移至“00：00：00：10”处，在【Effect Controls】面板中将“Opacity”设置为100，此时系统自动记录关键帧，查看“明暗控制线”的变化，如图4-45所示。

步骤8 拖动时间指针在监视器窗口中预览效果，当时间指针移至“00：00：00：03”处时，预览的效果如图4-46所示。

步骤9 在时间线窗口中将时间指针移至“00：00：04：20”处，单击按钮创建一个关键帧，再将时间指针移至“00：00：05：00”处，在【Effect Controls】面板中将“Opacity”设置为0，系统自动记录此关键帧，如图4-47所示。

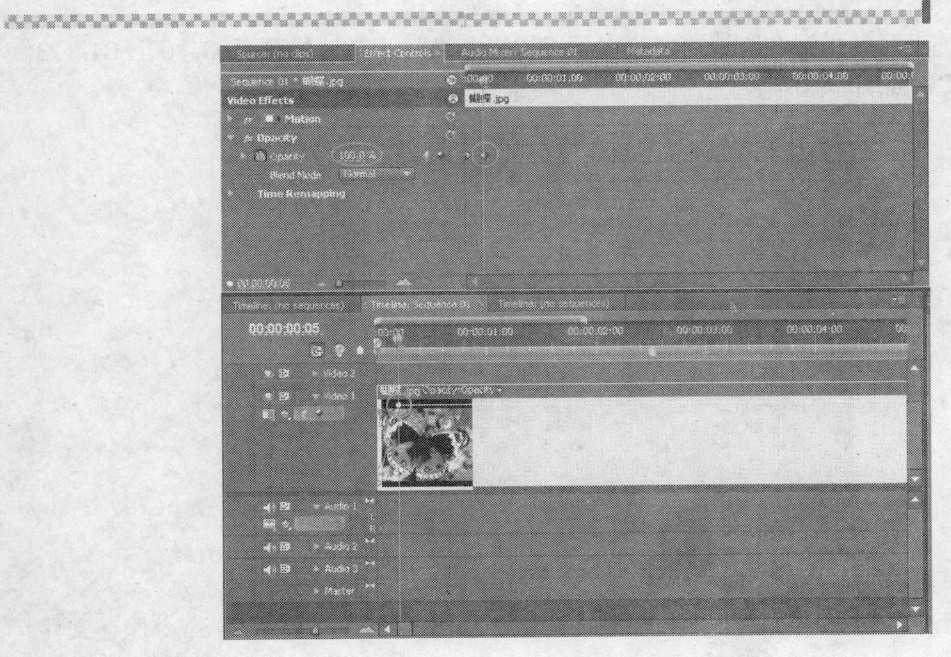

图4-45　参数设置

图4-46　预览效果

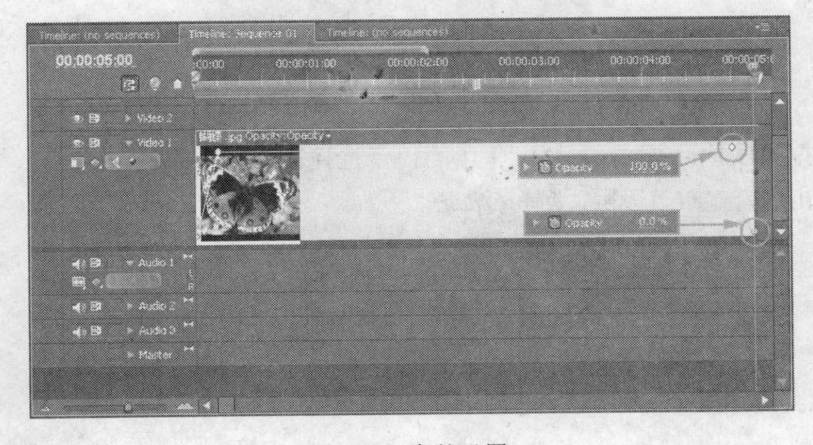

图4-47　参数设置

步骤 10 拖动时间指针在监视器窗口中预览效果，当时间指针移至“00：00：04：23”处时，预览的效果如图4-48所示。

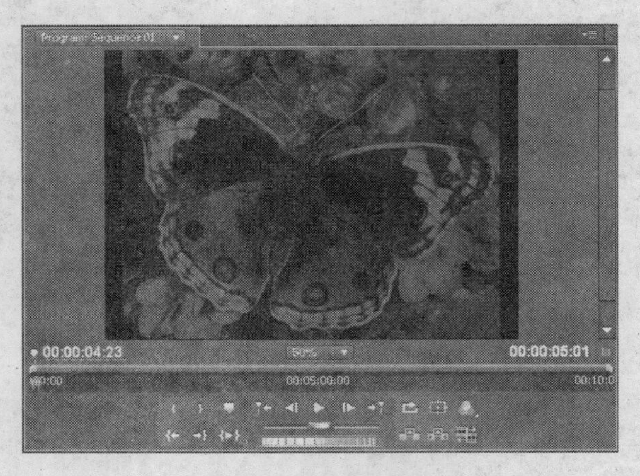

图4-48 淡出效果

步骤 11 至此，剪辑的淡入淡出效果制作完成，单击【File】/【Save】命令保存文件。

课后练习：删除轨道

通过菜单栏提示删除轨道，过程提示：

（1）单击菜单栏中的【Sequence】（序列）/【Delete Tracks】（删除轨道）命令；

（2）选择【Delete Tracks】命令后，会弹出【Delete Tracks】对话框，如图4-49所示；

图4-49 【Delete Tracks】对话框

（3）根据【Delete Tracks】对话框中的提示选择需要删除的轨道；

（4）单击 OK 按钮删除选择的轨道。

第5课

创建标题字幕

学习导航图

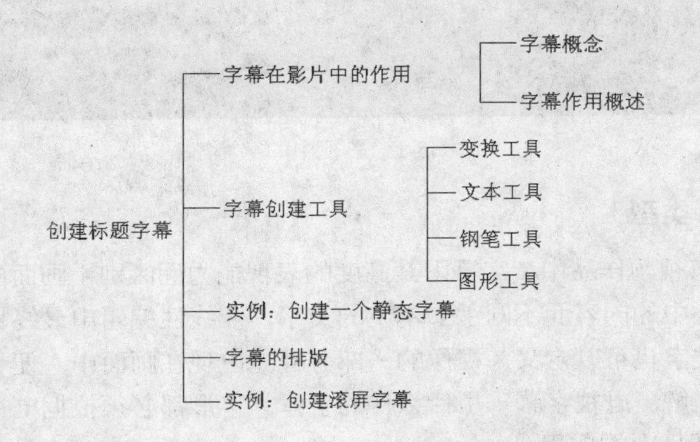

就业达标要求

1. 了解字幕在影片中的作用。

2. 从创建最基本的字幕文件开始，学习字幕窗口的设置、文字对象的建立，由浅入深、一步一步掌握各种字幕效果的制作。

3. 做出各种字幕添加到视频节目中，使制作的Premiere视频效果更专业。

本课将介绍在Premiere视频节目中加入字幕的有关内容。标题字幕可以作为单独的字幕文件进行编辑处理，也可以像其他片段一样加入Premiere视频。

5.1 字幕在影片中的作用

影片当中，在一定的空间内仅凭图像和声音所能表达的意思是有限的，人们要从影片中获得更广泛的信息，应当借助于标题和字幕。将图像、声音和字幕三者有机结合起来，才能利用影片手段将真实的世界描述给观众，让观众在最短的时间内领会到导演的意图。

5.1.1 字幕概念

所谓字幕是在一部影片中以各种形式出现在银幕上的所有文字。它包括：影片的片名，演职员表，剧中人物的对白，时间、地点、人物姓名的标注，歌词，片头，片尾字幕，等等。它们在影片中分别起着各自不同的作用。而片名在所有字幕中是最主要的，它是一部影片的重要组成部分，还在影片画面的构图上起着不可替代的造型作用。除了摄影师在具体拍摄时所形成的前期画面构图之外，随着高科技在电影制作中的普及运用，字幕都可以对其进行必要的补充、装饰、加工，以形成电视画面新的造型。同时，也给动画和字幕的制作提供了方便的制作工具和广阔的创作空间，特别是在“形象动画”的制作中有着绝对的优势，如图5-1所示。

图5-1 影视中的字幕

5.1.2 常见字幕类型

在影片和所有视频作品中，字幕因其高度的表现能力而区别于画面中的其他内容，同时也因为环境及视频中的内容而不同于书本上的文字。非线性编辑中最终目的是要表达声像的视听艺术，字幕文字也可以定义为视像的一部分补充出现在画面中，便于观众对相关节目信息的接收和正确理解。电视字幕采用什么样的字体、字形都必须根据电视节目内容和形式来确定，否则会出现反向的作用。

单从表现角度而言，字幕分为两大类：标题性字幕和说明性字幕。

- 标题性字幕：大小相对大些，字体艺术性强，常用于片名或时间地点的表述。
- 说明性字幕：大小相对小些，字体一般不会追求艺术性和太多的表现力，但要求简洁明了，便于在第一时间内快速阅读和理解，常用于说明主持人名字这些信息。

从字幕的呈现方式看，字幕分为静态字幕和动态字幕两种。但目前的电视类节目没有做过多的硬性定义。也就是说为了突出表现的能力，制作出更多精细的字幕效果才能更好地表现用意，但有些情况下会有严格的定义。

- 静态字幕：一种固定不动的字幕形式。
- 动态字幕：在字幕出现的过程中会添加一些特技在里面，比如说片头字幕和片尾字幕，要看出动感的同时也要让人欣赏到运动中的细节。

在制作字幕过程中需要考虑下面一些因素。

- 字幕与图形、图案的关系。
- 字幕与色彩的关系。
- 字幕与画面的关系。
- 字幕与光色的关系。
- 字幕与节目内容的关系。
- 字幕与运动节奏的关系。
- 字幕与运动形式的关系。

事实上，几乎每一种类型的节目都会不可避免地运用到字幕。在新闻节目中，它体现在对重要信息的展示，如重要文件内容的摘录、数字的出现、标题的出现等；在纪录片和专题节目中，它要对在画面中出现的人或者其他事物如时间、地点、景物名称等进行相应的介绍和说明；在体育节目中，字幕更是给广大观众提供了及时的赛场信息，如比分及出场等。

5.1.3　字幕的制作方法

字幕的制作方法有多种，在最早的时候，一般是将字幕写在纸上，然后通过摄像机拍摄得到。随着影视编辑技术的发展，目前的字幕制作技术也出现了多样化，各种级别的字幕机、字幕软件大大提高了字幕制作的效率。

使用字幕机

字幕机一般是由计算机、专业的字幕叠加卡和相应的软件组成的，用来在视频信号上叠加图文字幕。它的特点是叠加实时、无须生成、色彩鲜艳、信号损失小，适合于电视台叠加台标、角标、左飞广告等。常见的字幕机有新奥特、大导演、字幕大师、尼拉、方舟等，如图5-2所示。

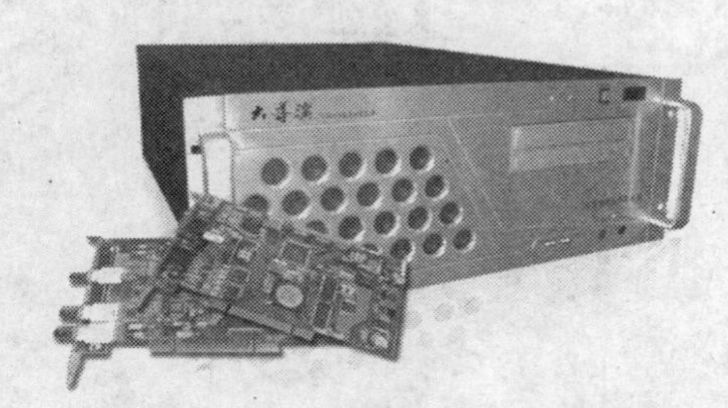

图5-2　字幕机

使用独立字幕软件

独立字幕软件是独立开发的、专门用于制作字幕的软件，有些字幕软件能够很好地与视频剪辑软件融合，能够制作出较好的字幕效果。独立字幕软件的优点在于操作简单、字幕特效众多等。

使用剪辑软件字幕工具

一些剪辑软件也带有字幕创建、编辑功能，例如，Premiere CS4便具有强大的字幕编辑功能，自带字幕工具的优点是方便快捷，其缺点是字幕效果较少。

5.2　Premiere字幕创建工具

本节重点介绍Premiere自带的字幕编辑命令，单击菜单栏中的【File】/【New】/【Title】命令可以打开字幕窗口。

字幕窗口左边的工具栏是Premiere为了方便用户快捷使用字幕的各种工具而定义的窗口，包含了选择工具、字体工具和各种线型工具等，如图5-3所示。

变换工具

- （Selection Tool）：选择工具，用于选中字幕窗口中的文字或者图形对象。当选中选择工具时，可以在字幕窗口中选择已创建好的文本，同时，Premiere会高亮显示选中的文本，且在该选中文本周围出现该文本区域，如图5-4所示，表示当前文本。
- （Rotation Tool）：旋转工具，如果选取了旋转工具，将鼠标指针移到外框之外（指针变为弯曲的双向箭头），然后按住鼠标左键拖动可以旋转文本。若同时按住【Shift】键，可将旋转限制为按15°增量进行。

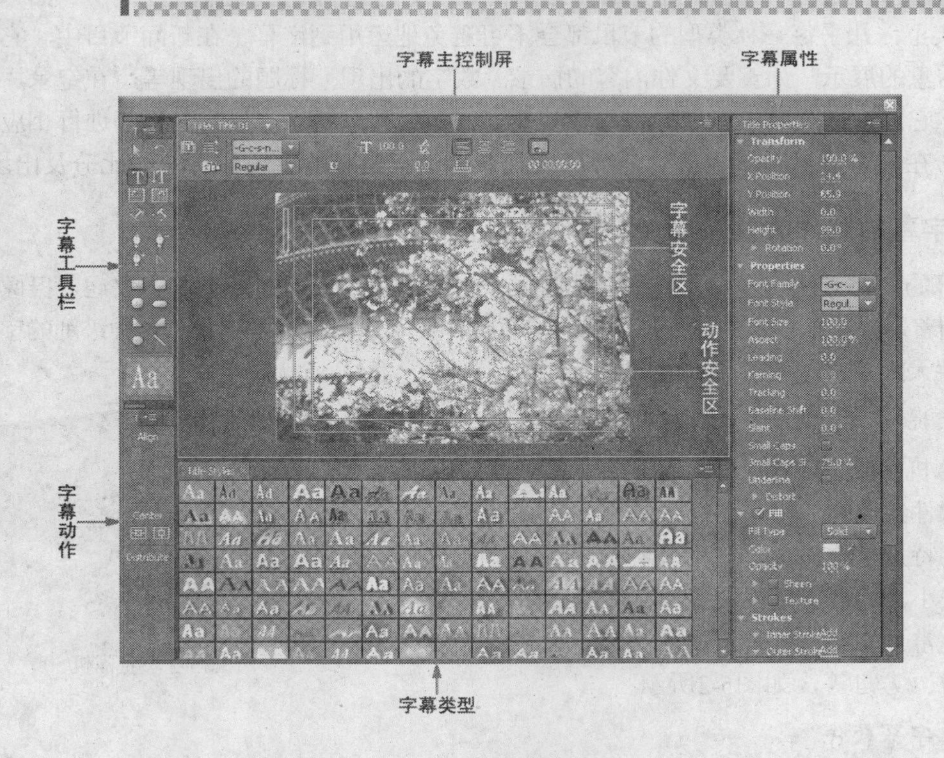

图5-3 字幕窗口

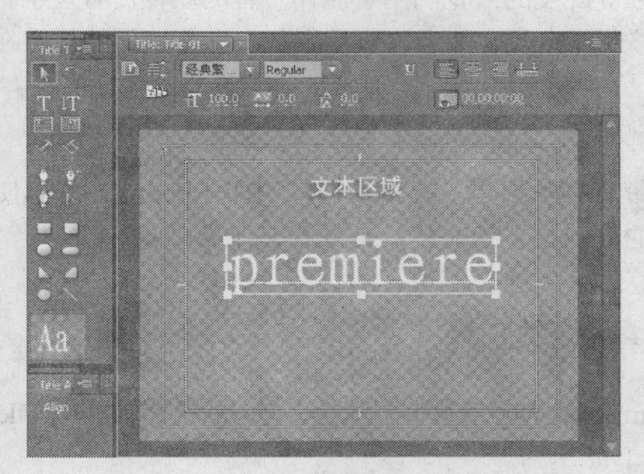

图5-4 选择工具

文本工具

用文字工具在图像中单击可将文字工具置于编辑模式。当文本工具处于编辑模式下时，用户可以输入并编辑字符，还可以从各个菜单中执行一些其他命令。

• （Type Tool）/（Vertical Type Tool）：在图像中单击的位置开始输入水平或垂直文本行。要向图像中添加少量文字，在某个点输入文本是一种有用的方式。

• （Area Type Tool）/（Vertical Area Type Tool）：使用以水平或垂直方式控制字符流的边界。当用户想要创建一个或多个段落（比如为宣传手册创建）时，采用这种方式输入文本十分有用。

• （Path Type Tool）/（Vertical Path Type Tool）：指沿着开放或封闭的路径创

建边缘流动的文字。当沿水平方向输入文本时，字符将沿着与基线垂直的路径出现。当沿垂直方向输入文本时，字符将沿着与基线平行的路径出现。在任何一种情况下，文本都会按将点添加到路径时所采用的方向流动。

如果输入的文字超出段落边界或沿路径范围所能容纳的大小，则边界的角上或路径端点处的锚点上将不会出现手柄，取而代之的是一个内含加号（+）的小框或圆。

钢笔工具

- （Pen Tool）：钢笔工具，可用于绘制具有最高精度的图像。
- （Delete Anchor Point Tool）：删除锚点工具，用于删除曲线上的锚点，如果使用尽可能少的锚点拖动曲线，可更容易编辑曲线并且系统可更快速显示和打印它们。使用过多点还会在曲线中造成不必要的凸起。通过调整方向线长度和角度，可以绘制间隔宽的锚点和设计曲线形状。
- （Add Anchor Point Tool）：添加锚点工具，在曲线改变方向的位置添加一个锚点，然后拖动构成曲线形状的方向线。方向线的长度和斜度决定了曲线的形状。
- （Convert Anchor Point Tool）：转换点工具，在平滑点和角点之间转换。

图形工具

Premiere中提供了建立图形对象的工具，如（Rectangle Tool）、（Rounded Corner Rectangle Tool）、（Clipped Corner Rectangle Tool）、（Rounded Rectangle Tool）、（Wedge Tool）、（Arc Tool）、（Ellipse Tool）、（Line Tool）8种图形工具，用于建立直线、矩形、椭圆、多边形等。

- （Line Tool）：直线工具，使用该工具可直接在字幕窗口中通过拖动鼠标得到各种长度和方向的直线，而定义线形粗细需要另行设置。
- （Rectangle Tool）：矩形工具，用来制作空心或实心的矩形。
- 多边形工具：联合使用键盘上的【Shift】键，可以使用这些多边形工具绘制出标准的圆形、正方形。

5.3 实例：创建一个静态字幕

静态字幕是指添加的文字是静止的，这是一个与动态字幕相对应的概念，Premiere创建的字幕默认情况下是将字幕放置在一个透明的图层上，因此可以直接引入时间线与其他素材叠加。

操作步骤

步骤 1 启动Premiere应用程序，若程序已启动，单击菜单栏中的【File】/【New】/【Project】命令。

基本设置

步骤 2 在【New Project】对话框中设置项目路径及名称，如图5-5所示。

步骤 3 单击 OK 按钮，在弹出的【New Sequence】对话框中选择【General】选项卡，设置各项参数，如图5-6所示。

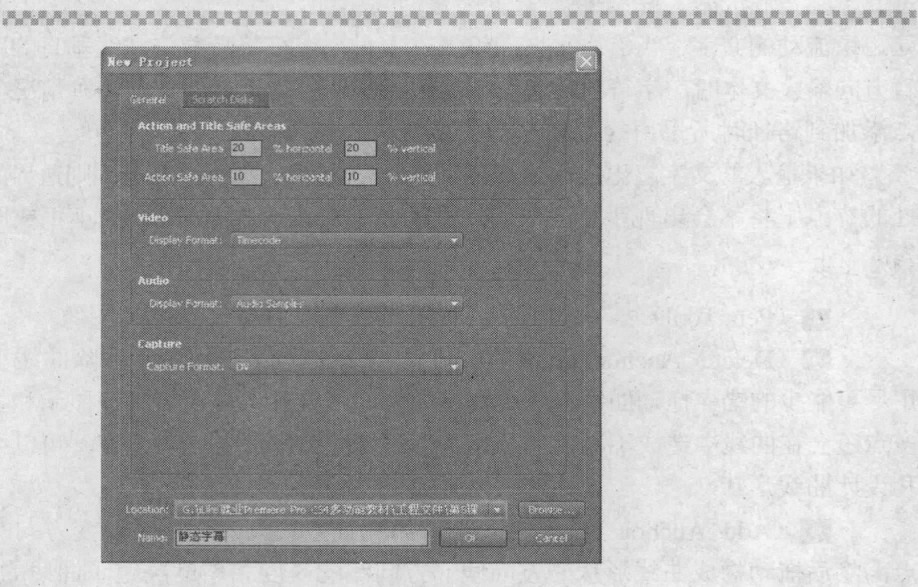

图5-5 【New Project】对话框

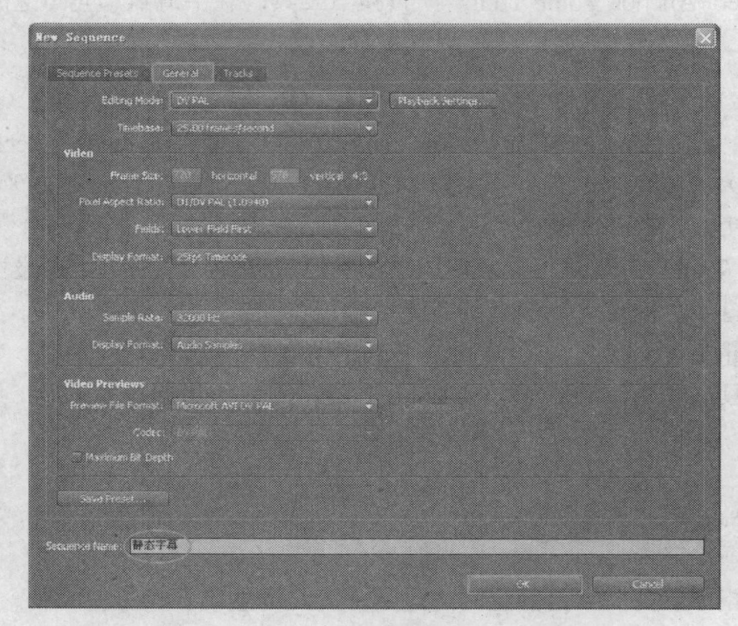

图5-6 【New Sequence】对话框

步骤 4 单击菜单栏上的【Title】（字幕）/【New Title】/【Default Still】命令，如图5-7所示。

步骤 5 选择了【Default Still】命令后弹出【New Title】（新建字幕）对话框，如图5-8所示。

步骤 6 单击 OK 按钮后弹出字幕窗口，如图5-9所示。

创建文字对象

Premiere中创建的字幕是一个字幕文件。对建立的字幕文件可以进行各种处理，然后再添加到Premiere视频中去。Premiere中使用的字幕并不只限于在字幕窗口中产生的字幕，可以在其他的图形图像处理软件中制作字幕，并把它存储为Premiere所兼容的图像格式的文件，然后把保存的文件引入到Premiere中。如果创建或引入的是Alpha通道的字幕，就可以把它添加到Premiere中的视频片段上了。

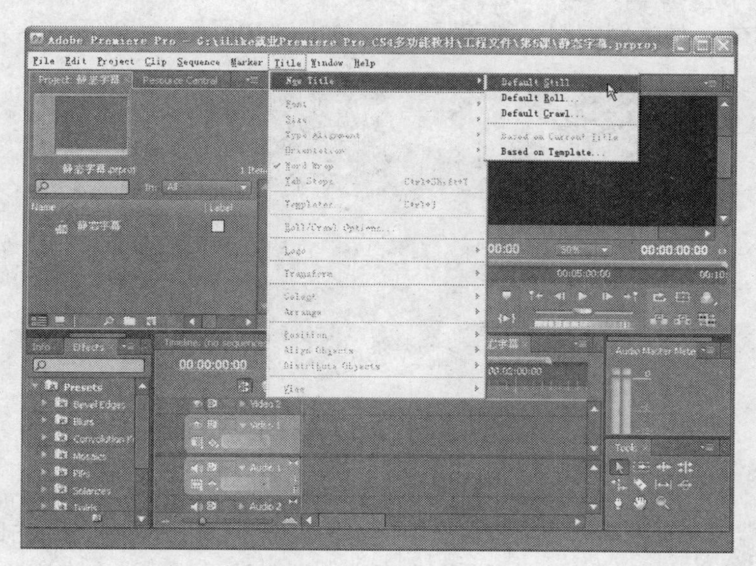

图5-7　单击菜单栏上的命令

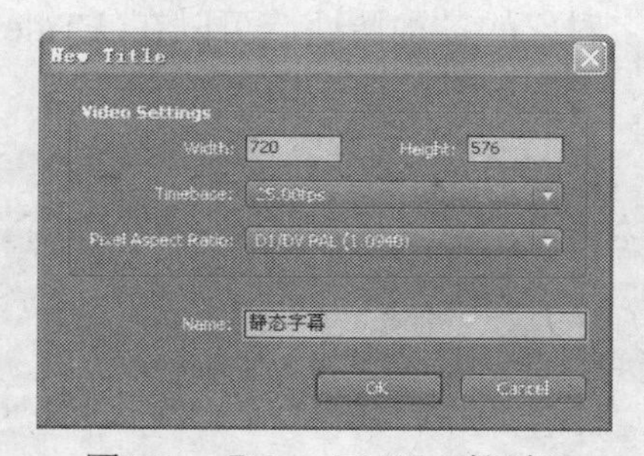

图5-8　【New Title】对话框

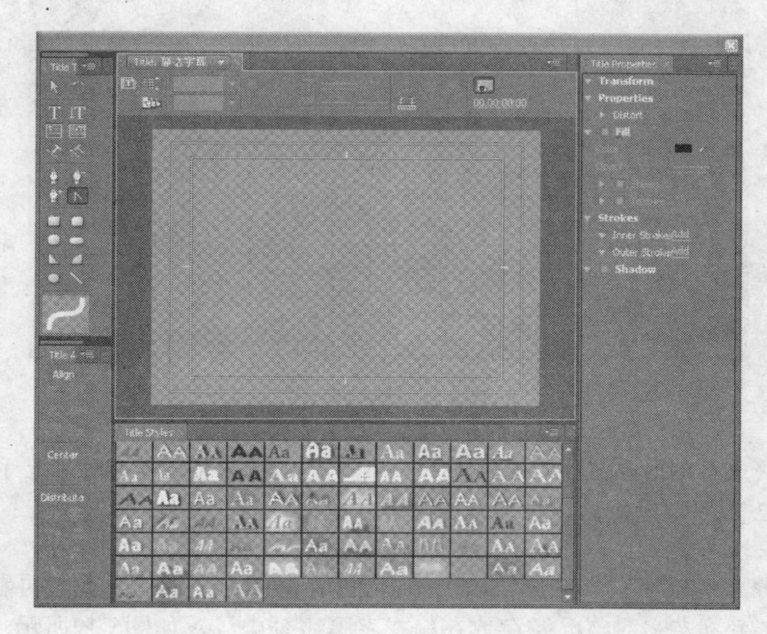

图5-9　字幕窗口

下例介绍的是在Premiere中制作一个最基本的字幕文件的方法。

步骤 7 单击字幕工具栏中的T（横排文字工具）按钮，在字幕工作区中单击鼠标左键，输入一段文本，如本例中的“创意背景”，如图5-10所示。

图5-10 输入文字对象

步骤 8 输入文字之后，在字幕窗口中文字输入虚线框以外的地方单击鼠标左键，则文字周围的虚线框消失，而在“创意背景”上双击的话，就又可以进入文字的编辑状态。

步骤 9 如果要改变文字对象的各种属性，可以在【Title Properties】栏中调整其各项参数，如图5-11所示。

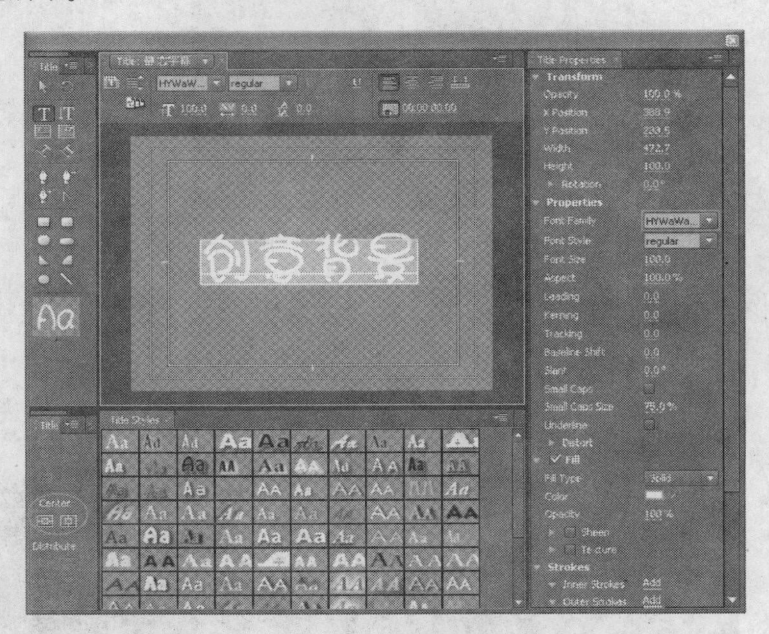

图5-11 参数设置

是将选择的对象置于垂直方向的中心位置；是将选择的对象置于水平方向的中心位置，具体使用方法在后面将会讲解。

步骤 10 修改完文字对象的属性后，单击按钮关闭字幕窗口，此时再看Project窗口会发现创建的静态字幕文字对象已经存放在静态字幕序列中了，如图5-12所示。

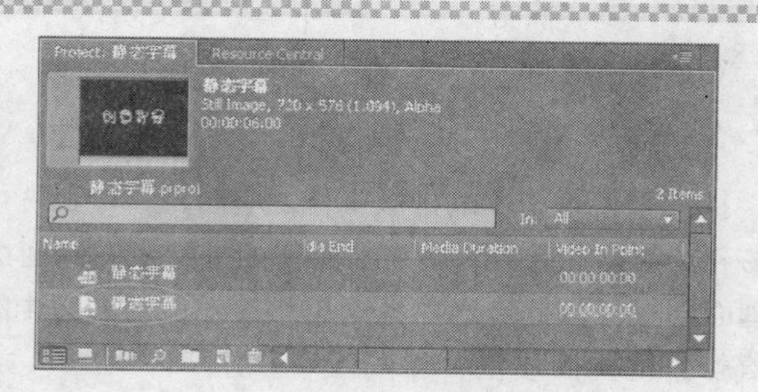

图5-12 创建的字幕素材

步骤⑪ 如果还想修改字幕素材，可以双击“静态字幕”前的图标打开字幕窗口，进行修改。

步骤⑫ 将创建的字幕素材拖入Video1轨道中，如图5-13所示。

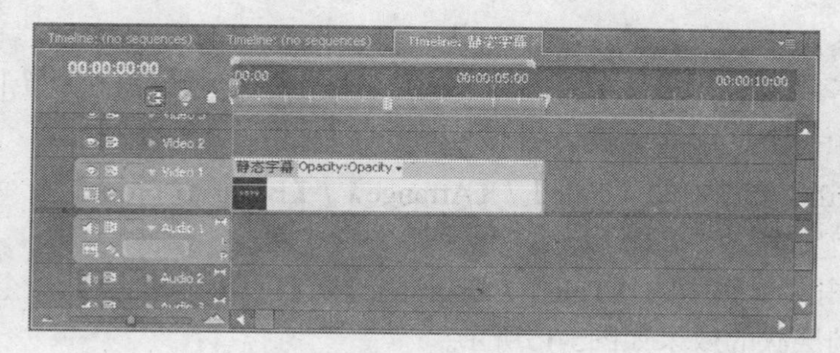

图5-13 引入素材

步骤⑬ 在时间线窗口中拖动时间滑块或单击监视器窗口中的按钮，预览素材，如图5-14所示。

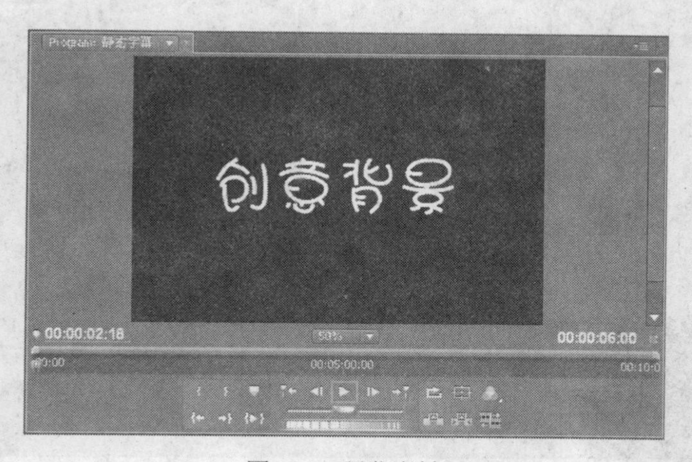

图5-14 预览素材

步骤⑭ 细心的读者会发现直到素材播放完文字都是静止不动的，要想让其拥有各种特技，后面的章节中会详细介绍。

步骤⑮ 单击【File】/【Save】命令，保存文件。

5.4 字幕的排版

创建了文本之后，接下来就是文本的排版工作，有时，一个影片中将出现大量的文字文本，它们占据几乎60%～70%或者更多的影片画面。如果文本在画面中的表现杂乱无章，将会破坏到整个影片的画面质量，因此应当熟练运用相关知识对画面中的文本进行有效排版，使文本多而不乱，提高影片的画面质量。

5.4.1 排列字幕

默认情况下，文字和图形对象按照创建的顺序在字幕窗口中从上到下依次排列。字幕窗口中包含有进行文字和图形对象排列的选项。下面通过一个实例介绍如何排列文字和图形。

操作步骤

步骤 1 在字幕窗口中绘制一个圆角矩形、一个扇形和一个文本。单击字幕窗口工具栏中的按钮，选中一个文字对象或者图形对象。

步骤 2 单击菜单栏中的【Title】/【Arrange】/【Bring to Front】命令，就可以把该对象置于最上层。

步骤 3 单击菜单栏中的【Title】/【Arrange】/【Send to Back】命令，就可以把该对象置于底层。不同层次的效果如图5-15所示。

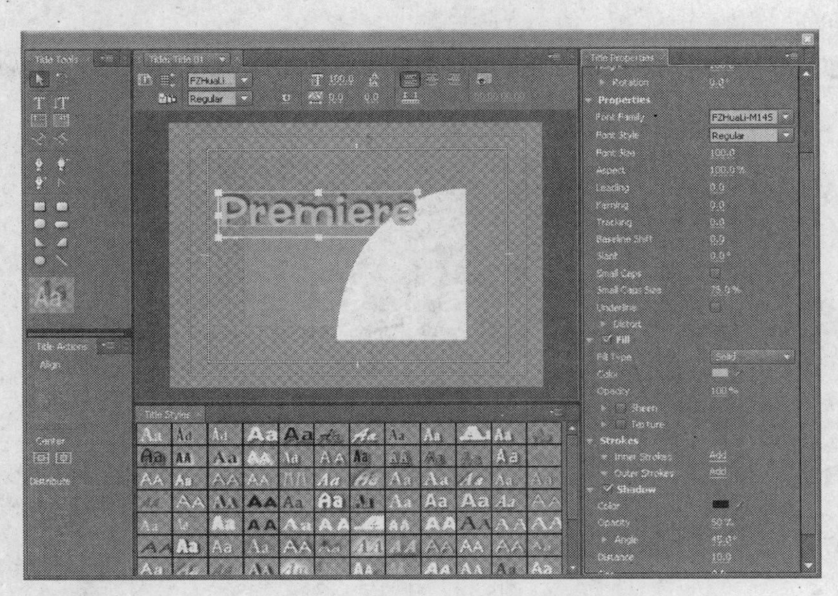

图5-15 不同层次的文字、图形对象

步骤 4 单击【Title Action】栏中的（Vertically Center）按钮，可以把选择的对象置于垂直方向的中心位置，如图5-16所示。

让选择的对象垂直居中也可以单击菜单栏中的【Title】/【Position】/【Vertically Center】命令。

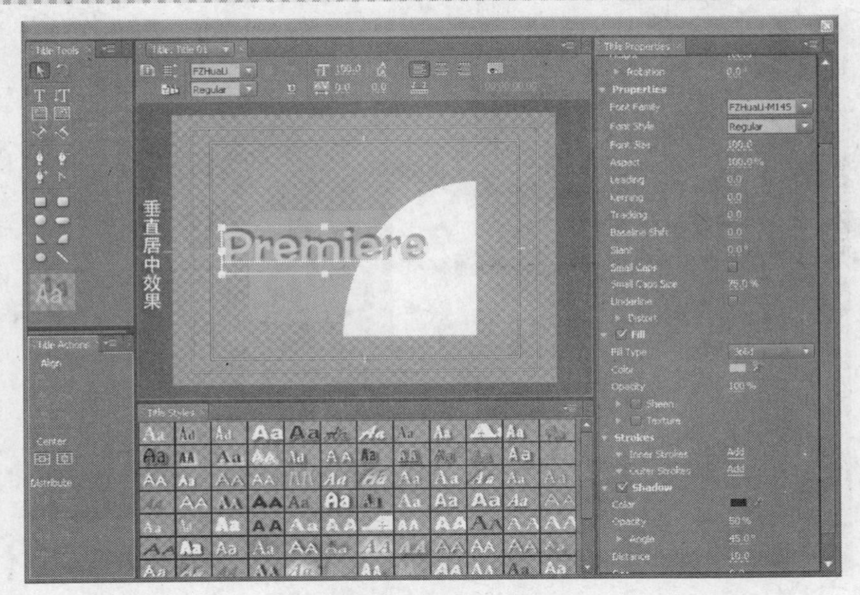

图5-16　垂直居中效果

步骤 5 单击【Title Action】栏中的 （Horizontally Center）按钮，可以把选择的对象置于水平方向的中心位置，如图5-17所示。

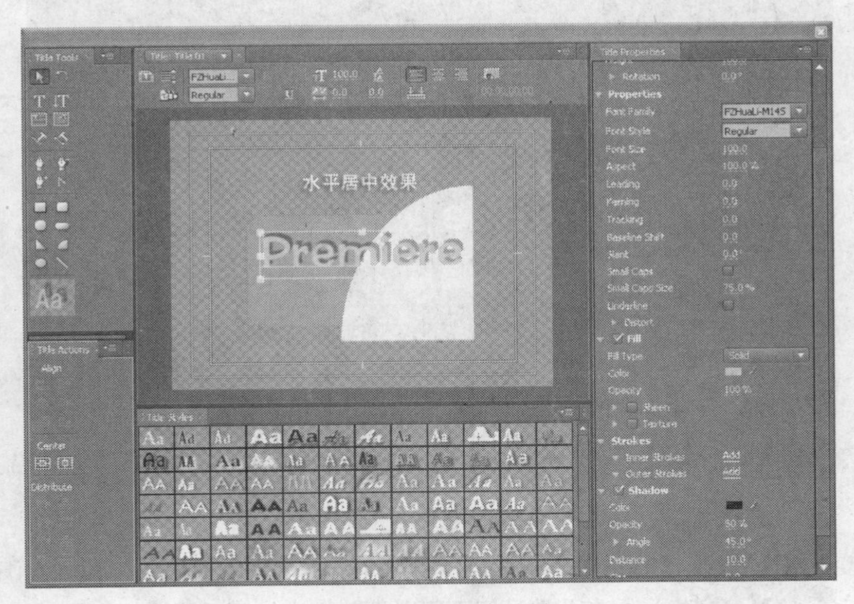

图5-17　水平居中效果

步骤 6 单击菜单栏中的【Title】/【Position】/【Lower Third】命令，就可以把选择的对象置于三分之一高处，效果如图5-18所示。

5.4.2　设置或改变文本的大小

首先要在字幕窗口中输入文本，在需要修改的文本上面双击鼠标左键，选中文本中需要改变的对象，在【Title Properties】栏中修改其属性，修改后文本的变化如图5-19所示。

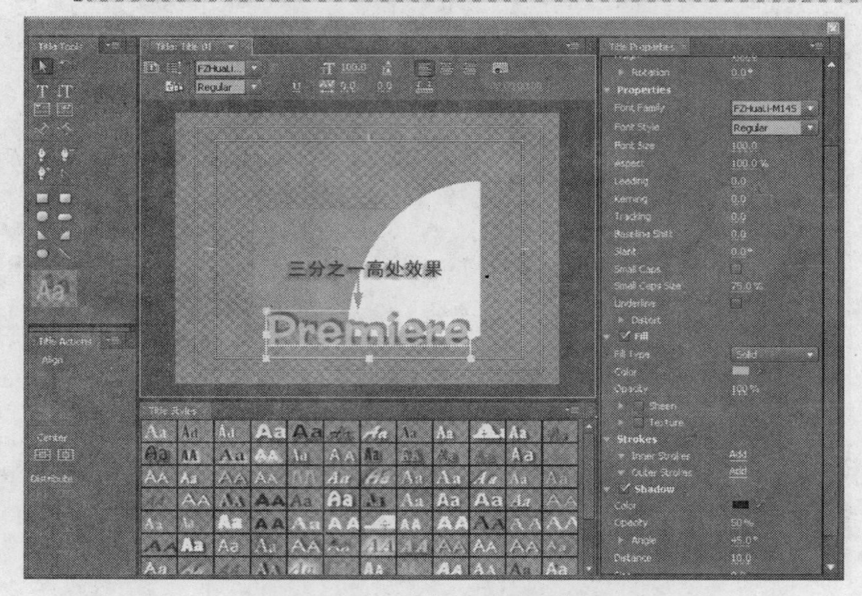

图5-18 置于三分之一高处的效果

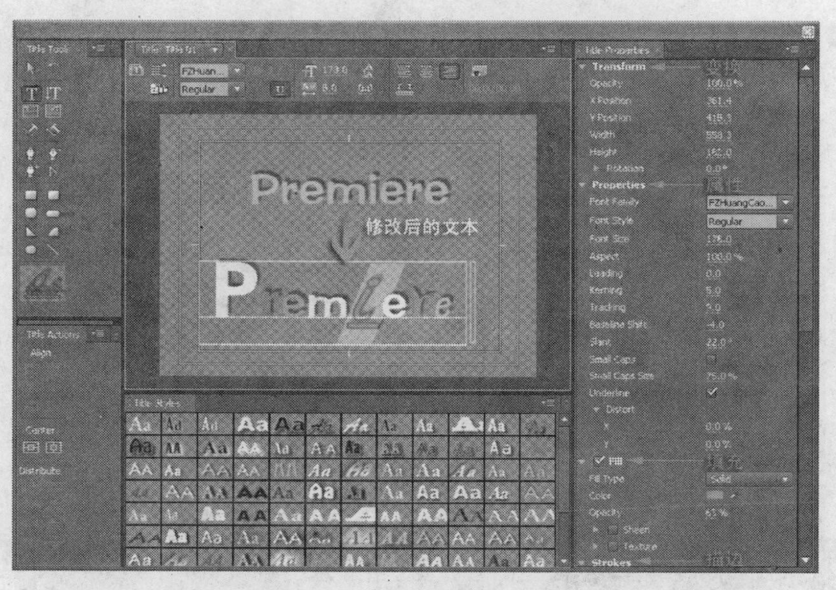

图5-19 修改后文本的变化

文本的变化通过修改【Title Properties】栏中的各项参数体现出来，文本的属性如下。

- 【Transform】（变换）：在此选项组下可以调整文本的不透明度、位置、宽度和高度，还能将选中的文本旋转角度，如图5-20所示。

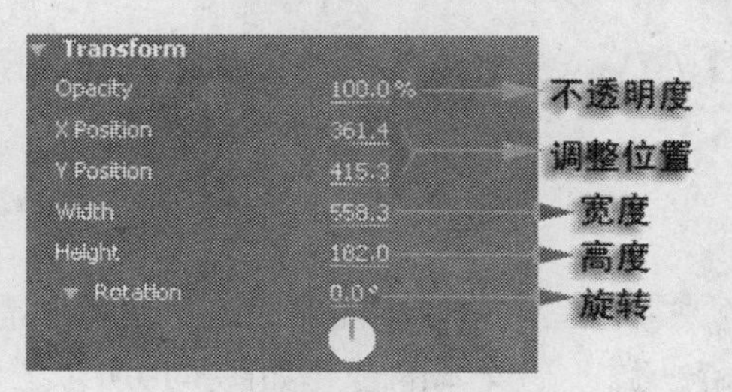

图5-20 【Transform】选项组

用户在修改参数的时候，将鼠标指针移至参数位置，当鼠标指针变为双向箭头时，可以直接输入数值，也可以通过拖动鼠标来调整数值（向右减少，向左增加）。

- 【Properties】（属性）：在此选项组下可以选择文本的字体类型、修改字体大小、扭曲文本等，如图5-21所示。

字体的设计也是一门很深的学问，尤其是在影视中的应用，它是在以往平面设计的基础上进行了动感化。中国的汉字本身就具有深刻的含义，加上字体的多种多样，应用到影片中，在体现其含义的同时又具有很强的装饰感。也有时文字在画面中单纯作为装饰元素，只追求其形式美，不体现其含义。无论字体如何运用，始终都要保持它在影片中的统一性。在实际应用中可能根据不同情况对这些字体进行加工变化，比如放大、缩小、变粗等。当然也可以用多种字体来丰富画面，不过要根据性质来决定。

• 【Fill】（填充）、【Strokes】（描边）、【Shadow】（阴影）：主要功能是修饰文本，如图5-22所示。

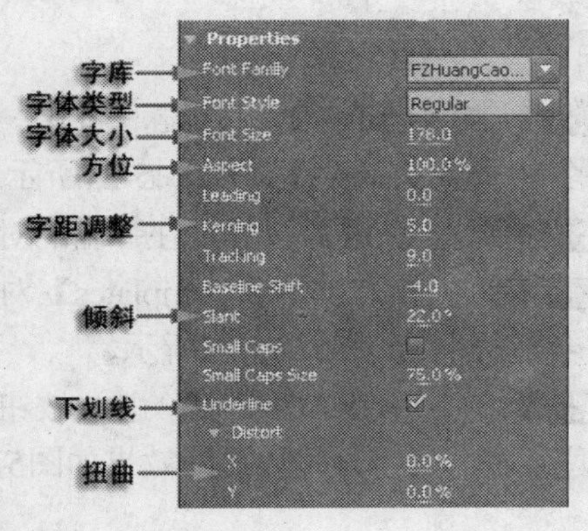

图5-21 【Properties】选项组

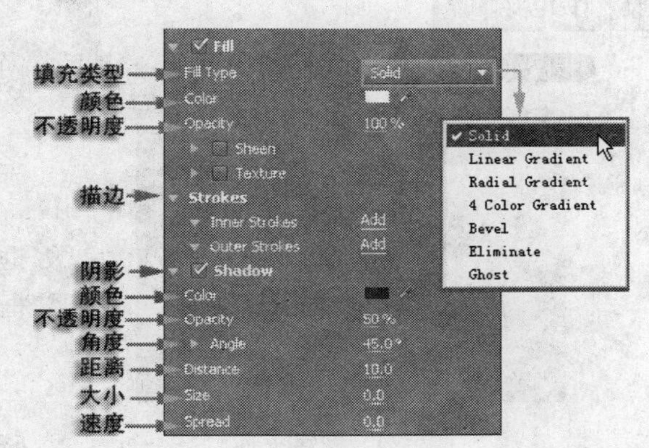

图5-22 【Fill】、【Strokes】、【Shadow】选项组

5.5 动态字幕的使用和创建

动态字幕是指文字的位置、大小或者颜色在播放过程中发生变化的文字。Premiere中的动态文字主要是指位置上有所变化的文字，如自上而下、一侧飞入等。动态文字的创建方法有多种，可以根据不同的需要进行，还可以使用模板来丰富画面。

单击字幕窗口中的按钮，将会弹出【Roll/Crawl Options】对话框，如图5-23所示。这是一个设置动态字幕的主要参数面板。

【Title Type】选项组

• 【Still】：选择这个选项创建的字幕是静态字幕，这是一个默认设置。

• 【Roll】：文字自下而上运动。

• 【Crawl Left】：文字向左滚动。

• 【Crawl Right】：文字向右滚动。

【Timing（Frames）】选项组

• 【Start Off Screen】：指定字幕开始于屏幕外，即文字从画面外进入画面。

• 【End Off Screen】：指定字幕最终移出屏幕外才结束。

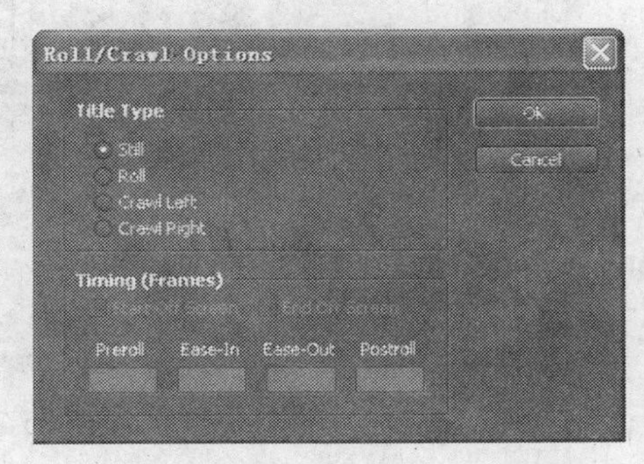

图5-23 【Roll/Crawl Options】对话框

- 【Preroll】文本框：设置字幕滚动前视频片段的静止帧数，也就是说指定在字幕进入点之前提前多长时间开始播放，单位为秒。
- 【Ease-In】文本框：渐入，也就是说指定字幕从滚动开始到匀速运动的帧数。
- 【Ease-Out】文本框：渐出，也就是说指定字幕从匀速运动到滚动的帧数。
- 【Postroll】文本框：设置字幕滚动后视频片段的静止帧数，也就是说指定在字幕结束点之后延迟多长时间结束播放，单位为秒。

前面介绍了动态字幕的制作方法和参数，下面通过一个实例来具体介绍动态字幕的使用方法。

操作步骤

步骤1 启动Premiere应用程序，建立一个新项目。

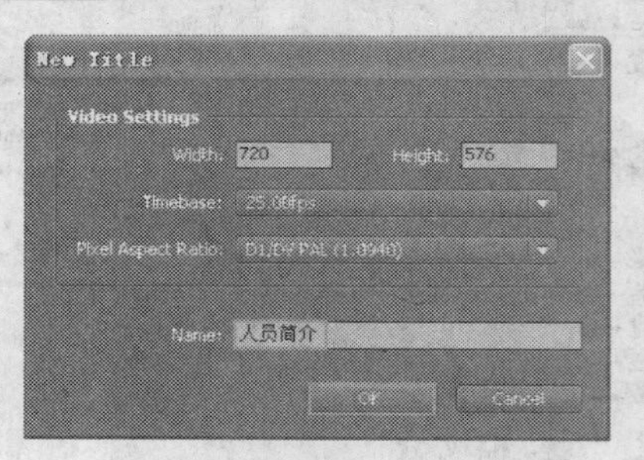

图5-24 创建字幕

步骤2 按【Ctrl+T】组合键，新建一个字幕，命名为“人员简介”，如图5-24所示。

步骤3 单击【OK】按钮后在弹出的对话框中单击按钮，在弹出的【Templates】对话框中选择合适的面板，如图5-25所示。

步骤4 在字幕制作窗口中单击按钮，在对应的位置输入文字，输入后的效果如图5-26所示。

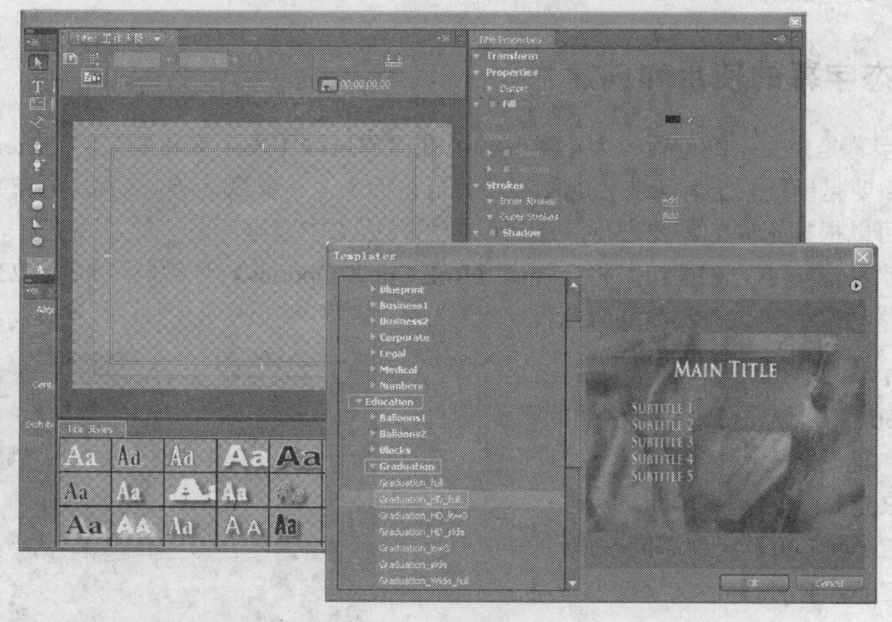

图5-25 选择面板

步骤5 单击按钮，在窗口中选中第一部分的文字，在下方的【Title Styles】中选择一种文字风格，如图5-27所示。

步骤6 用同样的方法，再选中另外一部分的文字，为其添加一种风格，如图5-28所示。

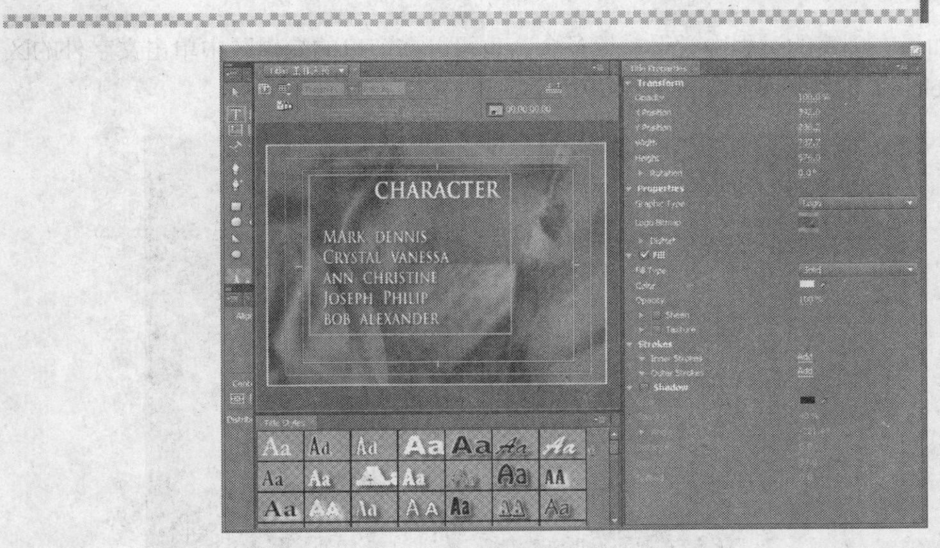

图5-26　输入文字

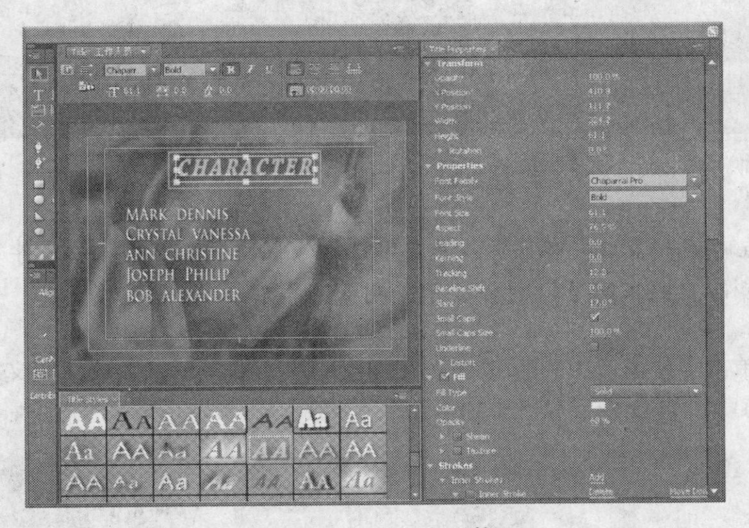

图5-27　选择文字风格

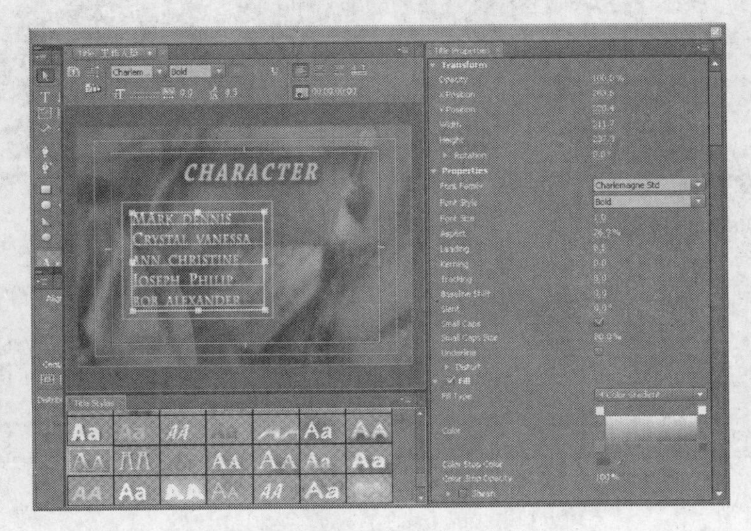

图5-28　添加另外一种文字风格

步骤 7 如果在创建的过程中觉得模板多余，也可以在窗口的编辑区中单击文字外的区域，然后按【Delete】键将其删除，如图5-29所示。

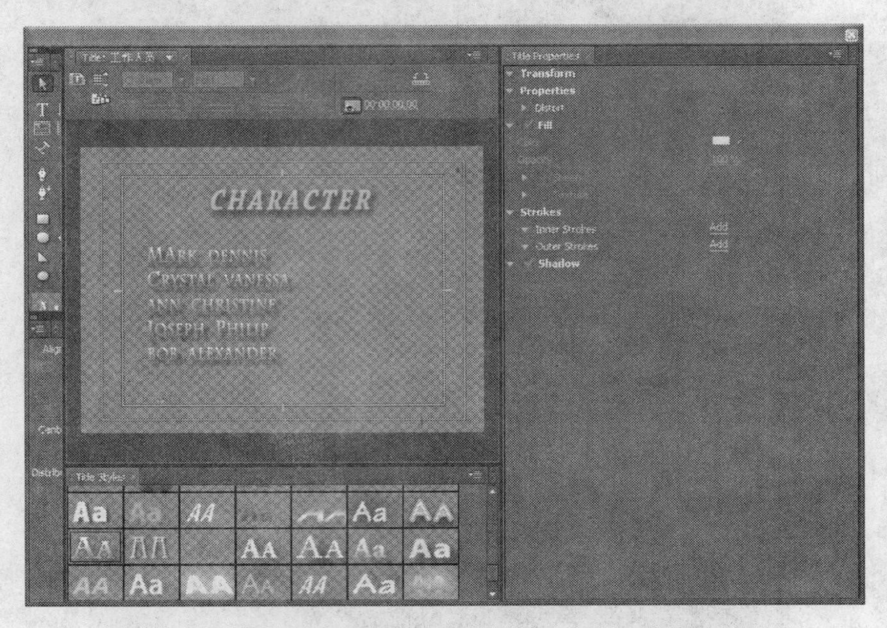

图5-29 删除模板

如果在时间线窗口中有剪辑，并在字幕制作窗口中激活按钮，字幕窗口会显示剪辑画面，若不激活，则会显示透明背景。

步骤 8 单击字幕窗口中的按钮，在弹出的对话框中设置参数，使文字由屏幕外从下向上移动至屏幕中，参数设置如图5-30所示。

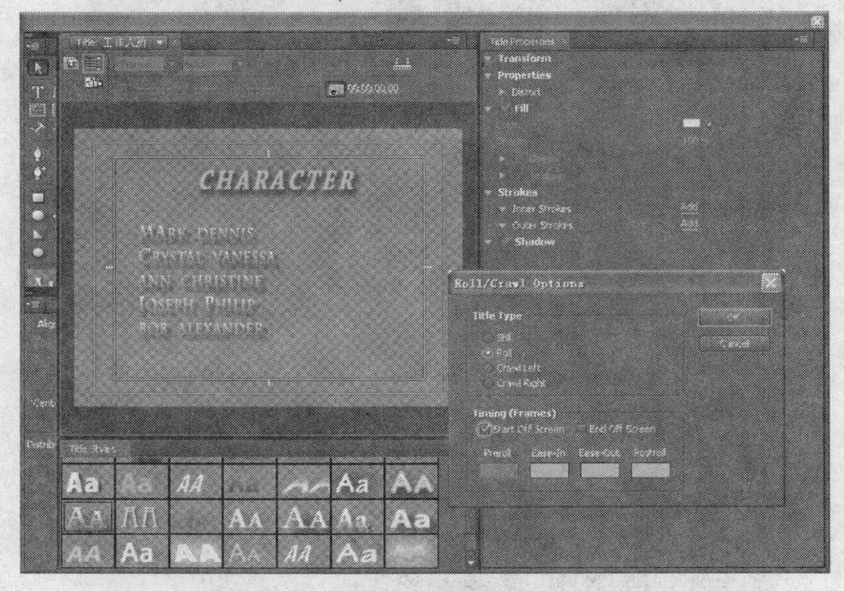

图5-30 设置参数

步骤 9 关闭字幕窗口，将项目窗口中的“工作人员”拖至时间线窗口中的Video轨道中，如图5-31所示。

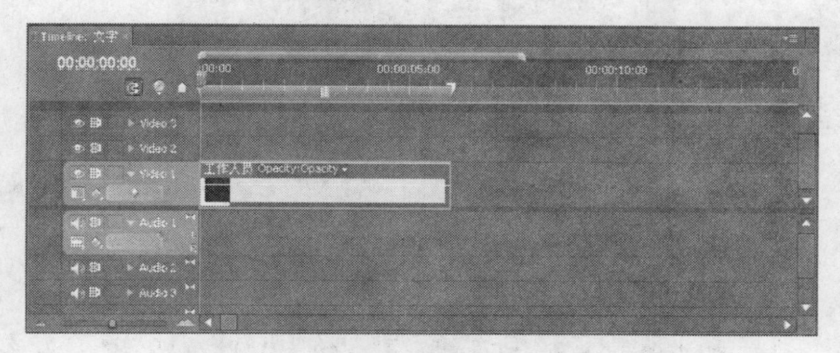

图5-31 调整素材

步骤 10 单击节目窗口中的▶按钮，查看效果，如图5-32所示。

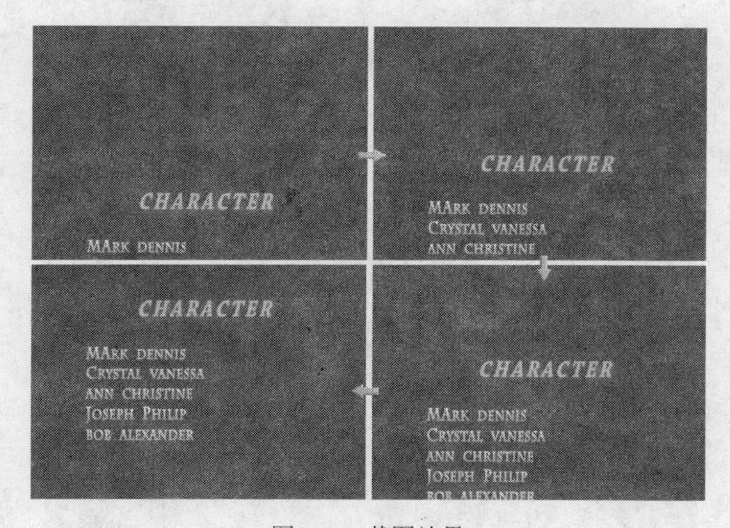

图5-32 截图效果

本例仅是简单介绍常见影视字幕处理方法，数值、格式等为参考作用，用户只要掌握操作方法即可，不必细究。

5.6 实例：创建滚屏字幕

在一个影片结束时，有时候需要在屏幕上显示出如赞助公司、剧组成员和演出人员等一系列公司名和人名，这就运用到滚动字幕的特技来表现这一过程，从而得到流畅的字幕画面。

操作步骤

步骤 1 启动Premiere应用程序，若程序已启动，单击菜单栏中的【File】/【New】/【Project】命令。

基本设置

步骤 2 在【New Project】对话框中设置项目路径及名称，如图5-33所示。

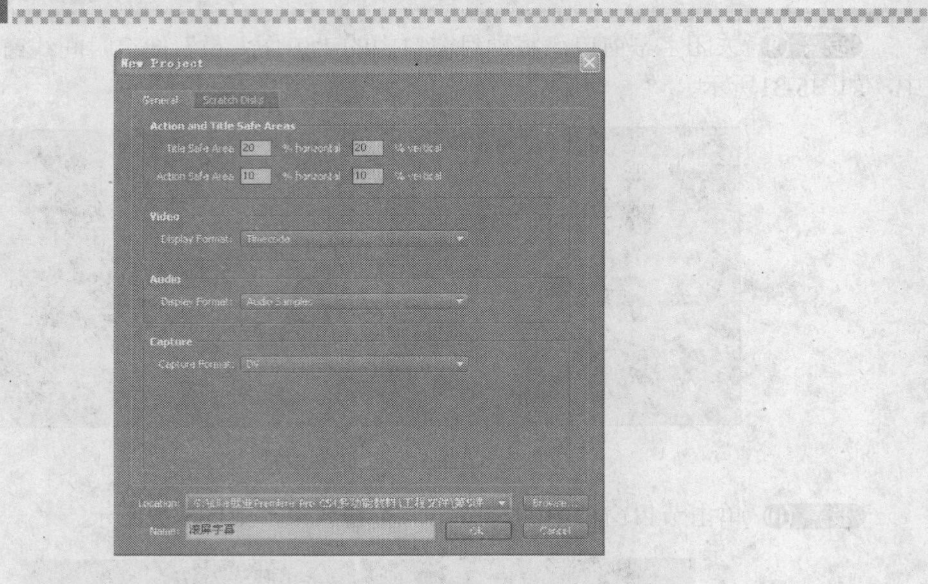

图5-33　设置项目路径及名称

步骤 3 单击 OK 按钮，在弹出的【New Sequence】对话框中选择【General】选项卡，设置各项参数，如图5-34所示。

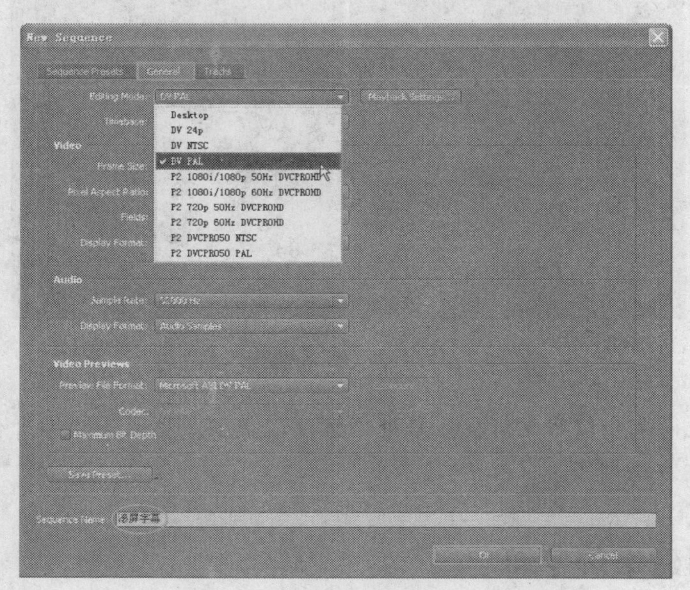

图5-34　【New Sequence】对话框

创建文字对象

本例介绍创建滚屏字幕，在Premiere的字幕制作中，可以让文字在垂直方向进行滚动，称为Roll，也可以让文字在水平方向上进行滚动，称为Crawl。Roll有向上和向下两种方向，Crawl有向左和向右两种方向。

步骤 4 单击菜单栏上的【Title】/【New Title】/【Default Roll】命令。

步骤 5 选择了【Default Roll】命令后弹出【New Title】对话框，如图5-35所示。

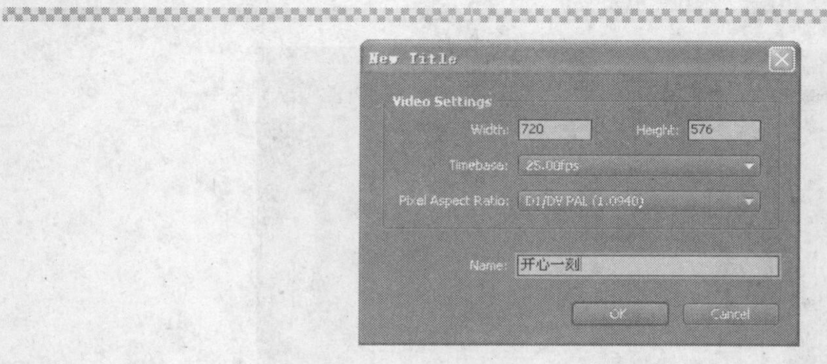

图5-35 【New Title】对话框

步骤6 单击OK按钮后弹出字幕窗口，单击【Title Tools】栏中的T按钮，在字幕工作区中单击鼠标左键，输入一段文本，如图5-36所示。

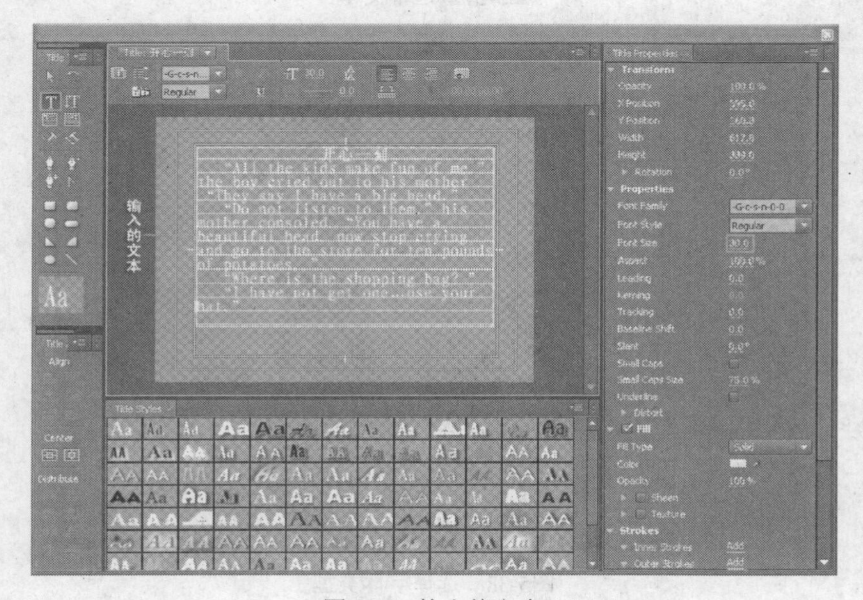

图5-36 输入的文本

滚动文本窗口的大小不要超出安全区域。

步骤7 如果用户觉得需要改变文本的字体，单击字幕工具栏中的T按钮，在字幕工作区中拖动鼠标选中输入的所有文本，如图5-37所示。

步骤8 当文本选中后进入文字的编辑状态，用户可以在【Title Styles】栏中选择合适的字体类型，如图5-38所示。

步骤9 选择了字体类型后会发现有些文本不能正常显示，可以选择没能正常显示的文本，将其换一种字体类型，如本例中将“开心一刻”的字体类型设置为“HYYaYaJ”，并将“Front Size”设置为65，如图5-39所示。

步骤10 如果觉得“开心一刻”这几个字的颜色太单调了，想让这几个字的颜色不一样，首先选中要修改的文本，可以对其再加修饰，如图5-40所示。

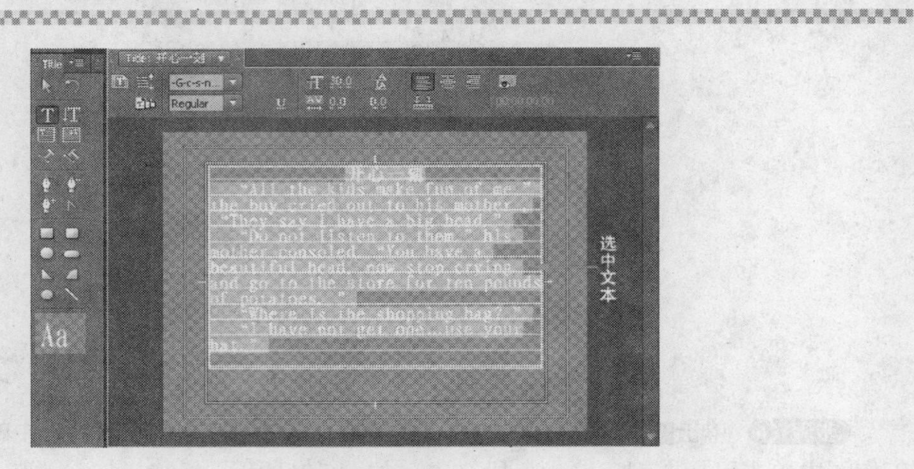

图5-37　选中文本

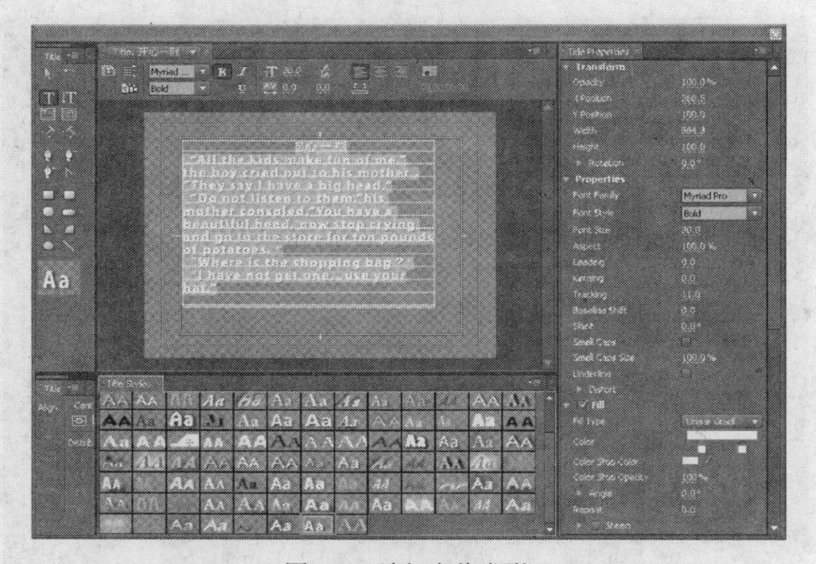

图5-38　选择字体类型

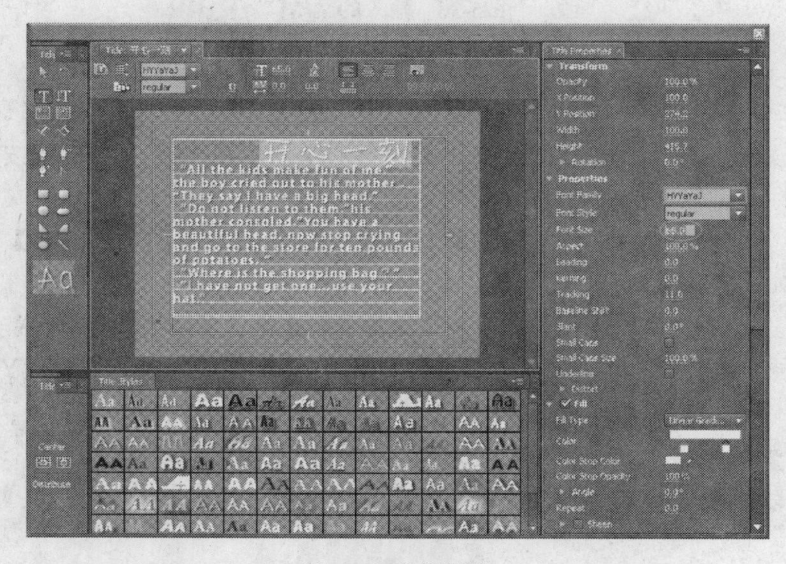

图5-39　参数设置

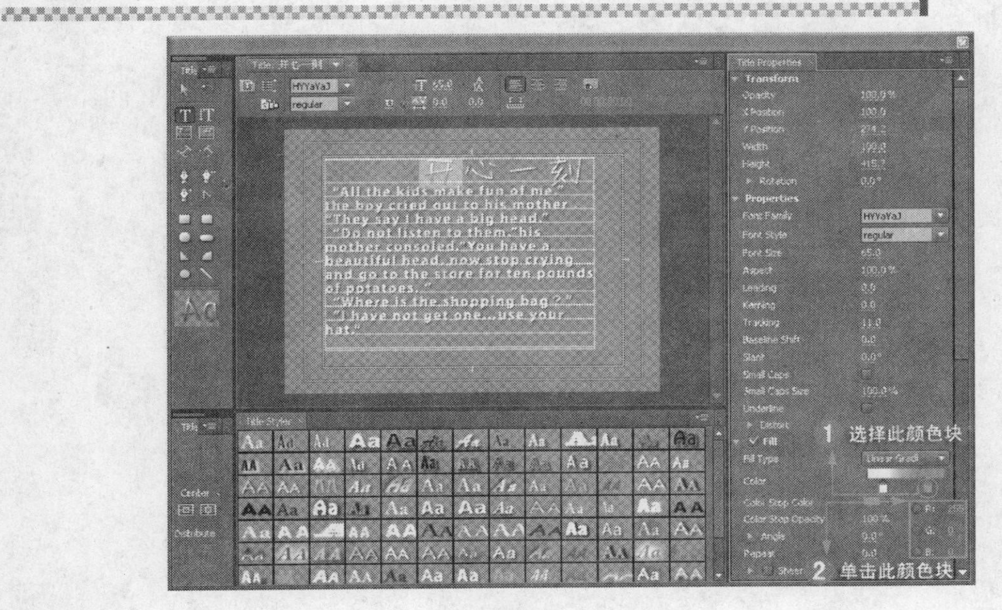

图5-40 修饰文本

当选中某文本时，可以改变其所有的属性，如字体类型、字体大小、字体颜色、阴影或者描边等。

步骤 11 利用同样的方法，可以对其他几个字的颜色进行不同的处理，修饰后的效果如图5-41所示。

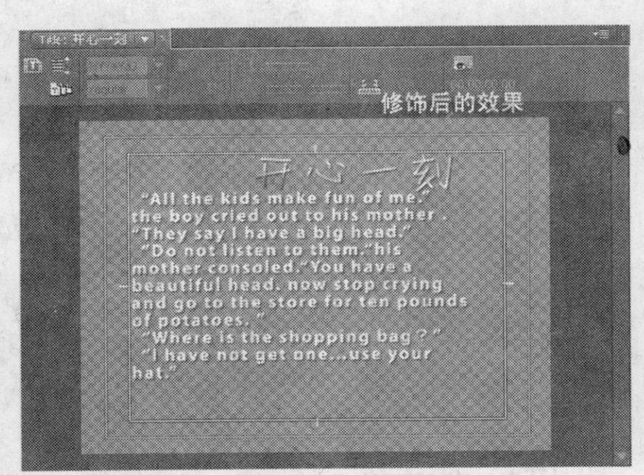

图5-41 修饰后的效果

步骤 12 修改了文本的字体后，发现文本的排版又不如人意，用户可以根据自己的喜好来排版文本，如果要让排版后的文本处于字幕窗口的中间位置，可以利用和两个工具来实现，本例排版的最后效果如图5-42所示。

步骤 13 单击字幕窗口中的按钮，在弹出的【Roll/Crawl Options】对话框中设置各项参数，如图5-43所示。

步骤 14 单击【File】/【Save】命令，保存文件。单击按钮关闭字幕窗口。

步骤 15 系统自动将文本项目加入到Project窗口，如图5-44所示。

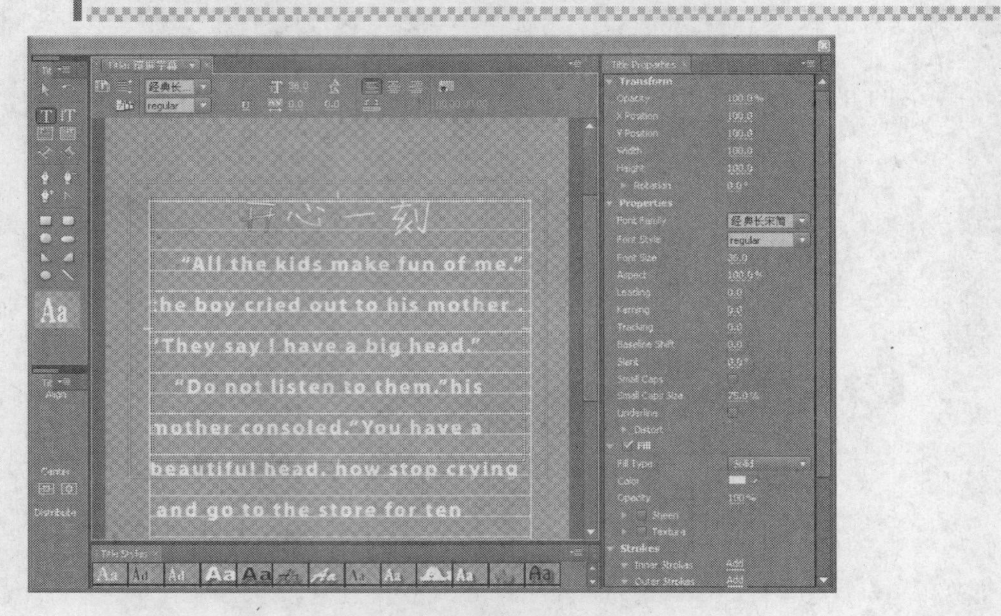

图5-42 排版后的文本

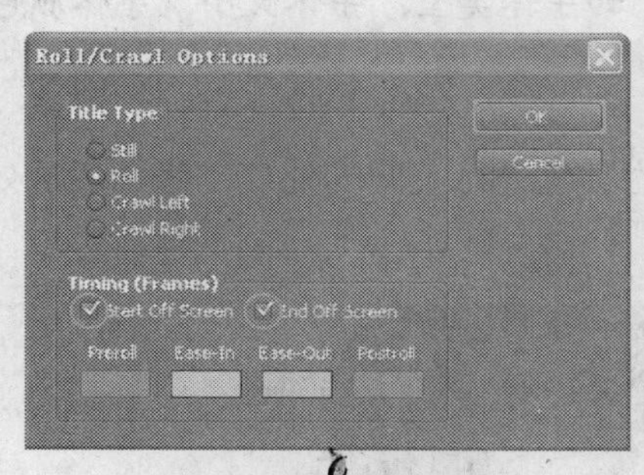

图5-43 参数设置

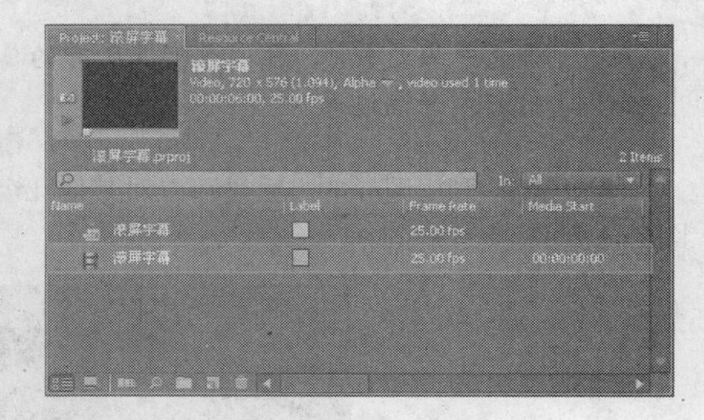

图5-44 Project窗口

步骤 16 将创作的“滚屏字幕”导入Video1轨道里，如图5-45所示。

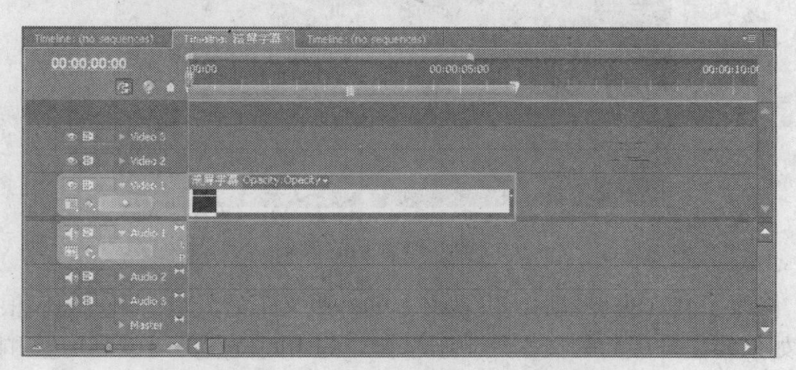

图5-45 引入剪辑

如果想要给滚屏字幕添加个背景，在Project窗口中双击鼠标左键，在弹出的【Import】对话框中找到需要导入的图像剪辑，将导入的图像剪辑引入到Video1轨道中，这时就要求将字幕素材引入到Video2轨道中，才能使它们同时显示。

步骤17 在时间线窗口中拖动时间标尺上的滑块，在监视器窗口中预览影片，如图5-46所示。

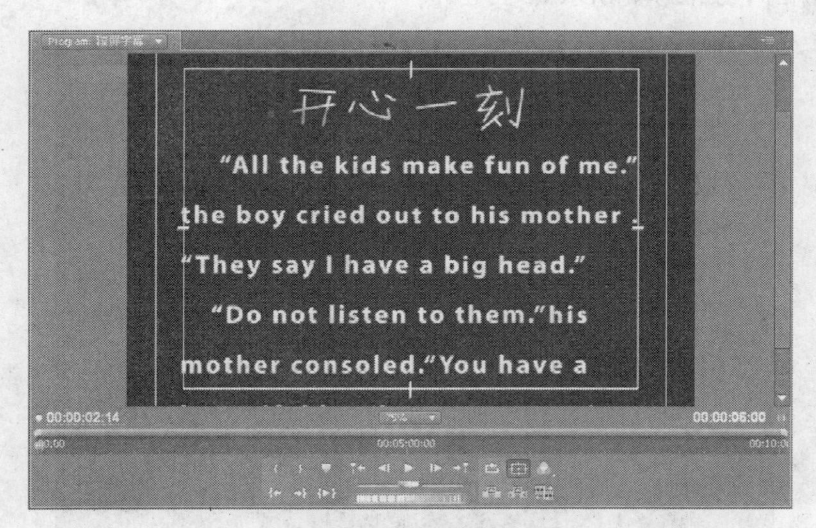

图5-46　预览影片

步骤18 单击【File】/【Save】命令，保存文件。

输出影片

步骤19 单击菜单栏中的【File】/【Export】/【Media】命令，在弹出的【Export Settings】对话框中，给影片命名并设置影片的格式及参数，如图5-47所示。

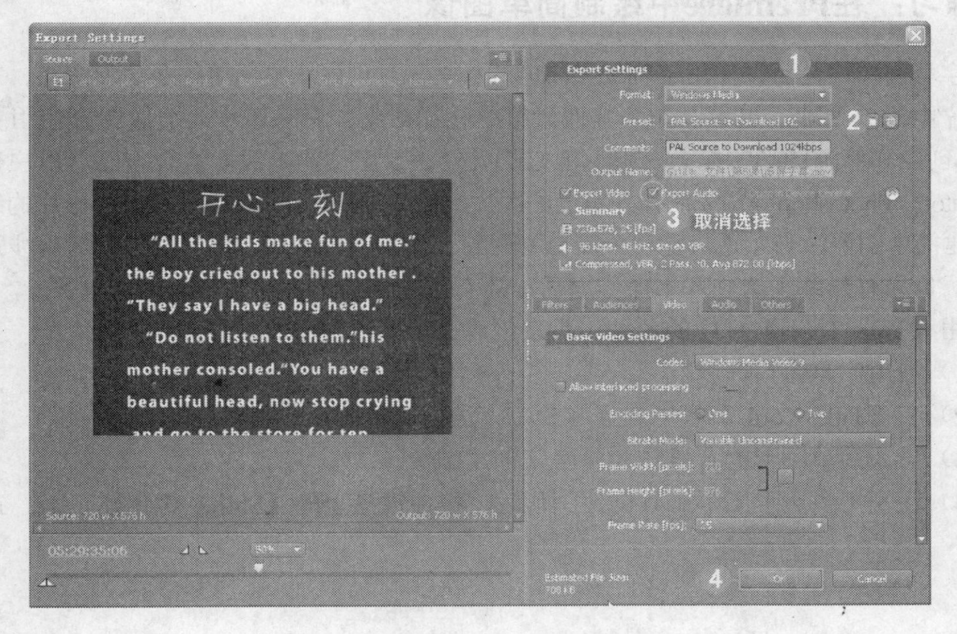

图5-47　输出设置

提示：Windows Media是一种计算机视频模式，保存的文件格式为wmv，在影视制作中经常会用到。

步骤 20 单击 OK 按钮后弹出【Adobe Media Encoder】对话框，单击 开始队列 按钮就开始生成影片了，如图5-48所示。

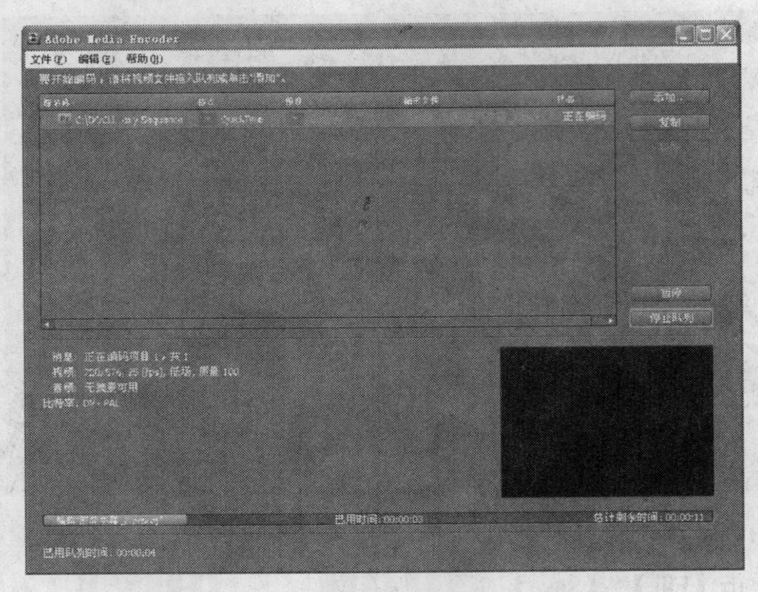

图5-48 【Adobe Media Encoder】对话框

步骤 21 等队列完成后，生成的影片就保存在前面存储的文件夹中了。

课后练习：在Premiere中绘制简单图像

在字幕窗口中，可以使用字幕工具栏中的相关工具创建一些简单的多边形图案。它们可作为影片中的单独帧，也可以作为其他素材的叠加对象，有时还作为抠像图形使用。虽然Premiere创建和修饰图形的能力有限，但它的长处在于影片的非线性编辑方面，用户也可使用Illustrator、Photoshop等预先制作好精美的图片，然后导入Premiere中进行合成影片的编辑工作。创建简单图像，当然这只是一个简单的开始，作为基础操作，应当熟练地运用涉及的各种技能。也只有熟练了这些基本操作之后，才有可能创造出各种各样的图像特技。

利用【Title Tools】栏中的各种工具来创建一个简单图像，过程提示：

（1）使用字幕窗口；

（2）在【Title Tools】栏中选择各种工具进行简单图形的创建；

（3）导入简单图形的背景作为参考来创建图像；

（4）在利用多边形图形工具创建图形时，按住键盘上的【Shift】键创建正圆、正方形等。

第6课

素材的基本属性及动画设置

学习导航图

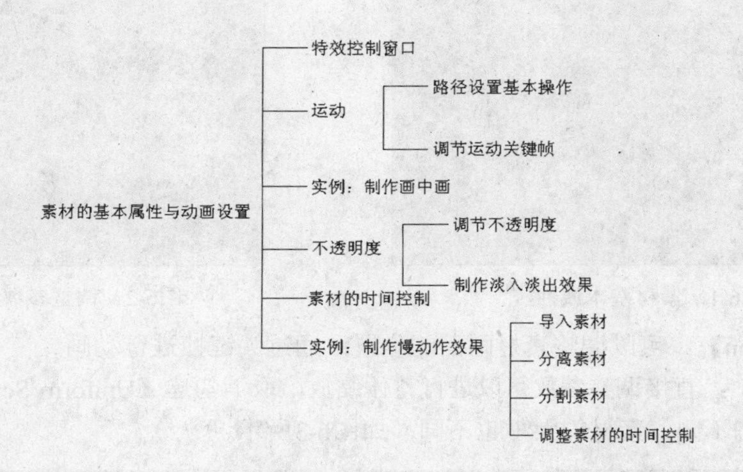

就业达标要求

1. 认识特效控制窗口，以及通过特效窗口来控制片段的变化。
2. 理解运动的概念及在Premiere中的灵活操作。
3. 利用动画效果制作画中画。
4. 实现视频片段在播放时的不透明度效果。
5. 调整素材片段的时间控制。
6. 通过调整片段的时间控制来制作慢动作效果。

本课详细介绍动画效果的制作。影视作品讲究动感，因此运动是影视制作的灵魂。灵活地运用动画效果，能够使视频作品更加生动形象。

6.1 素材的基本属性和特效控制面板

素材的根本属性包括位置、缩放、旋转、透明度等，这些基本属性控制素材的基本显示方式，使用素材的基本属性可以实现多种效果。素材的基本属性可以在【Effect Controls】（特效控制）面板中找到。

6.1.1 素材的基本属性

创建一个新项目，导入素材，将需要剪辑的素材拖至时间线窗口中，确认在时间线窗口选中素材，然后打开源窗口旁边的【Effect Controls】面板，其中三项效果控制是素材的基本属性，单击每项前面的小三角可以显示出所有的运动效果和不透明效果的控制，如图6-1所示。

在【Motion】（运动）效果项中包含Position（位置）、Scale（缩放）、Rotation（旋转）、Anchor Point（锚点）、Anti-flicker Filter（反光过滤），可以通过改变其数值进行设置，在更改数值时可以通过输入数值的方法，也可以将鼠标指针放在数值上，待鼠标指针变为左右箭头时拖动即可改变参数，如图6-2所示。

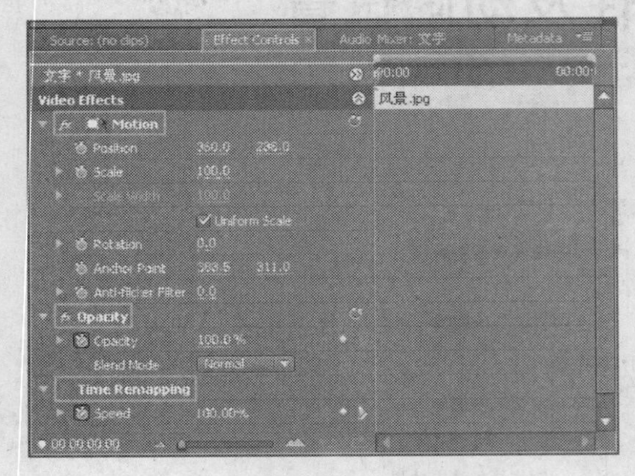

图6-1　素材基本属性

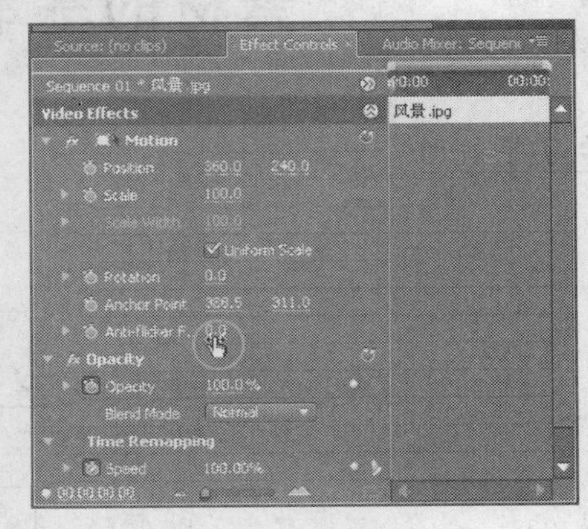

图6-2　调整参数的方法

- 【Position】：可以调整素材画面的位置，通过关键帧进行动画。
- 【Scale】：直接调整参数可以进行整体缩放，取消勾选【Uniform Scale】后，若参数不同则缩放比例不同，素材的大小也不同，如图6-3所示。

图6-3　Scale（缩放）属性

- 【Rotation】：以素材的轴心点为基准，进行旋转设置。可以进行任意角度的旋转。当超过360度时，系统以旋转一圈来标记已旋转的角度。如旋转400度为1圈40度，反向旋转显示为负的角度。
- 【Anchor Point】：当轴心点在物体中心时，旋转时物体沿着轴心自转。
- 【Anti-flicker Filter】：调整反光。
- 【Opacity】：不透明度属性。通过不透明度的设置，可以为对象设置透出对象影像的效果。其下方有多种【Blend Mode】（混合方式）可以选择，其前面的按钮在默认时就已激活，因此在调整不透明度参数时会自动在时间所在位置记录关键帧，如图6-4所示。

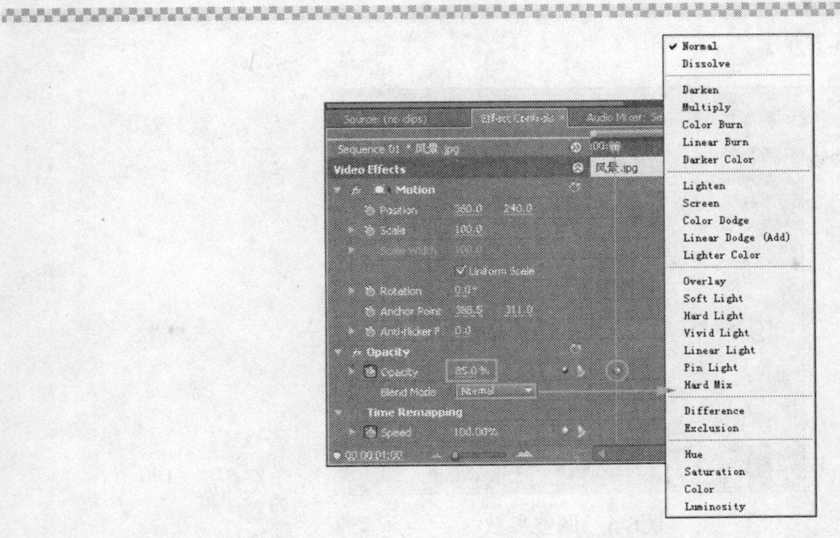

图6-4　Opacity（不透明度）属性

如果将Time Remapping项下的【Speed】前面的按钮取消，会出现一个警告，而素材的长度会变为一帧，如图6-5所示。

图6-5　调整参数

与另一个后期软件After Effects相似，Premiere也可以对素材的基本属性进行调整，如果对设置的效果不满意，要重新设置，可以单击其右侧的按钮，对于音频文件也是一样的，如图6-6所示。

6.1.2　特效控制面板

Premiere提供了多种特效，它们各有其不同的应用效果。第一个片段都有一个对应的特效控制面板，在时间线窗口中的Video1轨道中选中剪辑，Effect Control（特效控制）窗口才显示剪辑的特效，如图6-7所示。

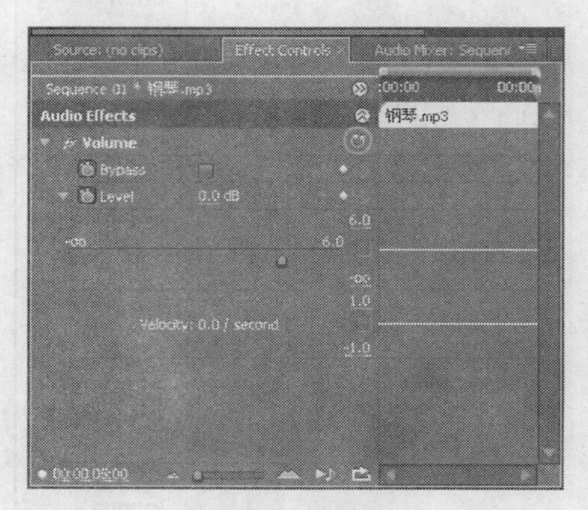

图6-6 调整参数

图6-7 Effect Control窗口

· ：从Effect Control窗口中可以看到系统默认的视频特效包含Motion（运动）、Opacity、Time Remapping特效，这些特效都可以设置关键帧，点击特效左侧的图标就为特效在该时间点定义了一个关键帧，在时间线窗口中拖动时间滑块将编辑线移动到另一点，变换该特效参数，就可以定义另一个关键帧。

· /：因为Effect Control窗口的空间有限，所以实际工作中用户不需要将这些特效一次全部打开，而是在需要调整某个特效的时候，单独将其打开。单击属性前面的图标展开该特效栏；反之，单击属性前面的图标隐藏该特效栏。

· ：当为剪辑添加某种特效时，就可以看到Effect Control窗口中多了特效属性，这时会发现特效属性前面的图标，说明这个属性可用；单击图标不启用该特效。

6.2 【Motion】运动

运动是Position、Scale、Rotation、Anchor Point、Anti-flicker Filter等属性的总称。使用这些属性可以实现画面运动效果。

6.2.1　设置画面运动效果

通过控制素材的基本属性可以实现不同的视觉效果，素材基本属性配合关键帧的使用还可以实现画面的运动效果。用户可以通过特效控制窗口指定旋转、放大、延迟和变形来产生更多的复杂效果。

下面利用“hua.jpg”作为样本，将其拖动到时间线窗口中的Video1轨道上，并选中该剪辑，这时特效控制窗口和监视器窗口中显示该剪辑的特效和图像，如图6-8所示。

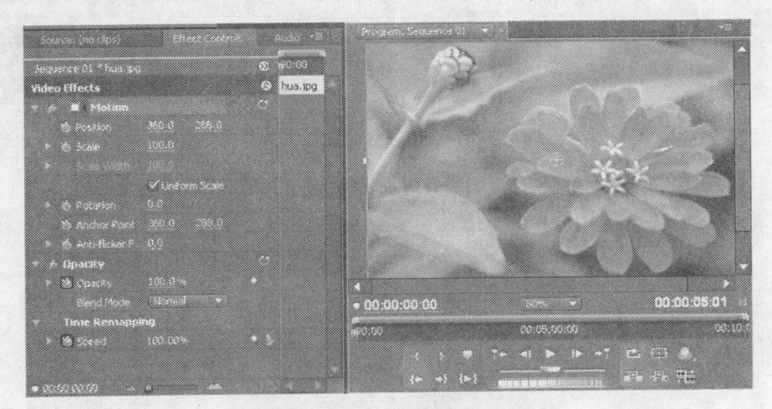

图6-8　剪辑的特效和图像

在特效窗口中设置关键帧

如果想要该剪辑实现一种画面逐渐缩小直至到消失的效果，单击【Scale】特效左侧的图标就为特效在该时间点定义了一个关键帧，特效窗口的关键帧显示如图6-9所示。

在特效控制窗口中拖动时间滑块将编辑线移动到剪辑的最后一帧（00：00：05：00）处，用户也可以在时间线窗口中拖动时间滑块将编辑线移动到剪辑的最后一帧处，将【Scale】参数设置为0，这时设置了另一个关键帧，如图6-10所示。

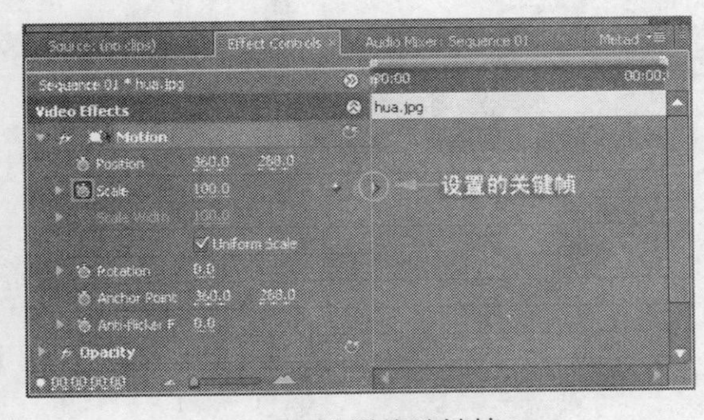

图6-9　设置的关键帧

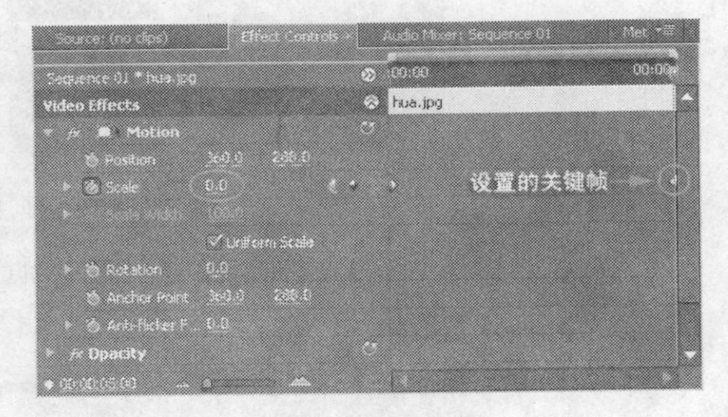

图6-10　参数设置

这时监视器窗口中一片漆黑，可以单击监视器窗口中的按钮查看剪辑的变化情况，也可以在特效窗口中拖动时间滑块查看剪辑的变化情况或者在时间线窗口中拖动时间滑块查看，剪辑运动到00：00：01：00处和00：00：02：08处的变化如图6-11所示。

在时间线窗口中的操作

为了用户熟练掌握该软件的应用，下面利用“flower .psd”作为样本，将其拖动到时间线窗口中的Video1轨道上时会发现该剪辑上出现了一道黄色控制线，如图6-12所示。

图6-11 变化情况

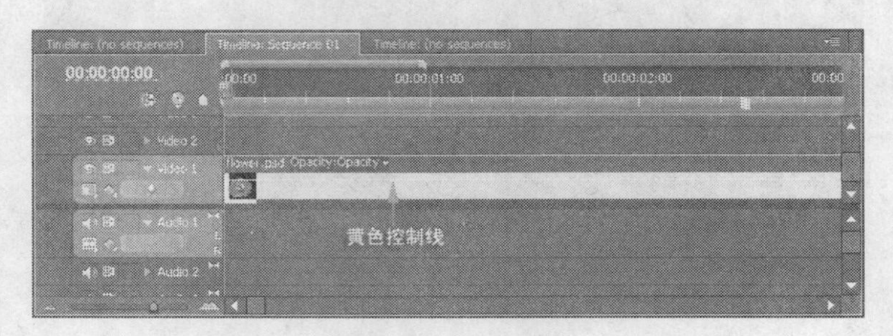

图6-12 黄色控制线

如果想要该剪辑实现一种画面旋转的效果，单击时间线窗口中Video1轨道上该剪辑后面的三角形图标，在弹出的下拉菜单中选择【Motion】/【Rotation】属性，如图6-13所示。

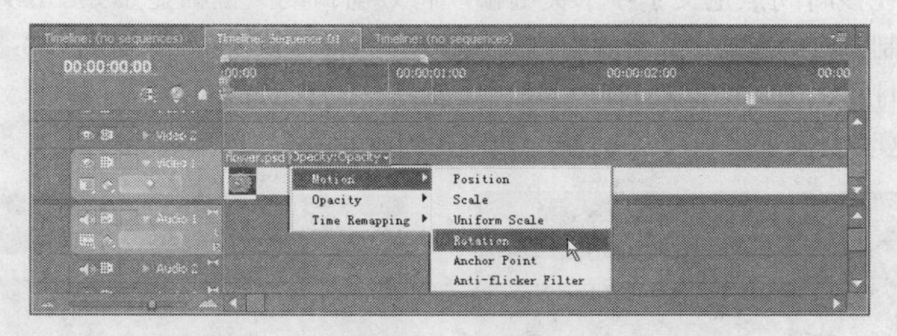

图6-13 选择【Rotation】属性

选择了【Rotation】属性后再看时间线窗口中Video1轨道上该剪辑名称后面属性的变化情况，如图6-14所示。

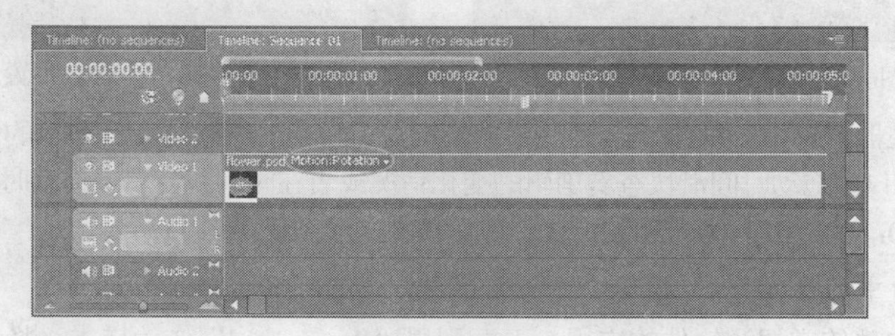

图6-14 时间线窗口

从上面的图6-13和图6-14可以看出，Video1下面的关键帧由工作状态变为不可用状态，为什么会出现这样的情况？用户在确保该剪辑仍处于选择状态下打开【Effect Control】窗口，单击【Rotation】特效左侧的图标就为特效在该时间点定义了一个关键帧，这时再看Video1下面的关键帧处于工作状态，如图6-15所示。

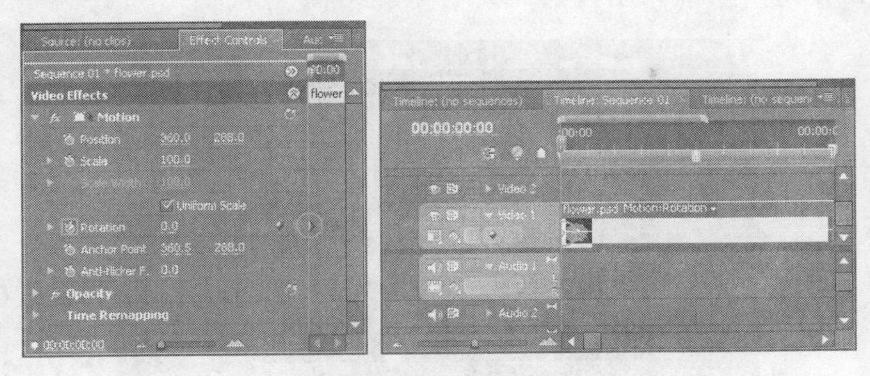

图6-15　记录动画关键帧

假如想在“00：00：05：00”处创建一个关键帧，首先将时间滑块拖至“00：00：05：00”处，单击按钮就创建了一个关键帧，在【Effect Control】窗口中将【Rotation】特效后面的数值设置为360°，如图6-16所示。

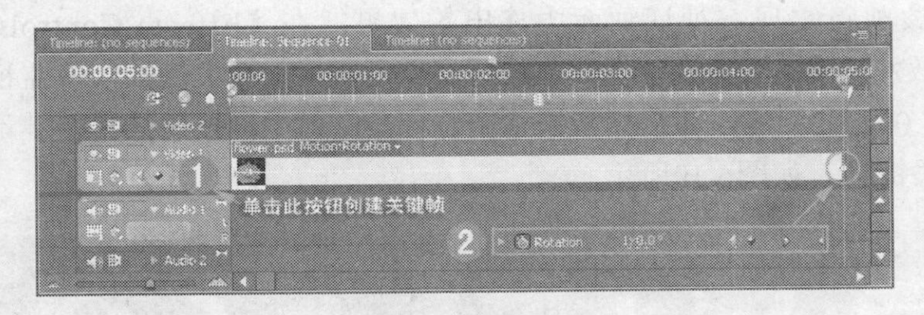

图6-16　设置关键帧

这时观看监视器窗口中剪辑并没变化，在时间线窗口中拖动时间滑块查看，当剪辑运动到00：00：02：08处时该剪辑旋转了167°，如图6-17所示。

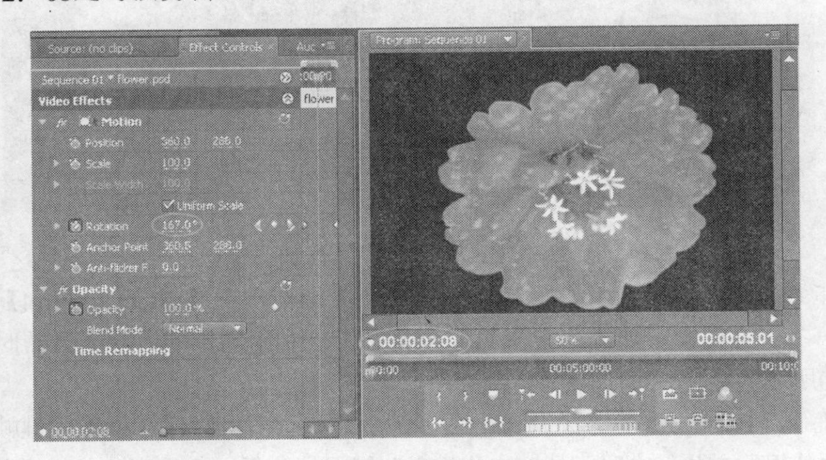

图6-17　变化情况

在监视器窗口中设置剪辑路径

下面利用“present .psd”作为样本在监视器窗口中为剪辑设置路径，首先将剪辑拖动到时间线窗口中的Video1轨道上时会发现该剪辑出现在监视器窗口中，在监视器窗口中选中剪辑，如图6-18所示。

图6-18 选择剪辑

如果想要该剪辑实现一种从画面中移出的效果，在【Effect Controls】窗口中单击【Position】特效左侧的图标就为特效在该时间点定义了一个关键帧，将监视器窗口下面的时间设置为00：00：02：00，将鼠标指针移至监视器窗口中，按住鼠标左键不放水平拖动剪辑定义第二个关键帧，如图6-19所示。

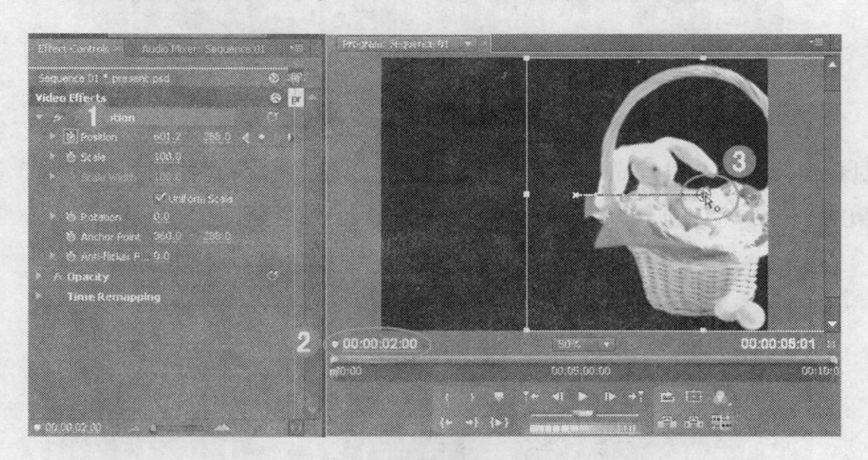

图6-19 选择【Position】属性

移动到指定位置后松开鼠标左键指定了第二个关键帧，在【Effect Control】窗口中可以看到指定的第二个关键帧，如果想定义第三个关键帧，利用同样的方法先设置时间再拖动剪辑，如图6-20所示。

用户在确保【Position】特效左侧的图标为激活状态下可以任意设置关键帧，这时观看监视器窗口中剪辑的变化，在时间线窗口中拖动时间滑块查看，会发现该剪辑沿着路径运动，当时间运行到00：00：03：19处时剪辑及参数的变化情况如图6-21所示。

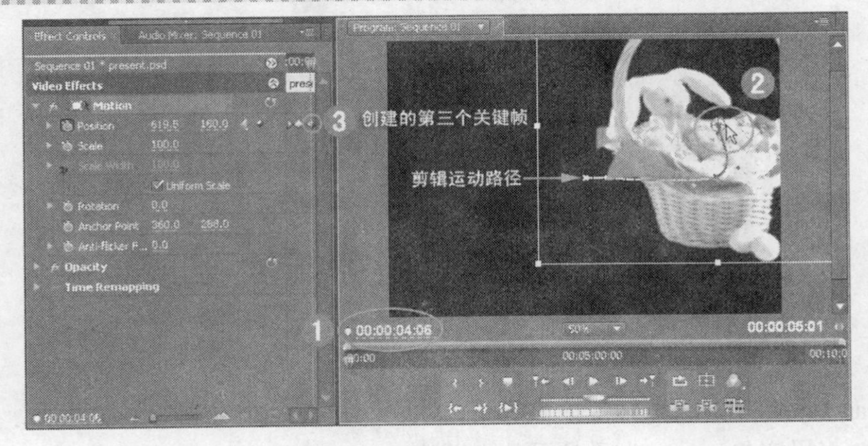

图6-20　创建剪辑运动路径

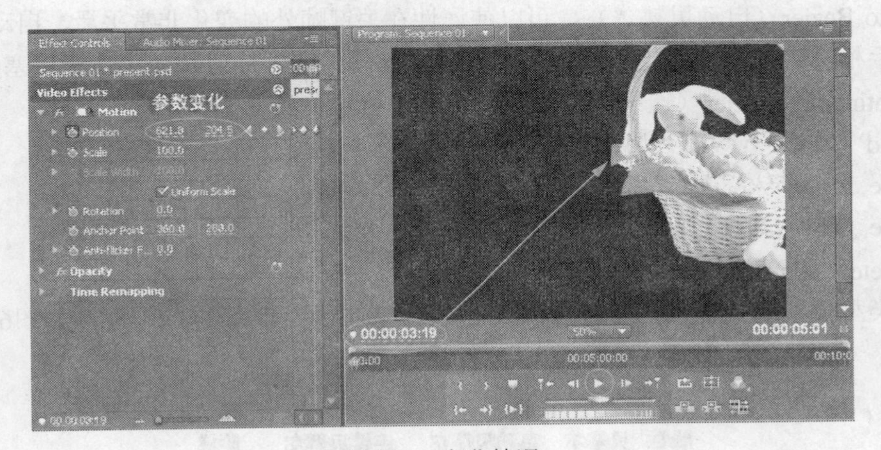

图6-21　变化情况

6.2.2　调节运动关键帧

运动关键帧的属性设置，是给剪辑添加运动效果的最重要部分，可以说剪辑运动的形式、方向、快慢和变形功能，都由这些关键帧的属性来完成，因此，对这些控制点进行宏观和微观上的调整与设置，对于学习Premiere来说是一种不可缺少的技能。

选择关键帧

选择关键帧有三种方法：一是直接在【Effect Control】窗口中的时间线上单击鼠标左键选择；二是在监视器窗口中选择；三是在【Timeline】窗口中选择相对应的特效属性，再选择其关键帧。每个关键帧都有一个相对应的时间位置，因此在选中某个关键帧时可以观察到该关键帧对应的处于整个运动过程的时间点，在【Effect Control】窗口中显示该关键帧的位置。

关键帧的插值类型及辅助工具

在Premiere的各种属性关键帧之间可以定义多种插值类型，这些插值类型可以控制关键帧之间的线性变化、平滑变化或其他的变化方式。

在时间线窗口中轨道上选中关键帧后，在该关键上单击鼠标右键，在弹出的快捷菜单中选择关键帧的插值类型及辅助工具，如图6-22所示。

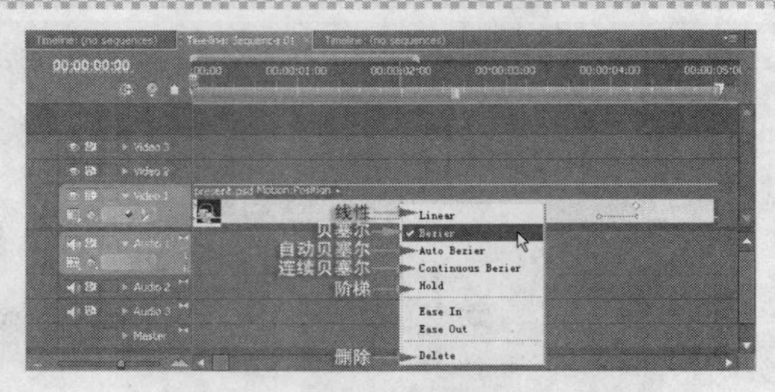

图6-22　快捷菜单

· Linear（线性）：两个线性插值的关键帧之间是直线，匀速变化。

· Bezier（贝塞尔）：左右手柄可独立调整。

· Auto Bezier（自动贝塞尔）：可以使属性在关键帧处的变化非常平滑，自动贝塞尔插值左右的手柄都是水平的，当手动调节手柄时，自动贝塞尔插值转变为连续贝塞尔插值。

· Continuous Bezier（连续贝塞尔）：左右手柄可单独调整。

· Hold（阶梯）：可以使属性值发生突变，在各曲线形状上表现为阶梯状。

· Ease In：渐入工具，只对关键帧左侧手柄起作用。

· Ease Out：渐出工具，只对关键帧右侧手柄起作用。

· Delete：删除选中的关键帧。

不同类型插值的关键帧在【Effect Control】窗口中显示为不同的形状，如图6-23所示。

图6-23　不同插值类型关键帧的显示形状

使用贝塞尔插值为默认空间插值，可以采用如下方法改变默认的插值类型。

· 按住键盘上【Ctrl】键，单击关键帧，可以在线性插值与贝塞尔插值之间转换。

· 右击关键帧，从弹出的快捷菜单中选择插值类型。

调整关键帧的属性值

在设置关键帧的时候为了实现一种效果可能要反复调整关键帧的属性值，用户可以在【Effect Control】窗口、监视器窗口和时间线窗口中选择关键帧并调整关键帧的属性值。

6.3　实例：制作画中画

在影视作品中，画中画是一种常见的表现手法，它在背景画面上叠加一幅或多幅比背景画面尺寸小的剪辑画面，这些剪辑画面可以进行缩放、旋转、运动等特技，从而进一步增强对背景画面的说明，提高影视作品的生动性和可视性。在Premiere中，用户可以通过转场（Transition）、影片叠加（合成）（Transparency）、运动（Motion）、视频特效（Video Effect）等效果的灵活运用来实现画中画效果，也可以做出各种不同形式的画中画效果。

通过本例的学习，用户将发现利用动画效果制作画中画十分方便，而且经过适当变换还能达到许多意想不到的效果。

操作步骤

步骤 1 启动Premiere应用程序，建立一个“画中画”项目文件，如图6-24所示。

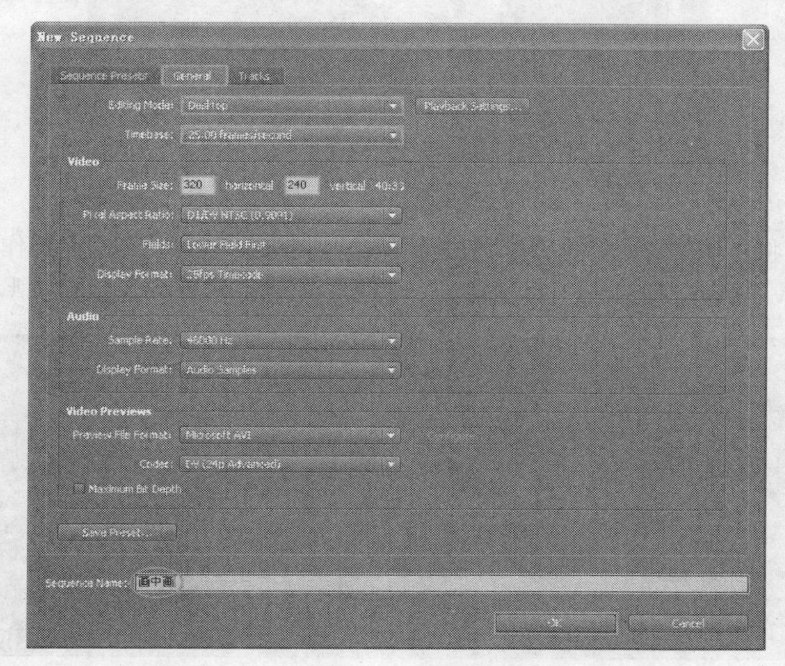

图6-24　参数设置

步骤 2 在Project窗口的空白处双击鼠标左键，在弹出的【Import】对话框中选择“影片.mov和影片A.mov”两段素材，如图6-25所示。

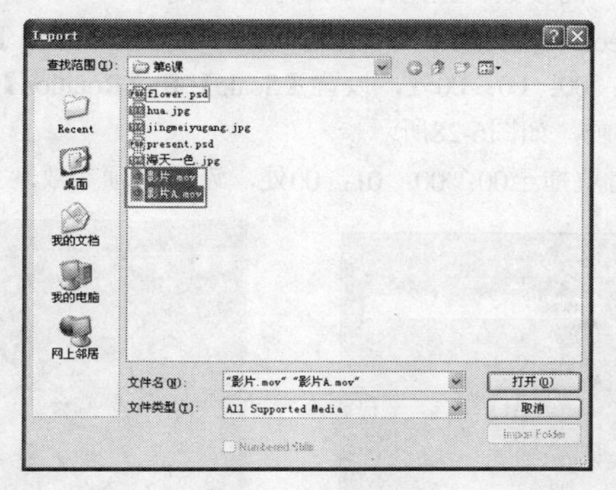

图6-25　选择文件

步骤 3 选择好文件后，在【Import】对话框中单击 打开(O) 按钮，将两个相关的文件导入到项目窗口，如图6-26所示。

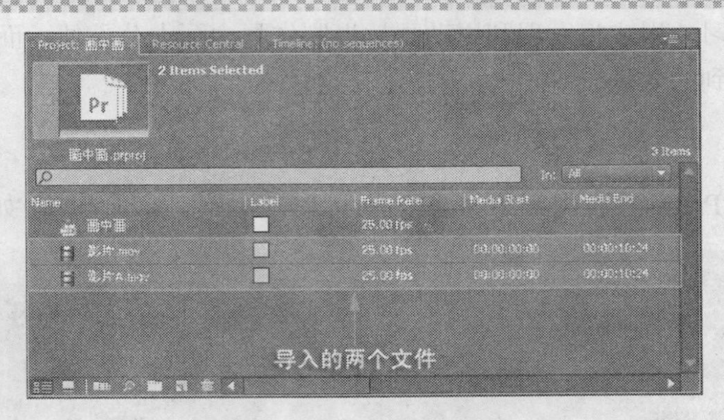

图6-26　导入的两个文件

步骤 4 将作为背景素材的“影片.mov”拖放到Video1视频轨道上，将作为画中画素材的“影片A.mov”拖放到Video2视频轨道上，使它们的入点对齐，如图6-27所示。

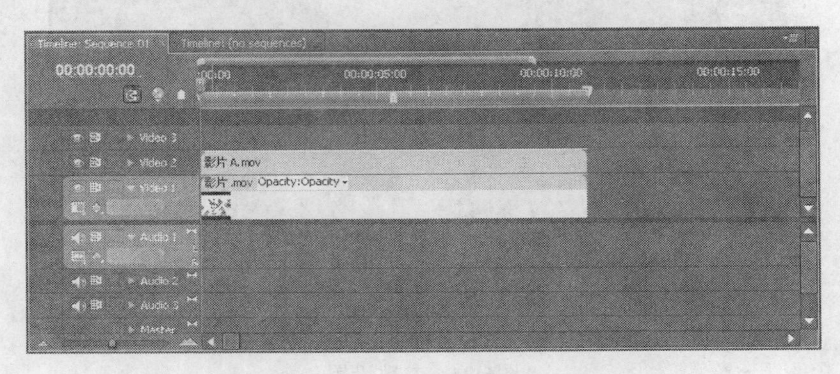

图6-27　引入素材

步骤 5 这时用户通过预览节目发现只播放Video2视频轨道上面的节目，可通过调整【Effect Control】窗口中的参数，让两个节目同时播放。

步骤 6 选中Video2视频轨道上的“影片A.mov”剪辑，打开【Effect Control】窗口，确认时间编辑线处于00：00：00：00处，设置【Scale】和【Rotation】的参数，激活左侧的图标创建关键帧记录动画，如图6-28所示。

步骤 7 将时间滑块拖至00：00：01：00处，设置各项参数，如图6-29所示。

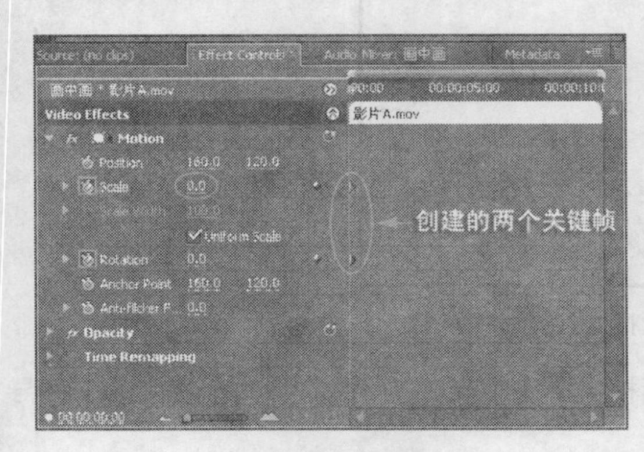

图6-28　参数设置

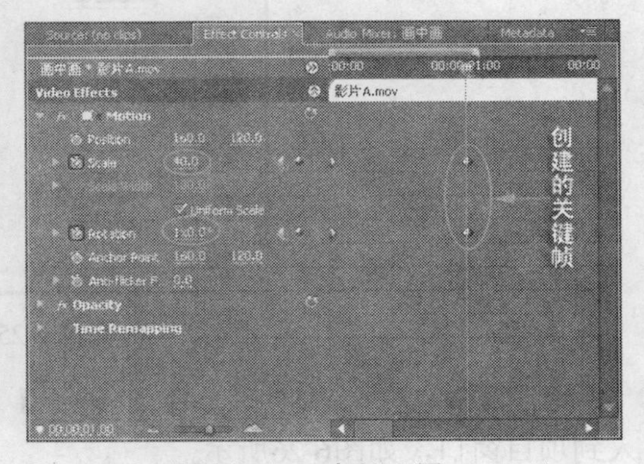

图6-29　参数设置

步骤 8 在监视器窗口中预览节目，如图6-30所示。

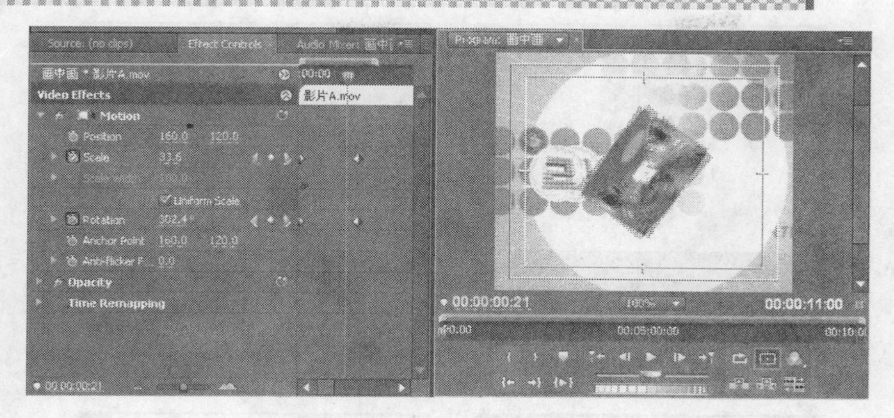

图6-30　预览节目

步骤 9 将时间滑块拖至00：00：02：00处，单击【Effect Control】窗口中【Position】左侧的图标，在监视器窗口中选中“影片A”，如图6-31所示。

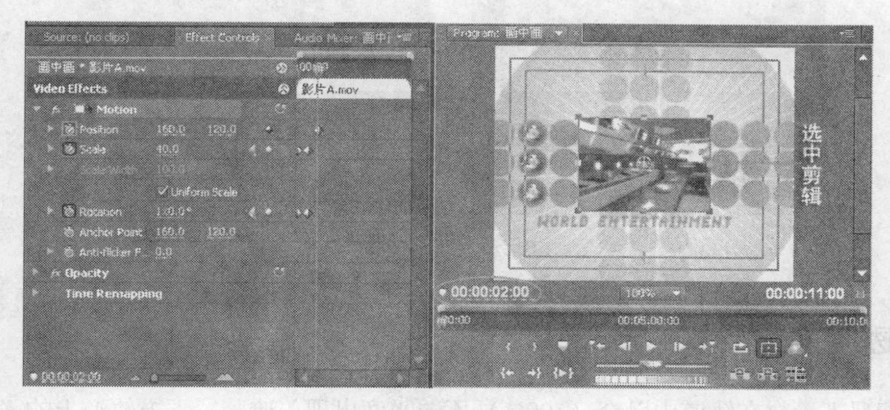

图6-31　选中剪辑

步骤 10 将时间滑块移至00：00：02：12处，在监视器窗口中按住鼠标左键将选中的剪辑移至背景剪辑的右上角处，如图6-32所示。

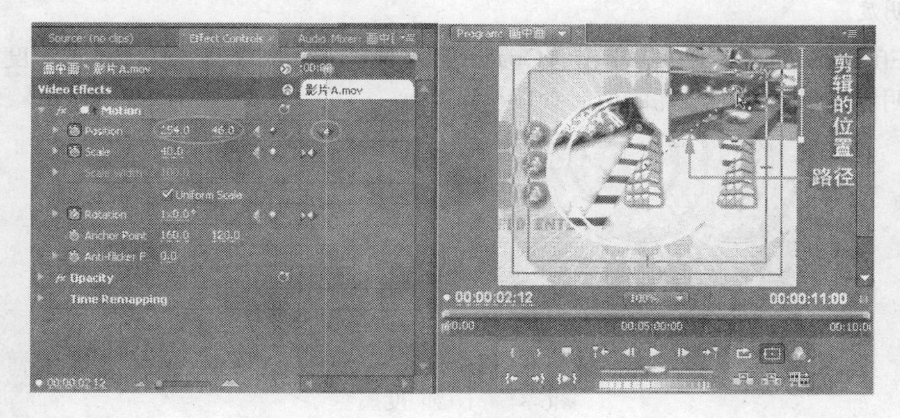

图6-32　调整剪辑

步骤 11 预览画中画效果，如图6-33所示。

步骤 12 满意后，按【Ctrl+S】组合键保存文件。单击菜单栏上的【File】/【Export】/【Media】命令输出GIF格式的文件。

图6-33 预览节目

6.4 不透明度

默认情况下素材在轨道中以全（100%）不透明度出现，遮蔽了下方轨道上的素材。所以要显示下方的素材，只需指定低于100%的不透明度值。当不透明度为0%时，剪辑完全透明。如果透明素材下没有任何素材，则影片的黑色背景可见。

调节不透明度

在【Effect Control】窗口中单击【Opacity】左侧的三角图标，展开不透明度效果，并将“不透明度”滑块拖至所需的值，如图6-34所示。

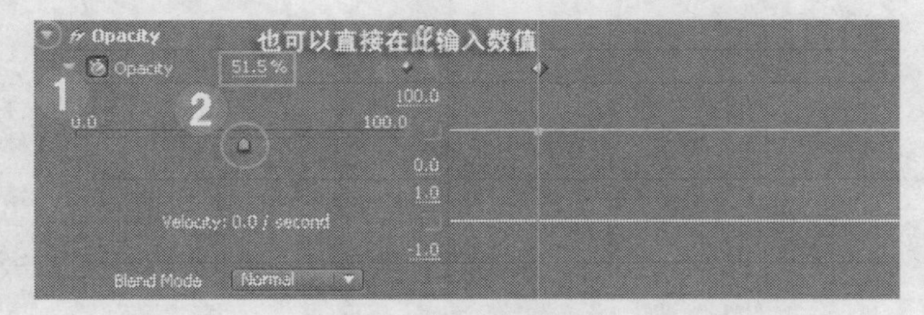

图6-34 不透明度属性

在时间线中如果剪辑名称后面显示不透明度，用户可以单击工具面板中的按钮，移动鼠标指针至剪辑的黄色控制线上，当指针变为双箭头时，上下拖动黄色控制线，如图6-35所示。

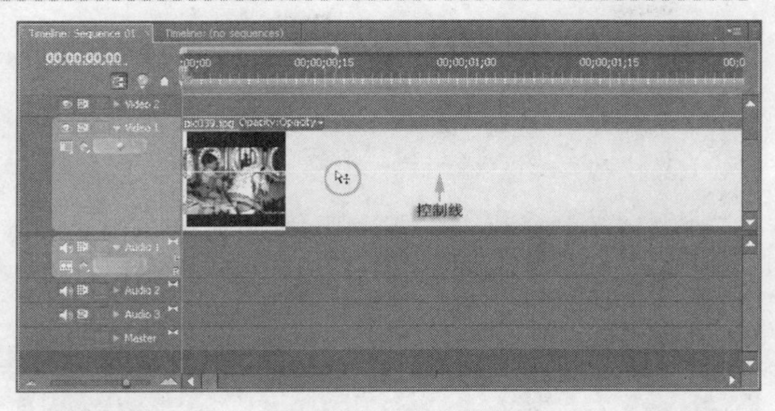

图6-35 调整不透明度

制作淡入淡出效果

调节不透明度可以叠加画面，实现画中有画的效果；还可以实现画面逐渐淡入和逐渐淡出的效果，这在处理两段素材的切换时经常用到。

要在一段时间内淡入淡出剪辑，可以通过对其透明度属性记录关键帧的方法来实现这种效果。下面将用一个小例子对此进行说明，步骤相对简单，数值为参考数值，用户掌握制作方法即可。

操作步骤

步骤❶ 启动Premiere应用程序，建立一个项目文件。

步骤❷ 在项目窗口中双击，在弹出的对话框中选择“视频.avi”文件，将其导入Premiere中，如图6-36所示。

步骤❸ 将“视频”拖至时间线窗口中，调整滚动条，如图6-37所示。

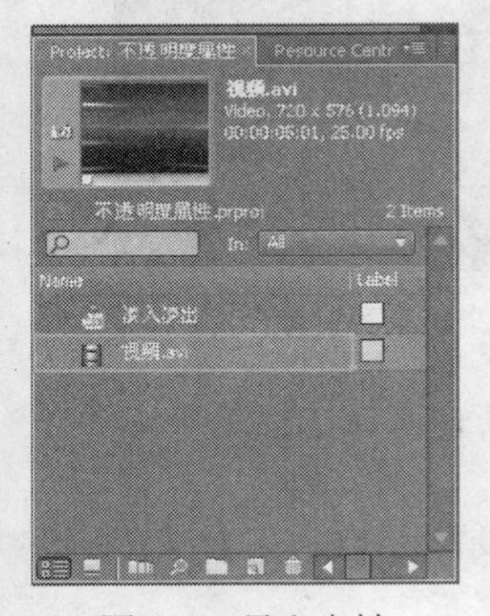

图6-36 导入素材

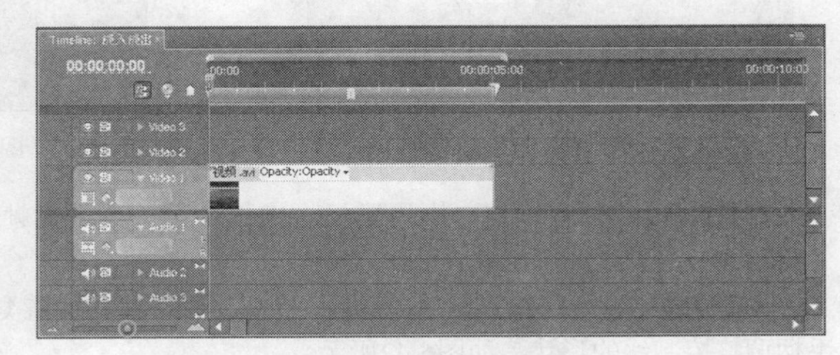

图6-37 调整素材显示长度

步骤❹ 在时间线窗口中选中“视频”，选择【Effect Controls】面板，打开其【Opacity】属性，如图6-38所示。

步骤❺ 第0帧时在【Effect Controls】面板中设置【Opacity】为60，再将时间调整至第2秒，在时间线窗口中单击【Video1】中的按钮，记录一个关键帧，选中关键帧，调整控制线的位置并设置【Opacity】为100，如图6-39所示。

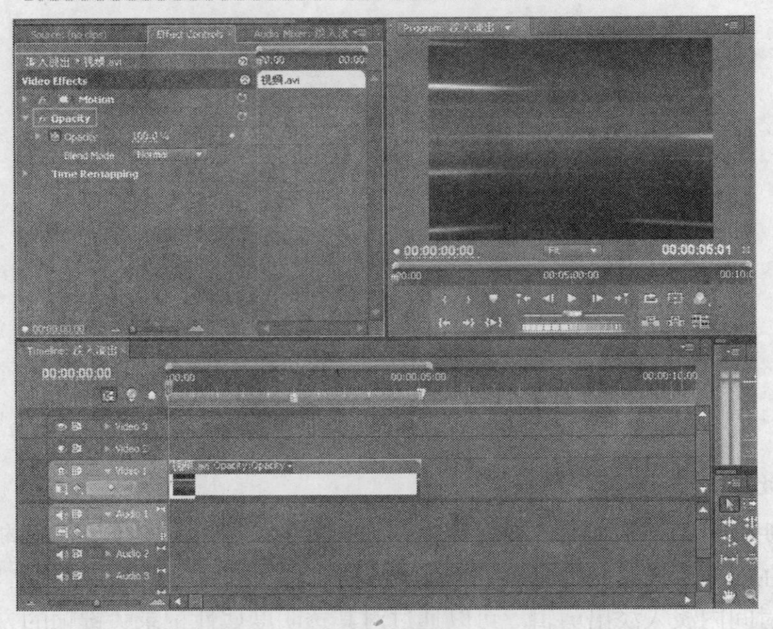

图6-38 打开不透明度属性

步骤 6 将时间调整至第4秒，在【Effect Controls】面板中设置【Opacity】为85，记录关键帧，如图6-40所示。

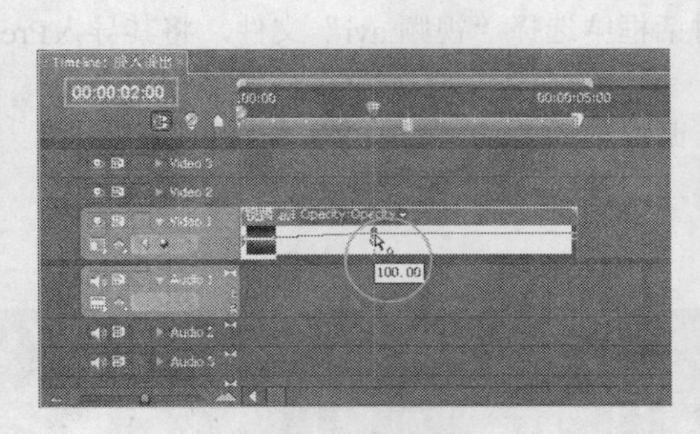

图6-39 记录关键帧

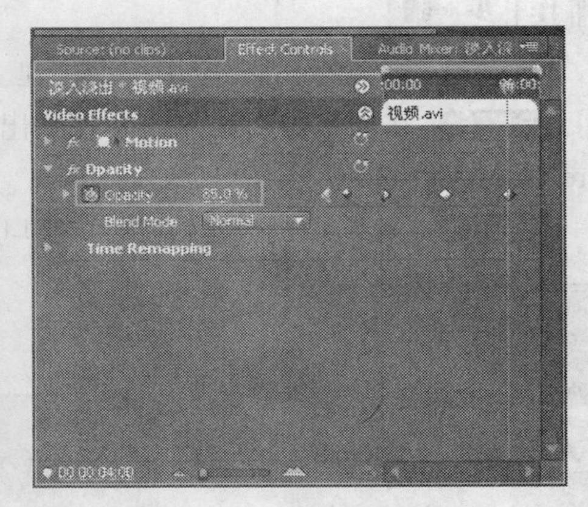

图6-40 记录关键帧

步骤 7 在时间线窗口中用鼠标右键选中第一个关键帧，在弹出的快捷菜单中选择【Auto Bezier】，如图6-41所示。

步骤 8 按住【Ctrl】键单击最后一个关键帧，将其插值类型设置为【Bezier】，并拖动手柄调整控制线的形状，如图6-42所示。

步骤 9 此时淡入淡出的效果制作完成，发现【Effect Controls】面板中关键帧的形状发生了变化，在节目窗口中查看效果，第4秒时的视频效果如图6-43所示。

步骤 10 在节目窗口中查看效果，保存文件。

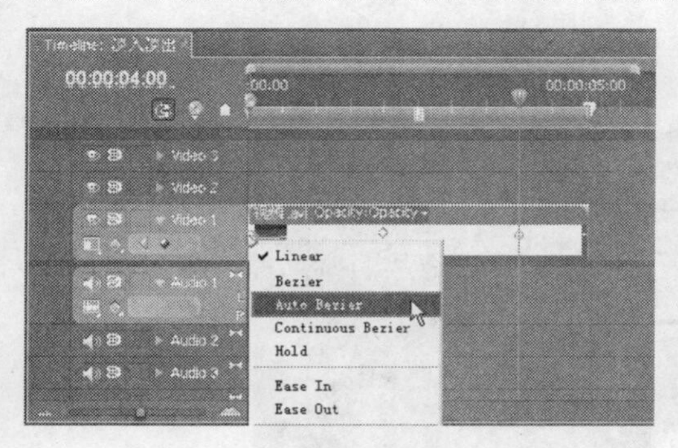

图6-41 选择【Auto Bezier】

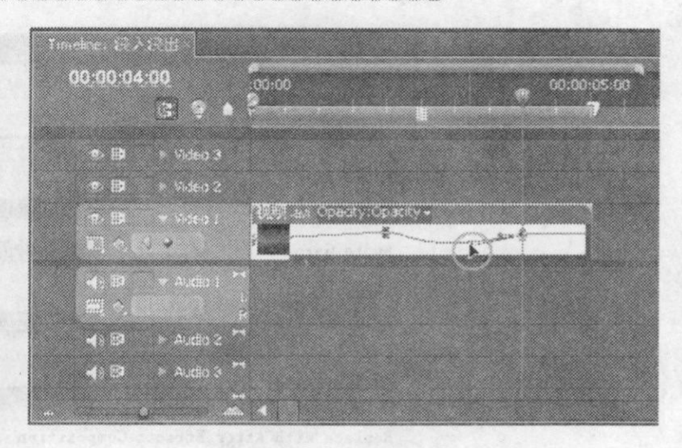

图6-42 调整手柄

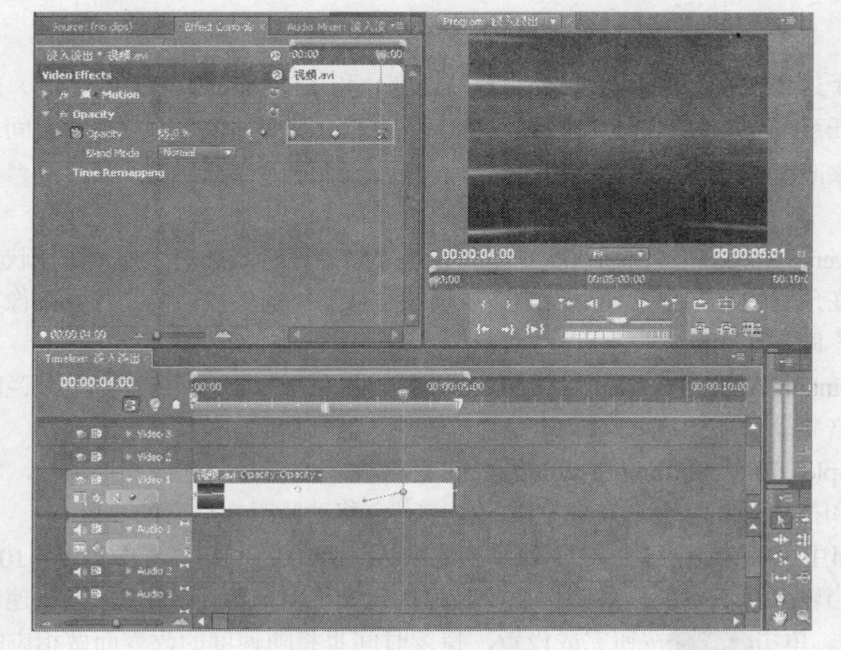

图6-43 视频截图

6.5 素材的时间控制

素材的时间控制是指素材持续时间长短的控制，这主要包括两个方面：一是改变素材的入点或出点位置，从而改变素材的持续时间；二是调整素材的播放速度，从而改变素材的持续时间。

6.5.1 【Clip Speed/Duration】对话框

在轨道中右击需要改变持续时间的片段，在弹出的快捷菜单中选择【Speed/Duration】命令，弹出【Clip Speed/Duration】对话框，如图6-44所示。也可以单击菜单栏中的【Clip】/【Speed/Duration】命令，或者按【Ctrl+R】组合键。其中显示的时间是当前片段显示的时间，最小的单位为帧，默认值1秒为25帧，其余依次为秒、分、小时。在文本框中输入所需的时间，再单击 OK 按钮，可以发现片段增长或者缩短了。

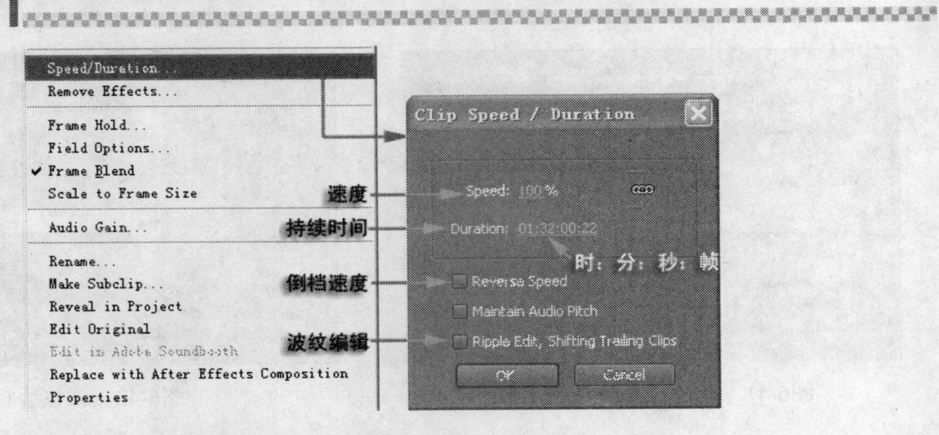

图6-44　【Clip Speed/Duration】对话框

· 处于这个状态时，锁定【Speed】（速度）和【Duration】（持续时间）选项，就是说改变其中任意一项，另一项也会随之改变，可以通过改变速度来改变持续时间或者通过改变持续时间来改变速度。单击这个按钮会变成形状，改变任意一项，另一项参数不会随之改变。

· 【Reverse Speed】（倒档速度）：只有是视频素材时此选项才处于激活状态，勾选此选项，用户在预览的时候会发现片段的播放顺序是从后往前播放。要是静态图像，此选项处于灰色状态，即不可用。

· 【Maintain Audio Pitch】：从图6-44中可以发现此选项处于灰色状态，说明目前调整的片段没有音频。

· 【Ripple Edit，Shifting Trailing Clips】（波纹编辑）：选择此选项后，在改变某一片段的速度和持续时间时会影其余片段的位置，它移动紧跟在后面的片段。

从图6-44中可以看到，【Speed】文本框的默认值为100，可以在其中输入－10000到10000之间的值。当输入负值时，片段将倒放；当输入值的绝对值大于100时，播放速度加快，小于100则减慢。单击 OK 按钮完成设置，持续时间也将随速度的改变而做相应的调整。

对于静态图像，则为该画面的停留时间，可以在环境参数中设置静态图像的默认值。单击菜单栏中的【Edit】/【Preferences】/【General】命令，弹出【Preferences】对话框，如图6-45所示。【Video Transition Default Duration】是用以改变静态图像持续时间的默认值，所有被初次引用的静态图像都将具有这个默认的持续时间。

6.5.2　素材的速度和控制

片段的速度就是影视作品最后的播放速度，加快速度将导致一些帧被忽略，而减慢速度将导致一些帧被重复播放。利用片段速度的设置，可以制作出在影视作品中经常看到的加快、慢动作和倒放等效果。

同样一段素材，时间的控制会对其长度有影响，在时间线窗口中调整素材的方法有多种，有的会影响素材的速度，有的只与其长度有关。

将一段素材拖至时间线窗口中，单击按钮，在时间线窗口中将素材向前移动至第4秒的位置，如图6-46所示。

在时间线窗口中选中剪辑后的素材，按【Ctrl+R】组合键，在弹出的【Clip Speed/

Duration】对话框中可以发现，素材的速度并未改变，但长度变成了4秒，如图6-47所示。

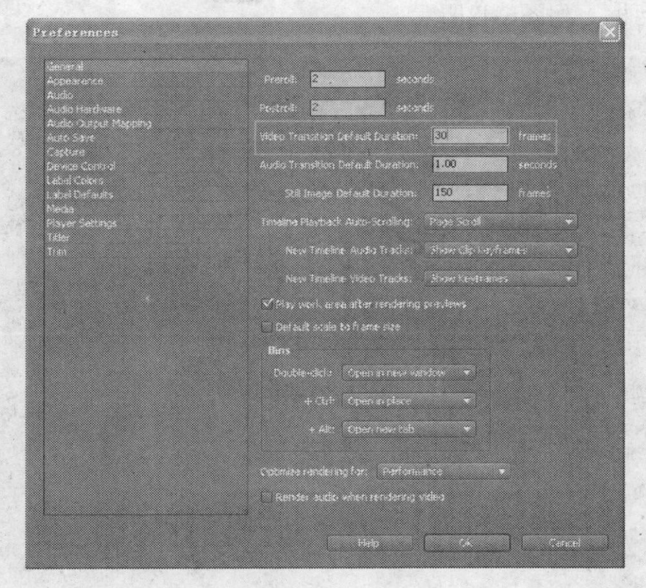

图6-45　【Preferences】对话框

图6-46　调整素材

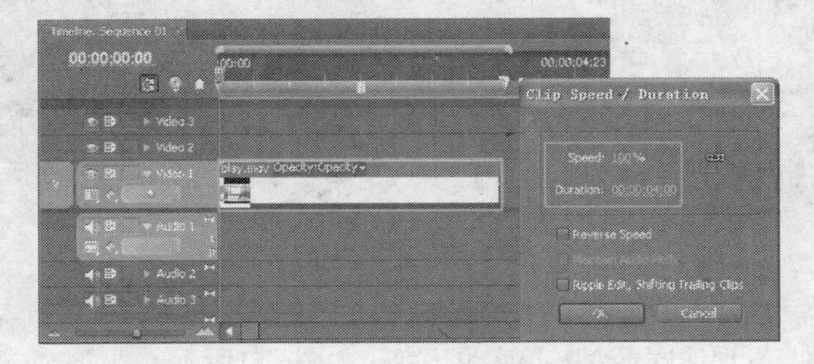

图6-47　调整后的素材

单击时间线窗口中的按钮，用同样的方法将素材向右拖至第5秒的位置，然后打开【Clip Speed/Duration】对话框，如图6-48所示。

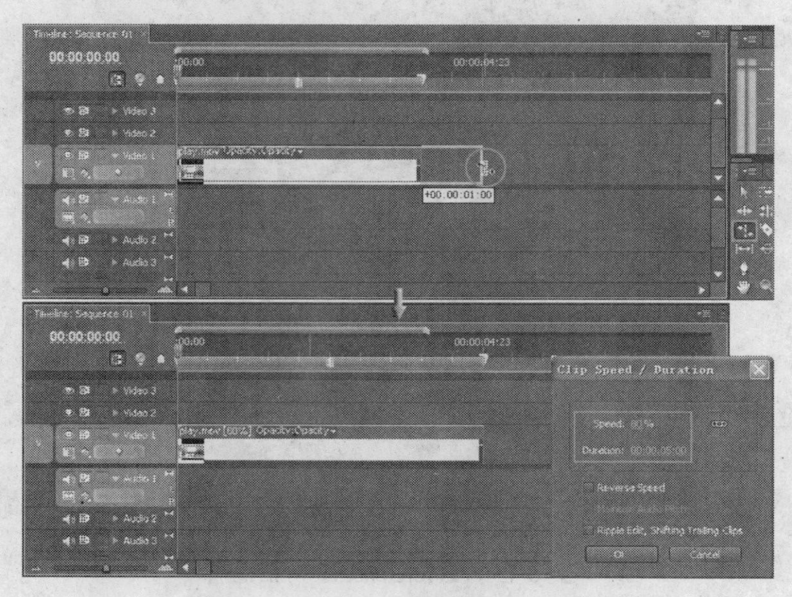

图6-48 调整素材

图6-49 调整素材

在【Clip Speed/Duration】对话框中可以发现素材的长度和速度均发生变化，单击节目窗口中的按钮播放视频，素材的速度与调整前相比变慢了。

如果只想改变素材的速度，不改变其长度，可以选中素材后，在其【Clip Speed/Duration】对话框中单击按钮打开锁链，然后设置【Speed】为130，再单击按钮关闭对话框，如图6-49所示。

再次单击节目窗口中的按钮播放视频，发现素材的速度与调整前相比加快了。另外还可以单击按钮，将时间调整至第3秒，将素材裁为两段，可以看到其速度不变，如图6-50所示。

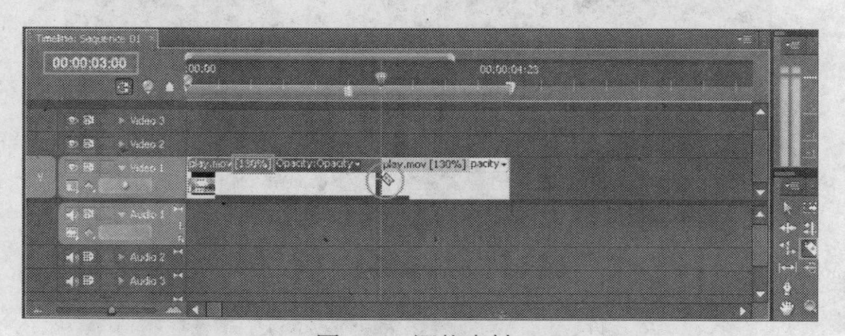

图6-50 调整素材

任意选中两段素材中的一段并将其删除，选中未删除的素材，打开其【Clip Speed/Duration】对话框，发现速度不变，长度也不变，如图6-51所示。

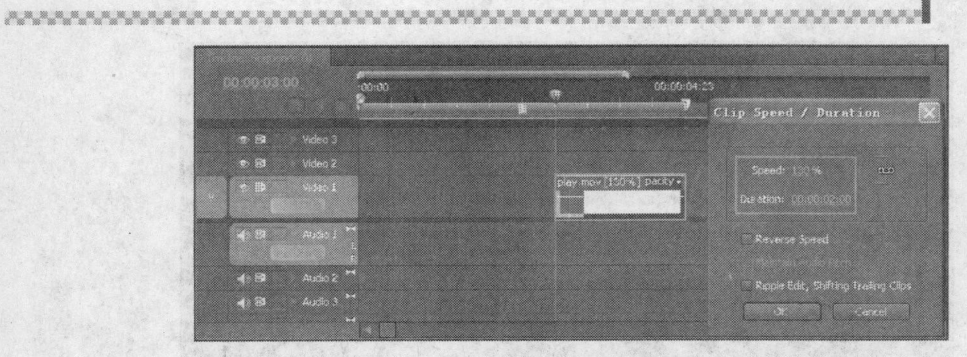

图6-51　调整素材

6.6　实例：制作慢动作效果

剪辑的持续时间在Premiere中是可以改变的，也就是说可以对剪辑的播放速度进行整体的调整，下面通过实例来学习剪辑播放速度的调整。

操作步骤

步骤1　启动Premiere应用程序，建立一个“慢动作效果”项目文件。

导入素材

步骤2　单击菜单栏中的【File】/【Import】命令，在弹出的【Import】对话框中选择“movie.wmv”，如图6-52所示。

步骤3　选择文件后，在【Import】对话框中单击 打开(O) 按钮，将文件导入到项目窗口，如图6-53所示。

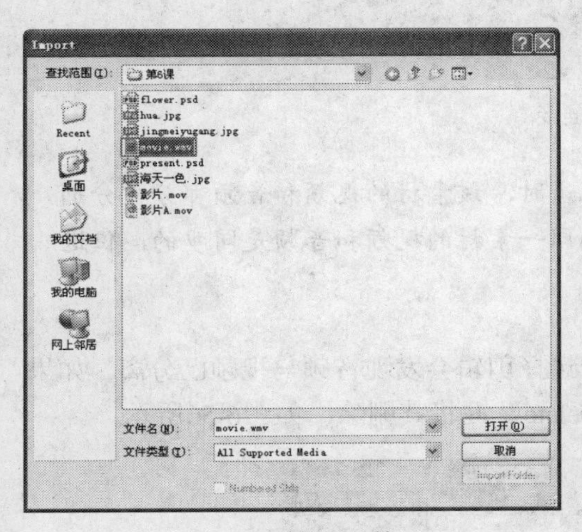

图6-52　选择文件

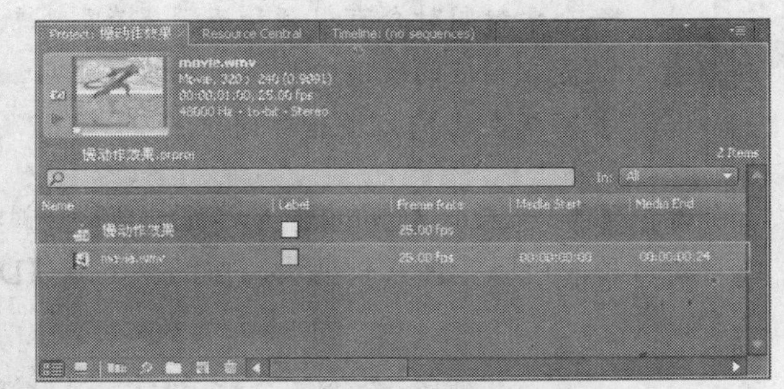

图6-53　项目窗口

步骤4　将鼠标指针移至“movie.wmv”的图标处，按住鼠标左键将其拖入Video1轨道中，如图6-54所示。

分离素材

步骤5　如果不想保留音频素材，用户可以先将音频素材与视频素材分离，然后删除音频素材。在Video1轨道中选中剪辑，单击菜单栏中的【Clip】/【Unlink】命令，如图6-55所示。

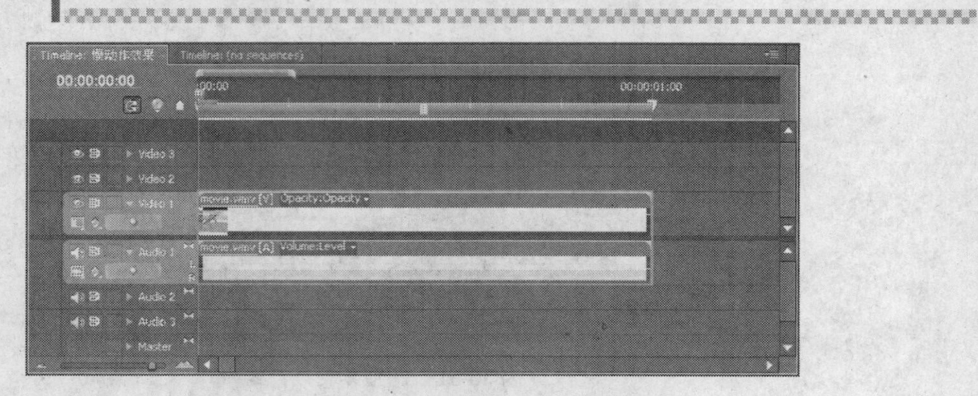

图6-54 引入剪辑

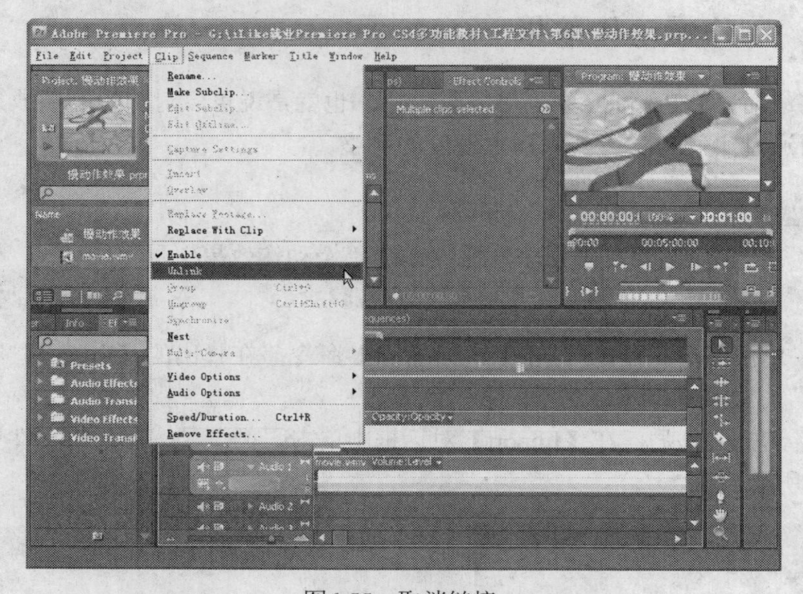

图6-55 取消链接

一个素材同时含有视频和音频，在引入轨道时，该素材的视频和音频部分被分别放置在相应的轨道中。在引入轨道中后，同一素材的视频和音频是同步的，但这并不代表它们必须始终同步。

步骤 6 选择了【Unlink】命令后，在轨道中选择剪辑会发现音频与视频已分离，如果不需要音频，可以选择音频剪辑，按键盘上的【Delete】键将其删除，如图6-56所示。

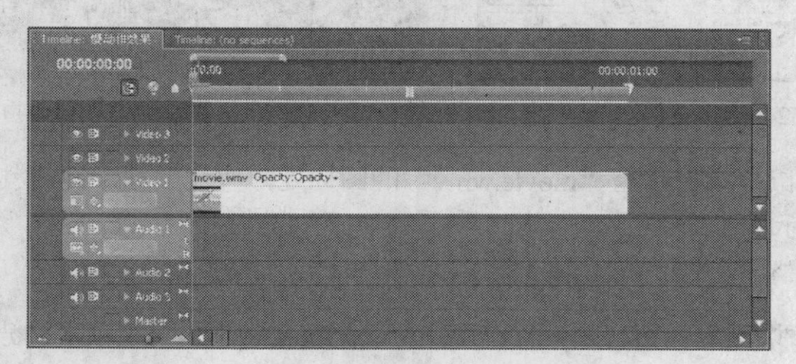

图6-56 删除音频

步骤 7 在时间线窗口中拖动时间滑块，在监视器窗口中观察，也就是说在制作快慢镜头时，先应确定剪辑的哪一部分需要制作快镜头，哪一部分需要制作慢镜头，以便后期制作。

步骤 8 下面以本例引入的素材为例来制作慢镜头，在时间线窗口中将时间指针移至00：00：00：07处，如图6-57所示。

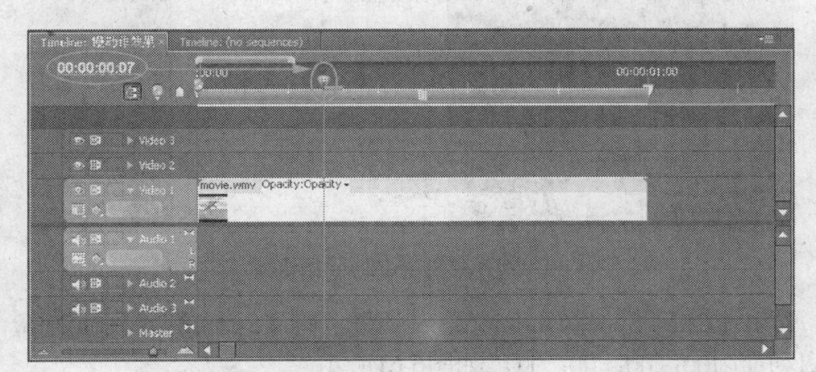

图6-57　调整时间指针

分割素材

步骤 9 单击激活工具面板中的按钮，将鼠标指针移至Video1轨道上剪辑的编辑线处，如图6-58所示。

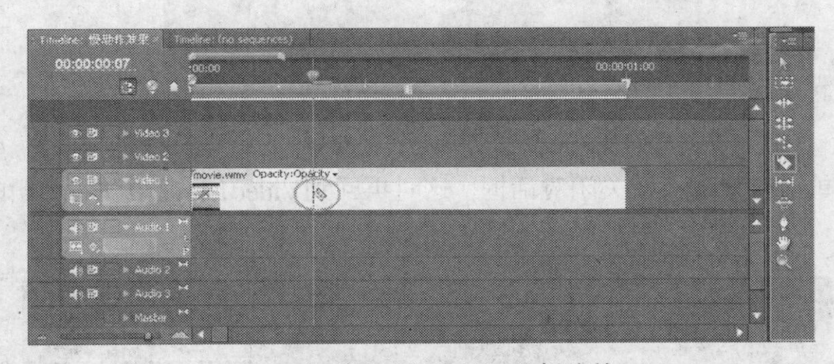

图6-58　移动鼠标指针至编辑线处

步骤 10 单击鼠标左键分割剪辑，结果如图6-59所示。

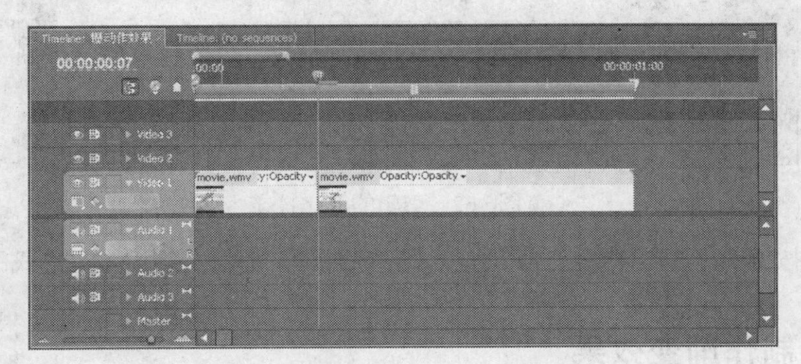

图6-59　分割后的剪辑

调整素材的时间控制

步骤 11 如果想将剪辑的前一段制作成慢镜头，可将鼠标指针移至前一段剪辑处，右击鼠标，在弹出的快捷菜单中选择【Speed/Duration】命令，如图6-60所示。

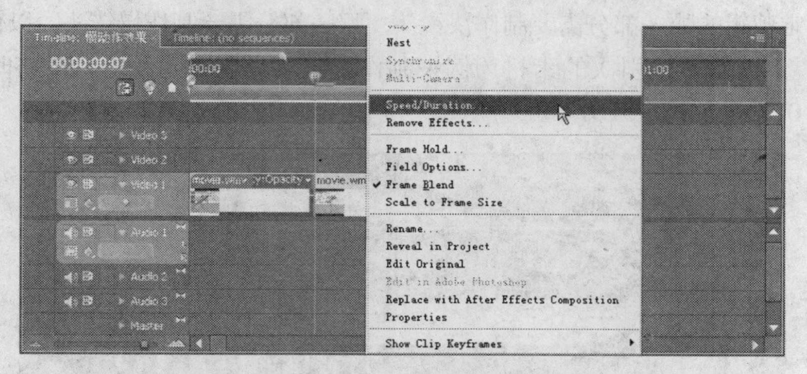

图6-60 选择【Speed/Duration】命令

步骤 12 弹出【Clip Speed/Duration】对话框，将【Speed】设置为20%，这时会发现【Duration】自动变为00：00：00：11，如图6-61所示。

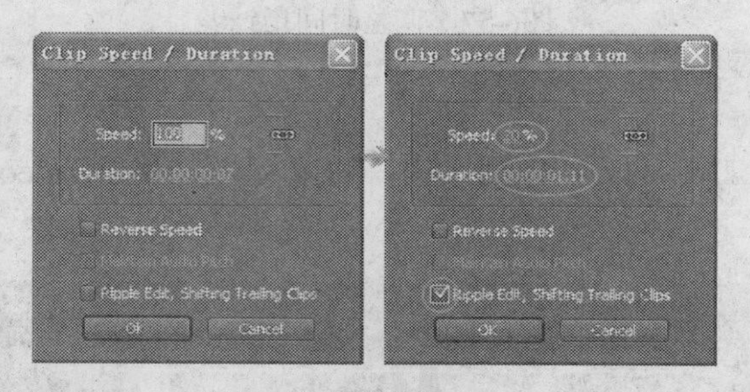

图6-61 参数设置

步骤 13 单击 OK 按钮关闭对话框。这时再回到Video1轨道中观看剪辑的变化，如图6-62所示。

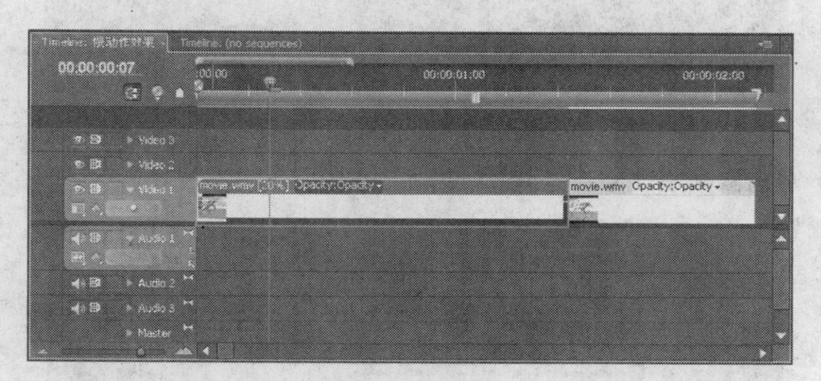

图6-62 剪辑的变化

步骤 14 按键盘上的空格键进行预览，满意后保存文件，输出M2V格式的文件。

课后练习：制作渐变效果

渐变效果多用于两个互不相干的镜头之间的切换，当影片进入切换区范围的时候，第一段素材即将结束，其强度逐渐减弱；与此同时，第二段素材的强度逐渐增强。于是第一段素材变得越来越透明直至消失，而第二段素材的画面逐渐变得清晰。通过单击切换窗口或者时间线窗口中的切换方式，用户可以打开切换方式相应的属性对话框进行设置。用户可以设定影片从一条轨道渐变切换到另一条轨道、渐变切换起始点与终结点的状态。通过使用渐变切换，系统根据用户的简单设定就可以自动控制两段素材的强弱程度，完成一段自然的渐变过程。

通过在时间线窗口中设置不透明度动画来实现渐变效果，过程提示：

（1）确定渐变范围，也就是说两段素材要有重叠的部分；

（2）在第一段素材的结尾处设置不透明度由强变弱的变化过程。

第7课

转场效果的实现

学习导航图

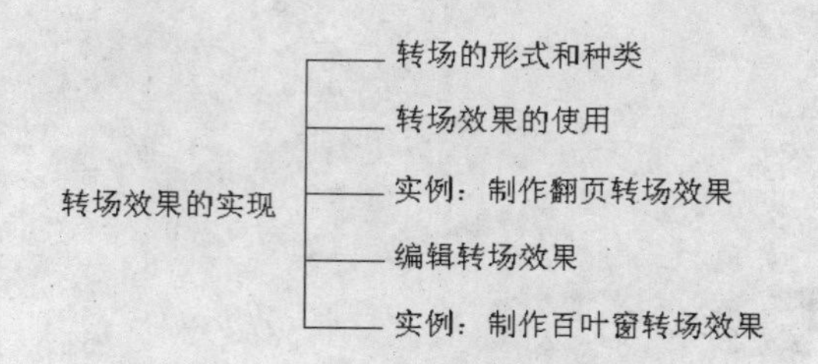

就业达标要求

1. 了解转场的形式和种类。
2. 如何在剪辑中引入一个过渡效果。
3. 制作翻页转场效果。
4. 如何改变过渡效果的各种属性设置。
5. 制作百叶窗转场效果。

转场是指由一段素材转换为另一段素材的方式，这是视频剪辑的一个重要内容，好的视频剪辑不仅要注重内容的连贯性，还要注重形式的美感。本课主要介绍剪辑编辑过程中的一个重要技术——转场。本课从引入一个简单的转场开始，逐步加入对转场各种属性的设置。

7.1　转场的形式和种类

转场效果也称为过渡、切换效果，主要用于影片编辑中从一个场景转换到另一个场景，从而烘托场面效果。在节目的编辑创作过程中，会出现大量的画面切换、场景转换的情况。此时，最简单的处理方法，是将两段素材首尾相接地放在一起，但场景跨度太大会给人一种突兀的感觉。通常，在电影和电视上，会看到片尾以一种渐隐的效果结束，而在两个画面之间采取部分遮挡的处理方法来衔接，使画面切换更自然。Premiere提供了过渡（Transitions）的功能，利用它可以完成类似的过渡，且效果会更好，从而使作品更专业、更完美。

Premiere提供了11种类型包含了76种预定义过渡的效果，这些过渡都在【Effect】面板中，如图7-1所示。

3D Motion（三维空间运动效果）

三维空间运动是指前一个画面以三维运动的形式移出或后一个画面以三维运动的形式进入，如双开门效果、翻页效果等，如图7-2所示。

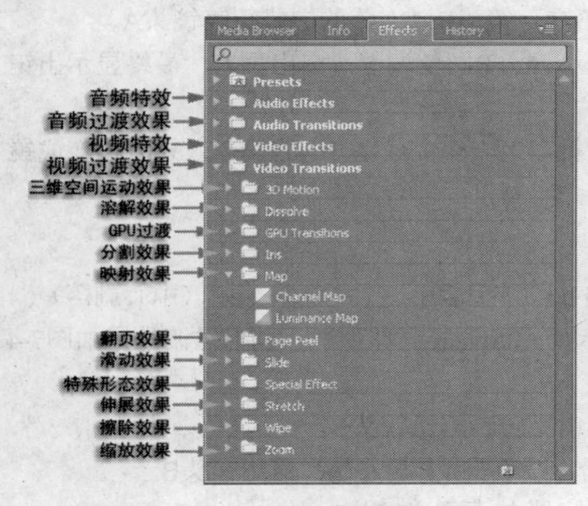

图7-1 【Effect】面板

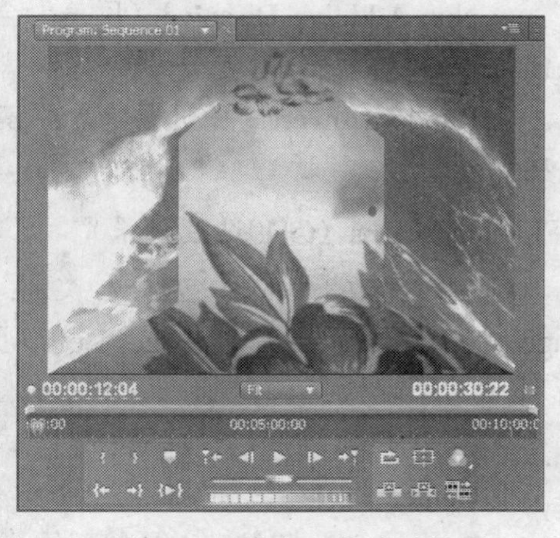

图7-2 三维空间运动效果

· Cube Spin（滑入滑出）：镜头B从镜头A的左右、上下、对角、两边向中间扩展开而覆盖镜头A。

· Curtain（卷帘）：镜头A像窗帘一样打开而露出镜头B。

· Doors（双开门）：镜头A像双开门的门一样，从中间向外打开而露出镜头B。

· Flip Over（百叶窗）：镜头A像百叶窗开启一样而露出镜头B。

· Fold Up（旋转折叠）：镜头A旋转180度并像折纸一样翻转，显示出镜头B。

· Spin（门切换）：镜头B从镜头A的中央挤出。

· Spin Away（旋转门）：镜头B绕镜头A旋转而显示出来。

· Swing In（单开门）：镜头A像单扇门打开一样而露出镜头B。

· Swing Out（单关门）：镜头B像单扇门关闭一样而覆盖镜头A。

· Tumble Away（翻页）：像翻页一样翻开镜头A而露出镜头B。

Dissolve（溶解效果）

溶解效果形式中包含7种类别，这些类别都采用了前个画面逐渐转换为后一个画面的方式。溶解转场都比较柔和，给人一种轻松、自然的感觉，如图7-3所示。

· Additive Dissolve（交互溶解）：镜头A透明度变小且淡出画面，镜头B逐渐变亮直到完全显示出来。

· Cross Dissolve（交叉溶解）：镜头A透明度变小且淡出画面，镜头B透明度变大直到完全显示出来。

· Dip to Black（淡入淡出隐于黑场）：镜头A透明度变小且色调变黑直到消失，镜头B透明度变大直到完全显示出来。

· Dip to White（淡入淡出隐于白场）：镜头A透明度变小且色调变白直到消失，镜头B透明度变大直到完全显示出来。

图7-3 溶解效果

• Dither Dissolve（抖动融合）：镜头A不变，镜头B以点阵的方式覆盖镜头A。

• Non-Additive Dissolve（反差融合）：镜头A、B同色调消溶突出反差，最终显示出镜头B。

• Random Invert（随机板块）：镜头A随机产生方块变成镜头A的反色效果，再变成镜头B。

GPU Transitions（GPU过渡效果）

GPU过渡效果形式中包含5种类别：Card Flip（卡片翻转）、Center Peel（中心剥落）、Page Curl（页面卷曲）、Page Roll（页面滚动）和Sphere（球形）。GPU过渡效果如图7-4所示。

• Card Flip：镜头A被分裂成卡片状后各自反转，露出镜头B。
• Center Peel：镜头A被一个十字分为4份，分别向4个角卷起，露出镜头B。
• Page Curl：将镜头A以翻页的形式从一角卷起而露出镜头B。
• Page Roll：镜头A像卷纸一样卷起而显示出镜头B。
• Sphere：镜头A逐渐变成球形并缩放滚出画面而露出镜头B。

Iris（分割效果）

分割效果形式中包含7种类别：Iris Box（方形分割）、Iris Cross（十字分割）、Iris Diamond（菱形分割）、Iris Points（交叉分割）、Iris Round（圆形分割）、Iris Shapes（平面分割）和Iris Star（星形分割）。分割效果将画面按照不同的形式进行分割，这种转场效果较为戏剧性，如图7-5所示。

图7-4 GPU过渡效果

图7-5 分割效果

• Iris Box：镜头B从关键点以矩形扩散，最后覆盖镜头A。
• Iris Cross：镜头A从关键点处分为4块向四角散开，显示出镜头B。
• Iris Diamond：镜头A从关键点以菱形方式散开，显示出镜头B。
• Iris Points：镜头B从4边向中心靠拢，变成X形，最后覆盖镜头A。
• Iris Round：镜头A从关键点以圆形扩散开，显示出镜头B。
• Iris Shapes：镜头B以不同数量的菱形、矩形、椭圆形散开，最后覆盖镜头A。
• Iris Star：镜头B从关键点以星形扩散，最后覆盖镜头A。

Map（映射效果）

映射效果形式中包含两种类别：Channel Map（通道映射）和Luminance Map（色彩映射），如图7-6所示。

- Channel Map：镜头A与B的色通道相叠加，镜头A色值逐渐变小，最终显示出镜头B。
- Luminance Map：镜头A与B的色彩相混合，镜头A色彩逐渐变小，最终显示出镜头B。

Page Peel（翻页效果）

翻页效果形式中包含5种类别：Center Peel（中心剥落）、Page Peel（页面剥落）、Page Turn（页面翻转）、Peel Back（背面剥离）和Roll Away（翻滚离开），如图7-7所示。

图7-6　映射效果

图7-7　翻页效果

- Center Peel：从A的中心分割成4块，分别向各自的对角卷起露出镜头B。
- Page Peel：将镜头A以翻页的形式从一角卷起而露出镜头B。
- Page Turn：类似页面剥落，但会透过卷起部分看到镜头A。
- Peel Back：从镜头A的中心分割成4块，依次向各自的对角卷起露出镜头B。
- Roll Away：镜头A像卷纸一样卷起而显示出镜头B。

Slide（滑动效果）

滑动效果形式中包含12种类别：Band Slide（条状滑动）、Center Merge（中心混合）、Center split（中心分开）、Multi-Spin（复合旋转）、Push（推出）、Slash Slide（自由线滑动）、Slide（滑行）、Sliding Bands（滑动修饰）、Sliding Boxes（滑动盒子）、Split（分开）、Swap（交换）和Swirl（涡旋），如图7-8所示。

- Band Slide：镜头B以条状形式从两侧插入，最终覆盖镜头A。
- Center Merge：镜头A分为4块向中心缩小，最终显示出镜头B。

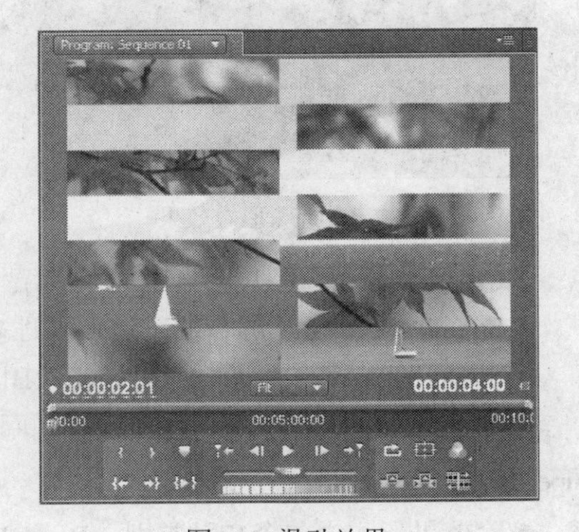

图7-8　滑动效果

- Center split：镜头A分为4块向四角缩小，最终显示出镜头B。
- Multi-Spin：镜头B以一个任意的矩形不断旋转放大，最终覆盖镜头A。
- Push：镜头B向上、下、左、右四个方向将镜头A推出屏幕，从而占据整个画面。
- Slash Slide：镜头B以条状自由线的形式滑入镜头A，最终覆盖镜头A。
- Slide：镜头B以幻灯片的形式将镜头A推出屏幕。
- Sliding Bands：镜头B以百叶窗形式通过很多垂直线条的翻转而显示出来。
- Sliding Boxes：类似滑动修饰，只是垂直部分是块状。
- Split：将镜头A由中间向两边推开而显示出镜头B。
- Swap：镜头B从镜头A的后方向前翻转而覆盖镜头A。
- Swirl：镜头B被分成多个方块从镜头A的中心旋转并放大显示出来，最后覆盖镜头A。

Special Effect（特殊形态效果）

特殊形态效果形式中包含3种类别：Displace（置换转换）、Texturize（纹理）和Three-D（三色调映射），如图7-9所示。

- Displace：镜头A的RGB通道被镜头B的相应像素的通道值替换。
- Texturize：镜头A作为一张纹理贴图映射给B，从而造成极大的视觉反差。
- Three-D：镜头A中的红、蓝色映射到B中，主要用于烘托气氛。

Stretch（伸展效果）

伸展效果形式中包含4种类别：Cross Stretch（交叉伸展）、Stretch（伸展）、Stretch In（伸展进入）和Stretch Over（伸展覆盖），如图7-10所示。

图7-9　特殊形态效果

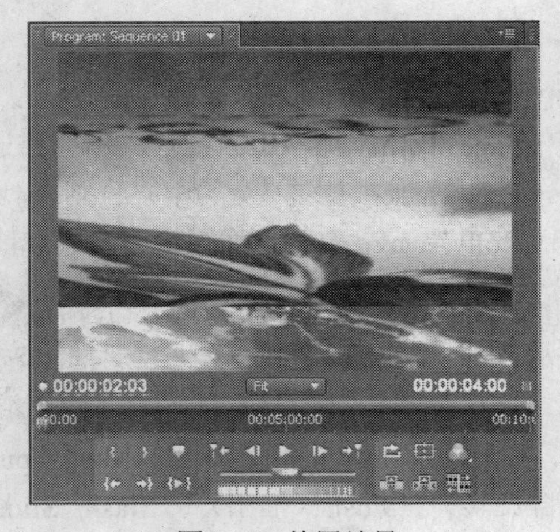

图7-10　伸展效果

- Cross Stretch：B从上、下、左、右、中的一个方向将镜头A挤出屏幕。
- Stretch：镜头B从屏幕的一边伸展进来，最终覆盖镜头A。
- Stretch In：镜头A逐渐淡出，镜头B以缩小的方式进入画面。
- Stretch Over：镜头B从画面中心横向伸展，直到覆盖镜头A。

Wipe（擦除效果）

擦除效果形式中包含17种类别：Band Wipe（带状擦除）、Barn Doors（双侧推门）、Checker Wipe（检测器擦除）、Checker Board（检测器面板）、Clock Wipe（时钟擦除）、

Gradient Wipe（梯度擦除）、Inset（插入）、Paint Splatter（画笔飞溅）、Pinwheel（风车）、Radial Wipe（辐射擦除）、Random Blocks（随机块状）、Random Wipe（随机擦除）、Spiral Boxes（螺旋形盒子）、Venetian Blinds（百叶窗暗淡）、Wedge Wipe（楔形擦除）、Wipe（擦除）和Zig-Zag Blocks（Z字形波纹块），如图7-11所示。

- Band Wipe：镜头B以条形交叉擦除的方式使镜头A消失。
- Barn Doors：镜头A用开门或关门的方式显露出镜头B。
- Checker Wipe：镜头B用类似于棋盘的样式将镜头A逐步擦除。
- Checker Board：镜头B变成若干小方块从不同方向将镜头A覆盖。
- Clock Wipe：镜头A以钟表的方式消失。
- Gradient Wipe：用一个已定或自选的灰色图作为渐变对象。
- Inset：镜头B从镜头A的四角中的一角斜着插入。
- Paint Splatter：镜头B以墨点状显现在镜头A上。
- Pinwheel：镜头B以风车旋转方式覆盖镜头A。
- Radial Wipe：镜头B从屏幕四角中一角扇形（辐射）进入将镜头A覆盖。
- Random Blocks：镜头B以随机小方块显现在镜头A之上。
- Random Wipe：镜头B以随机小方块从上至下或从左中方向显现在镜头A之上。
- Spiral Boxes：镜头A以罗圈形式消失而显示出镜头B。
- Venetian Blinds：镜头B从上至下或从左至右以百叶窗形式显现。
- Wedge Wipe：镜头B从屏幕中心像扇子一样打开而覆盖镜头A。
- Wipe：镜头B从屏幕一边开始，逐渐扫过镜头A。
- Zig-Zag Blocks：把镜头分为小块，镜头B沿Z字形扫过并取代镜头A。

Zoom（缩放效果）

缩放效果形式中包含4种类别：Cross Zoom（推拉缩放）、Zoom（缩放）、Zoom Boxes（分割特技）和Zoom Trails（缩放跟踪），如图7-12所示。

图7-11 擦除效果

图7-12 缩放效果

- Cross Zoom：先把镜头A推出，再将镜头B拉入屏幕。
- Zoom：镜头B从指定位置放大显示出来。
- Zoom Boxes：镜头B从指定的多个方块位置放大显示出来。

· Zoom Trails：镜头A在关键点处以多个图像重叠的方式缩小显示出镜头B。

7.2 转场效果的使用

可以从【Effect】面板直接拖动到视频轨道素材的起始端或结束端来创建转场效果，如果两段素材前后对齐到一起，可以将转场效果拖动到连接处，转场效果自动将两段素材连接起来。

设置过渡效果的源剪辑可以是静止的图片，也可以是移动的视频剪辑。下面采用静止图片来介绍转场效果的使用。如图7-13所示是完整的橙子画面。现在要将它转换为如图7-14所示的一个被切成两半的橙子画面。如果直接切，效果不甚理想，于是就可以利用转场效果。

图7-13　图片素材

图7-14　图片素材

将两个图片素材按前后顺序拖入到Video1轨道中，如图7-15所示。

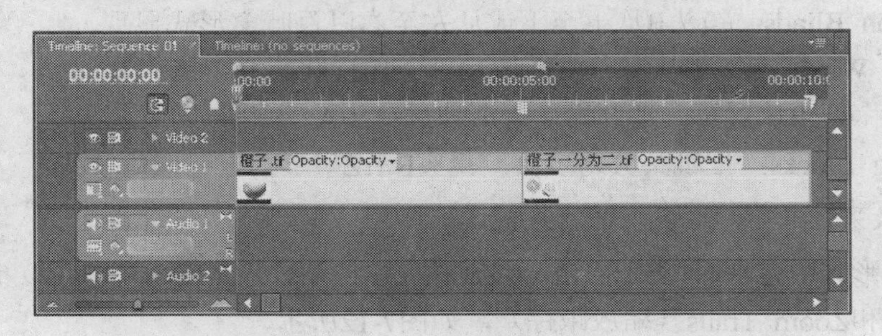

图7-15　引入素材

素材已经确定了，接下来就是怎么实现两个素材之间顺利过渡，打开【Effects】面板，单击【Video Transitions】左侧的▶图标，选择一种过渡方式，如图7-16所示。

图7-16　选择过渡方式

在Premiere提供的多种过渡效果中并非每一种都经常用到，所以对不经常用到的过渡效果可以暂时隐藏起来，便于更快捷地找到所需的过渡效果。这只需单击▶按钮打开过渡形式，相反，单击▼按钮隐藏过渡形式。

设置过渡效果是在时间线窗口中的轨道上完成的，按住鼠标左键不放将选中的过渡方式拖入第一片段的结尾处或者第二个片段上面，如图7-17所示。

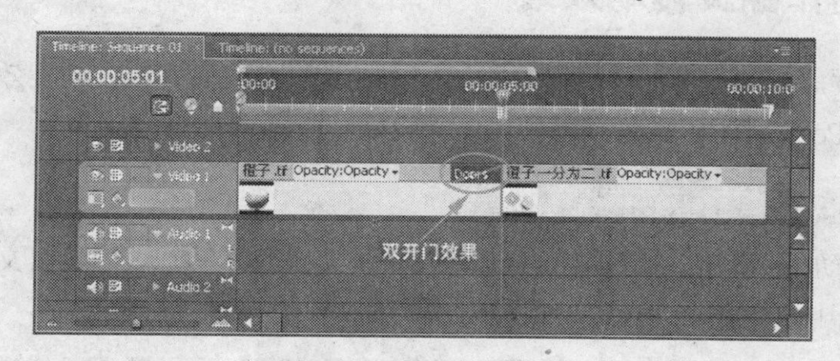

图7-17　加入过渡效果

此时打开【Effect Controls】窗口查看加入的过渡效果，在此窗口中可以看到这个过渡效果的更多信息，如过渡效果的说明、持续时间等，如图7-18所示。

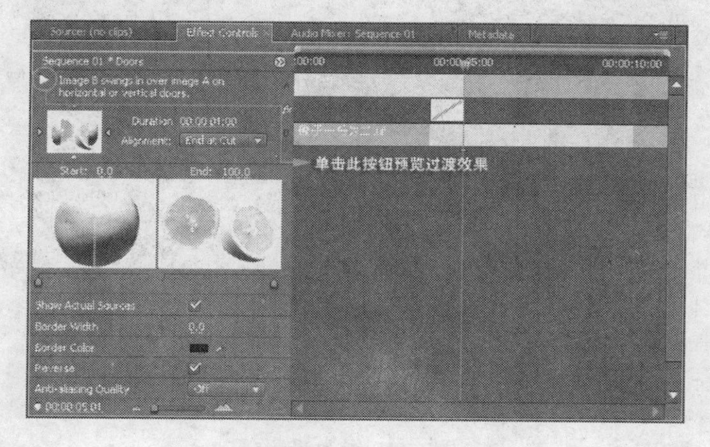

图7-18　【Effect Controls】窗口

预览的时候会发现此效果像双开门的门一样，从第一个剪辑的中间向外打开而露出第二个剪辑，如图7-19所示。

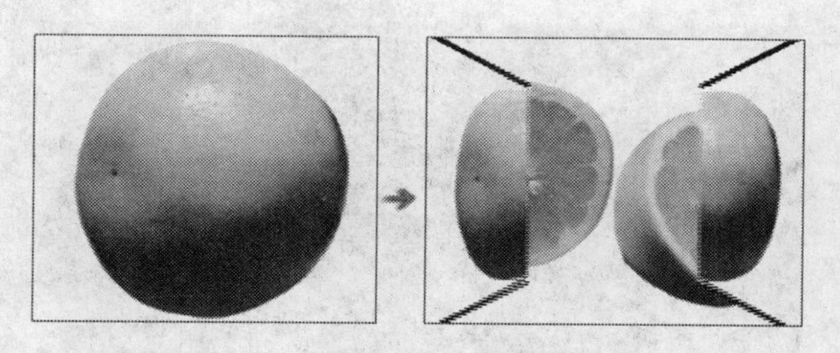

图7-19　预览过渡效果

在过渡工具面板中，各个过渡方式的前面都有一个图标，用于简单示意。其中，镜头A表示其中一个场景，B表示另一个场景，镜头A和B之间的转换就表示了两个场景之间的转换。

7.3 实例：制作翻页转场效果

本例主要讲解怎样创建翻页转场效果，Premiere提供了Page Peel过渡效果，它又包含了5种类型：Center Peel、Page Peel、Page Turn、Peel Back和Roll Away。

步骤1 启动Premiere应用程序，新建一个“翻页转场效果”项目文件，并在【New Sequence】对话框中设置各项参数，如图7-20所示。

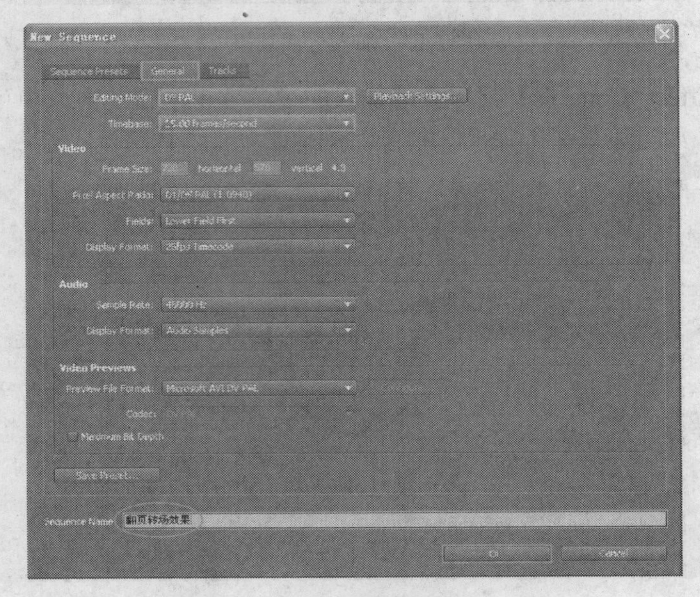

图7-20 参数设置

步骤2 单击菜单栏中的【Edit】/【Preference】/【General】命令，在弹出的【Preference】对话框中设置各项参数，如图7-21所示。

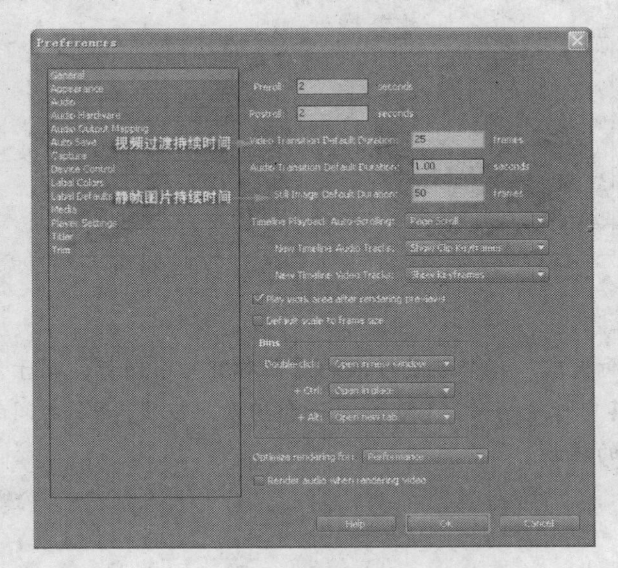

图7-21 参数设置

步骤3 在Project窗口的空白处双击鼠标左键，在弹出的【Import】对话框中选择“自然之美1.tif”和“自然之美2.tif”，导入这两个静帧图片，并将导入的素材全部拖入Video1轨道上，如图7-22所示。

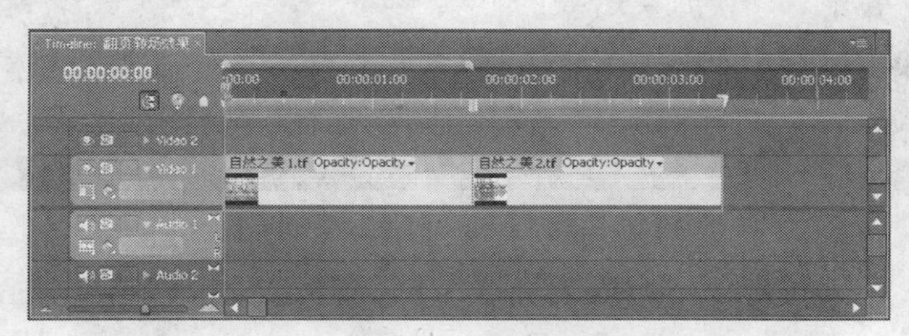

图7-22　引入素材

页面剥落效果

步骤4 在【Effects】面板中单击【Video Transitions】左侧的▶图标，展开【Page Peel】过渡形式并选择Page Peel过渡效果，如图7-23所示。

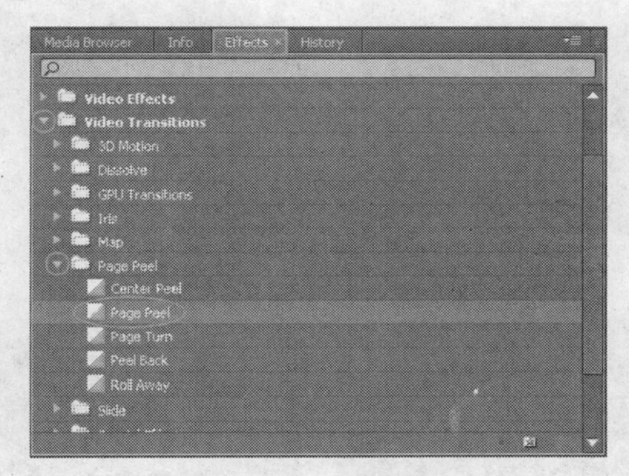

图7-23　选择过渡效果

步骤5 将选中的过渡效果拖入Video1轨道中两个素材的中间，如图7-24所示。

图7-24　添加过渡效果

步骤6 松开鼠标左键，过渡效果被加入，如图7-25所示。

步骤7 按键盘上的空格键，在监视器窗口中观察过渡效果，如图7-26所示。

中心剥落效果

步骤8 利用前面介绍的方法，将Center Peel过渡拖入到两个素材之间，观看效果，如图7-27所示。

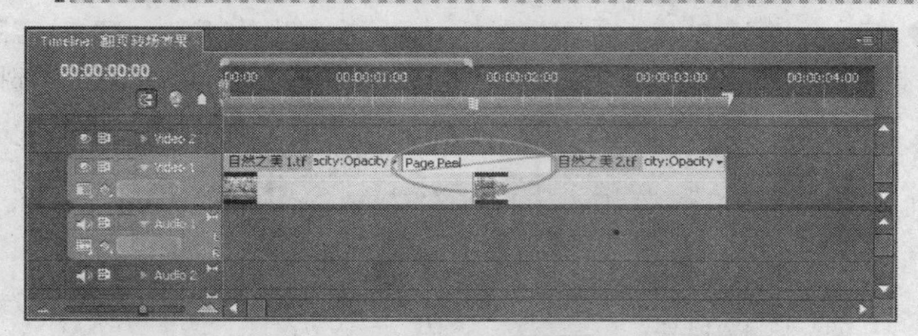

图7-25　加入过渡效果

图7-26　Page Peel过渡效果

图7-27　Center Peel过渡效果

页面翻转效果

步骤 9 利用前面介绍的方法，将Page Turn过渡拖入到两个素材之间，观看效果，如图7-28所示。

背面剥离效果

步骤 10 利用前面介绍的方法，将Peel Back过渡拖入到两个素材之间，观看效果，如图7-29所示。

图7-28 Page Turn过渡效果

图7-29 Peel Back过渡效果

翻滚离开效果

步骤 11 利用前面介绍的方法，将Roll Away过渡拖入到两个素材之间，观看效果，如图7-30所示。

图7-30 Roll Away过渡效果

7.4 编辑转场效果

对于Premiere提供的过渡类型，用户还可以对它们的效果进行设置，以使最终的显示效果更加丰富多彩。

在【Effect Controls】面板中可以设置每一个过渡效果的多种参数，从而改变过渡效果的方向、开始帧和结束帧的显示及边缘效果等，过渡窗口如图7-31所示。

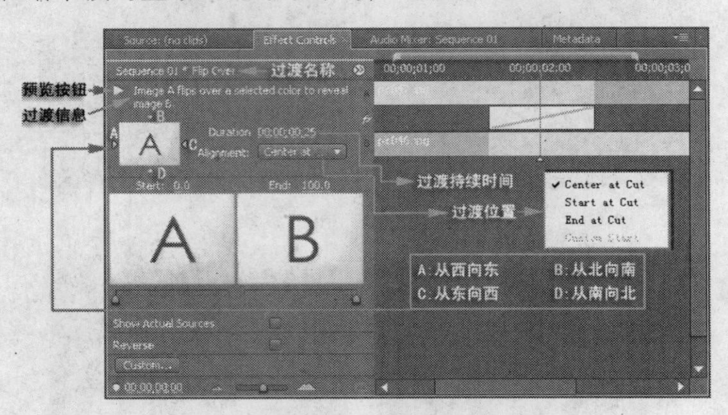

图7-31 过渡窗口

在过渡窗口预览视图的四周，有一系列的小三角符号对应所标的A、B、C、D，用于设置过渡效果边缘方向，当处于A和C所对应的三角符号时，表明被处于应用的状态。

勾选过渡窗口中的【Show Actual Sources】选项，可以直接以实景进行编辑，如图7-32所示。

- 【Start】：上方标有【Start】的窗口显示过渡过程的开始镜头；【End】：上方标有【End】的窗口显示过渡过程的结束镜头。
- 【Start】显示区和【End】显示区下方的滑块，用以控制开始和结束画面在作品中的实际位置。拖动滑块，开始镜头随之向后发展，【Start】后面的数值说明当前画面在整个过渡过程中的位置。同样，也可以改变结束镜头的位置，如图7-33所示。

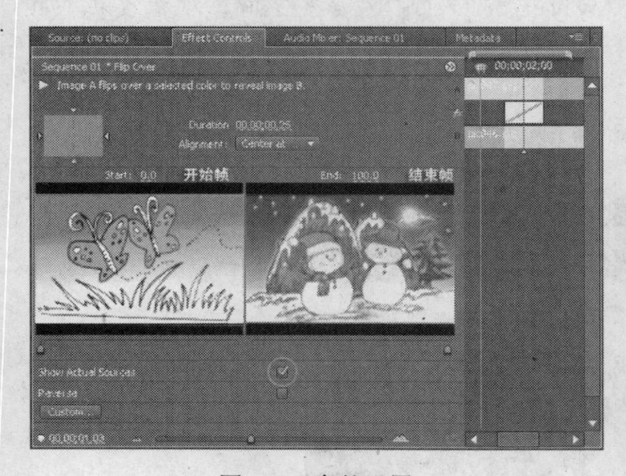

图7-32 参数设置

图7-33 开始/结束镜头

有的过渡效果在开始镜头或结束镜头中有一个小圆圈，如图7-34所示。

图7-34 开始/结束镜头窗口

这个小圆圈指示了过渡效果开始或结束的位置。例如在Cross Zoom过渡中，先把镜头A推出，再将镜头B拉入屏幕中。用鼠标拖动这个小圆圈（具体方法是：将鼠标指针指向这个小圆圈的位置，单击并拖动鼠标）就可以任意指定过渡的位置了。

• 【Show Actual Sources】：勾选此选项可以用实际作品中的开始/结束镜头来代替预定义的镜头A、B。

• 【Reverse】：过渡效果替代指向。

• 单击Custom...按钮，打开此过渡类型特有的设置对话框，在其中可以对该过渡类型进行设置。

7.5 实例：制作百叶窗转场效果

本例利用【Video Transitions】/【Wipe】/【Venetian Blinds】过渡类型，详细介绍过渡效果的编辑，通过设置各种过渡的参数来增加过渡的变化。

操作步骤

步骤1 启动Premiere应用程序，建立一个"百叶窗转场效果"项目文件。

步骤2 导入"自然之美3.tif"和"自然之美4.tif"两张静帧图片，并将其引入Video1轨道中，如图7-35所示。

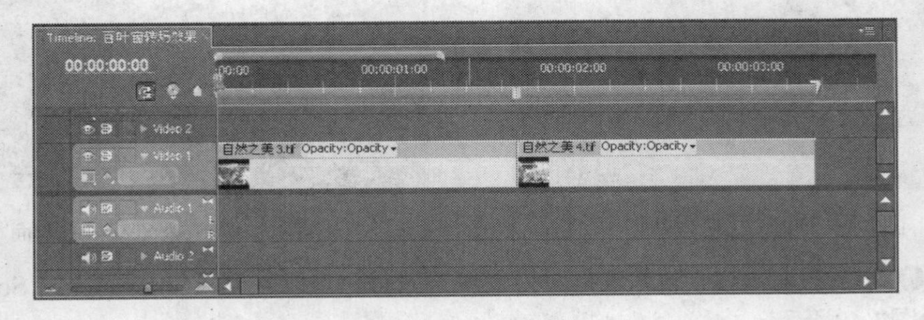

图7-35 引入素材

步骤3 打开【Effects】面板，选择【Video Transitions】/【Wipe】/【Venetian Blinds】，将鼠标指针放置在此过渡图标上，按住鼠标左键向Video1轨道上拖动，如图7-36所示。

步骤4 松开鼠标左键可以看到此过渡放置的位置，如图7-37所示。

图7-36 添加过渡效果

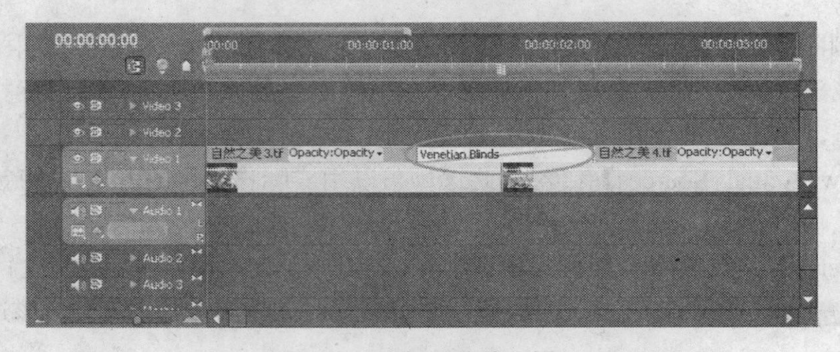

图7-37 添加过渡的位置

步骤5 在监视器窗口中单击▶按钮，预览过渡效果，如图7-38所示。

步骤6 基本效果就出来了，用户可以在Video1轨道中双击过渡图标，打开【Effect Controls】面板，如图7-39所示，通过各项参数的调整，得到更好的效果。

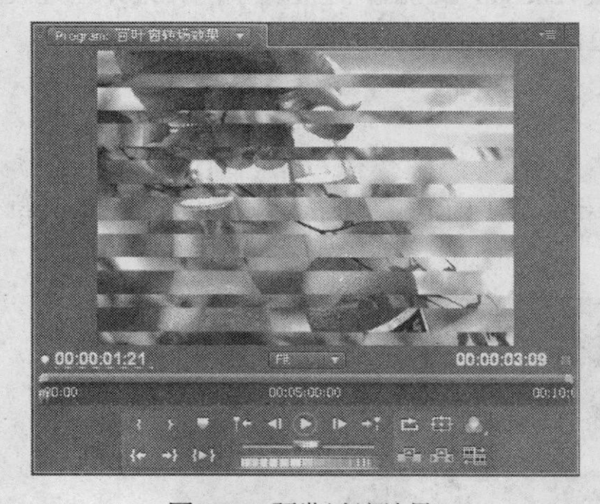

图7-38 预览过渡效果

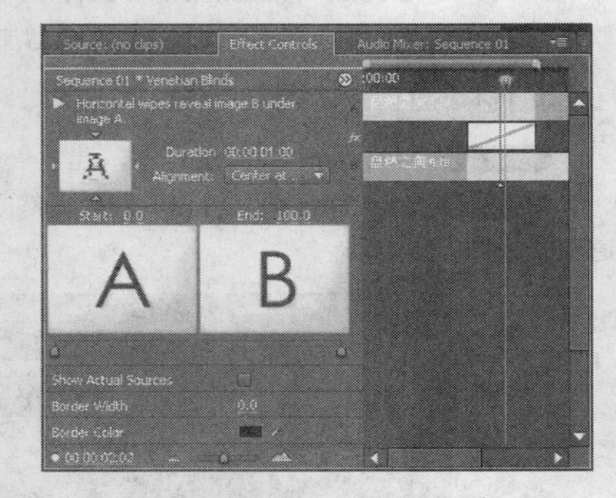

图7-39 【Effect Controls】面板

步骤7 为了在编辑过渡效果的同时方便观察效果，可以勾选【Show Actual Sources】，此时效果如图7-40所示。

步骤8 在【Effect Controls】面板中，用户可以调整过渡效果的持续时间，也可以调整过渡效果的位置，如图7-41所示。

步骤9 在【Effect Controls】面板中设置【Border Width】为2，效果如图7-42所示。

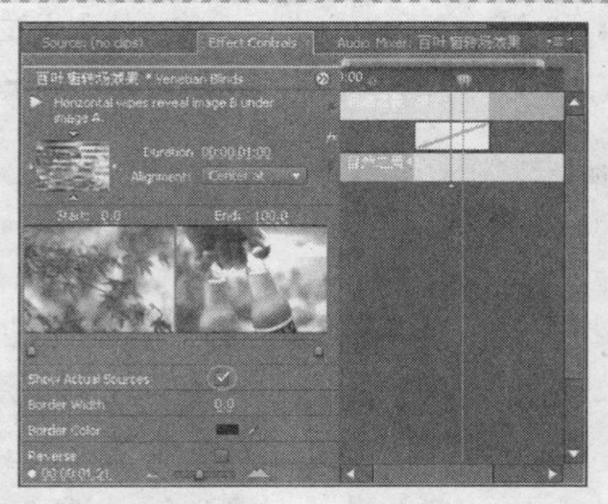

图7-40　勾选【Show Actual】后的效果

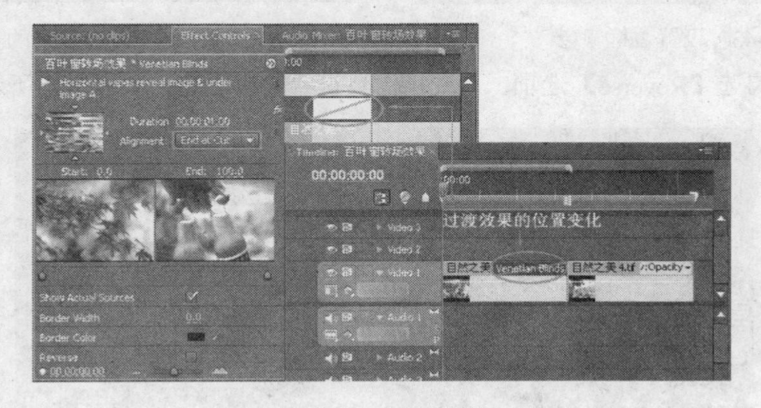

图7-41　调整过渡效果的位置

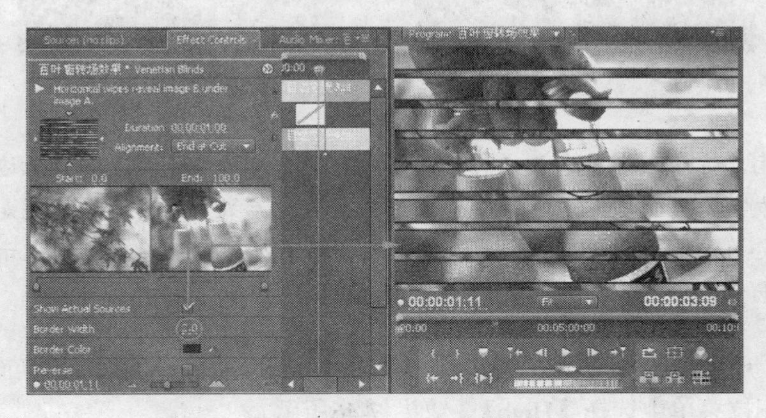

图7-42　设置边缘宽度后的过渡效果

步骤 10 在【Effect Controls】面板中单击【Border Color】后面的颜色块，在弹出的【Color Picker】对话框中设置颜色，如图7-43所示。

【Border Width】：在过渡过程中可以用一条指定的边界把两幅画面截然隔开，并调整边界的粗细。【Border Color】：为边界指定恰当的颜色，能够清晰或是模糊地分开两个画面。选择颜色时，单击右侧的颜色块，打开【Color Picker】对话框，单击【Border Color】颜色块后面的▣，在【Start】或【End】预览视图中选取背景颜色。

步骤11 拖动【Start】和【End】预览视图下面的滑块观看过渡效果，如图7-44所示。

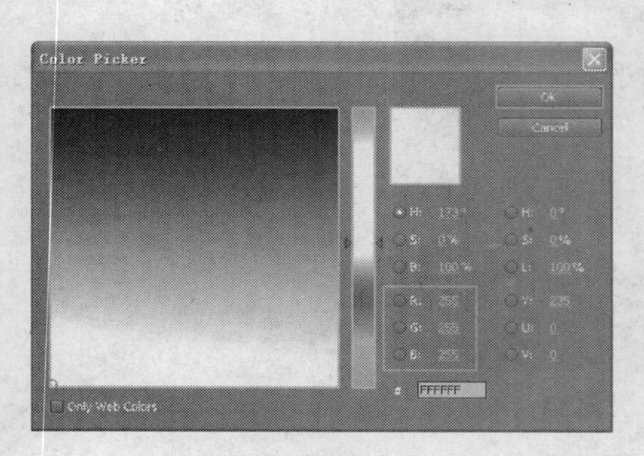

图7-43 设置边框颜色

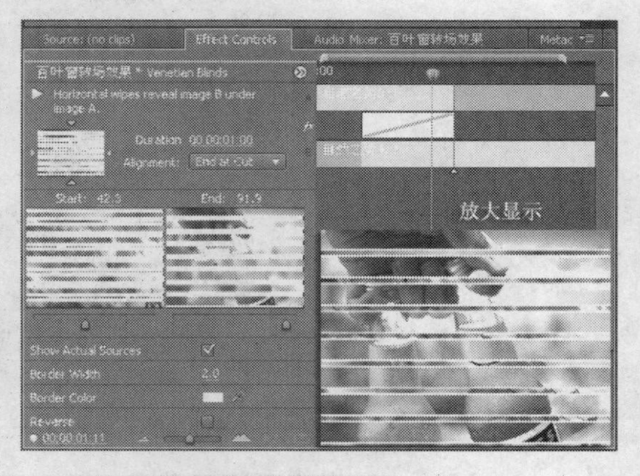

图7-44 过渡效果的变化

步骤12 勾选【Reverse】选项，对比图7-44查看效果变化，如图7-45所示。

图7-45 预览效果

选择南北方向或者是东西方向上的任意一个小三角符号，过渡效果边缘方向也会随之发生相应的变化。【Reverse】选项决定过渡效果方向是向前还是向后工作，即决定是A替代B，还是B替代A。如果勾选【Reverse】选项，则表示和前面的替代指向相反。

步骤13 为了输出作品边缘的圆滑性，单击【Anti-aliasing Quality】后面的Off按钮，在弹出的下拉菜单中选择【High】，如图7-46所示。

选项【Anti-aliasing Quality】主要控制抗锯齿处理级别。简单地说，抗锯齿是指计算机在输出图像时应用了抗据齿算法，来消除两个不同画面的交叠而产生的锯齿现象，从而使图像看起来更光滑。Premiere的抗据齿处理提供了4个级别：【Off】，不作抗锯齿；【Low】，抗锯齿处理低级；【Medium】，一般的抗据齿处理；【High】，抗锯齿效果最好。在演示屏中，四者区别可能不大，但当输出为作品时，区别就明显了。注意，抗锯齿处理要求计算机在输出图像前先对图像做一定的运算处理。

步骤14 在此过渡类型中，用户可以看到【Effect Controls】面板中还有一个Custom...按钮，单击此按钮，可打开【Venetian Blinds】对话框，如图7-47所示。

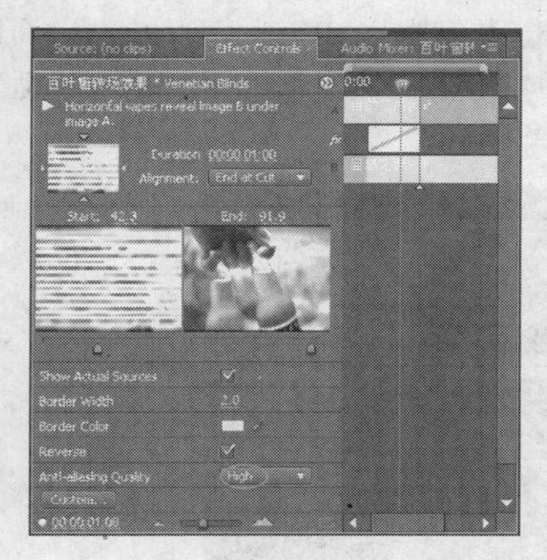

图7-46　选择【High】选项

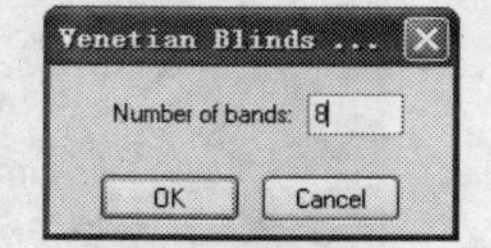

图7-47　【Venetian Blinds】对话框

在【Venetian Blinds】对话框中，用户可以根据需要设置适当的边界数。

步骤15 至此，百叶窗转场效果制作完毕，按【Ctrl+S】组合键保存文件。

课后练习：制作渐变效果

利用【Gradient Wipe】制作渐变效果，在使用梯度渐变时，需要指定一幅灰度图像，Premiere按灰度值把像素划分为几个级别。在梯度渐变过程中，随着过程的进展，镜头B中的相应位置的像素将取代灰度图像中的某个级别的像素，顺序是先取代灰度值低的（较黑的）像素，再取代灰度值较高的（较白的）像素，直到整个镜头B占满屏幕。

下面介绍如何加入并设置梯度渐变过渡。

（1）从【Effects】面板中选择【Gradient Wipe】图标，将其拖入剪辑中，此时系统会弹出【Gradient Wipe Settings】对话框，如图7-48所示。

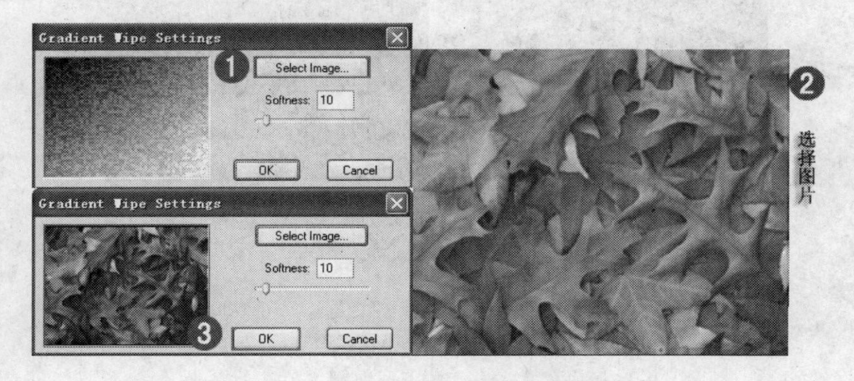

图7-48　【Gradient Wipe Settings】对话框

（2）在【Gradient Wipe Settings】对话框左部显示了Premiere预先设置好的一幅梯度图像，也可以单击Select Image...按钮来打开【文件】对话框，从中选择需要的梯度图像。选择的灰度图像则显示在对话框的左部。

（3）【Softness】文本框用来指定过渡过程中过渡边缘的柔和度。可以拖动滑块调整或者直接在【Softness】文本框中输入0~127之间的数值，数值越小，B镜头出现的越慢，而且过渡中的边缘锯齿现象越严重；反之，两个镜头交接时更柔和，边缘会有一种类似模糊渐变的效果。用户可以根据自己的需要做出选择，如图7-49所示。

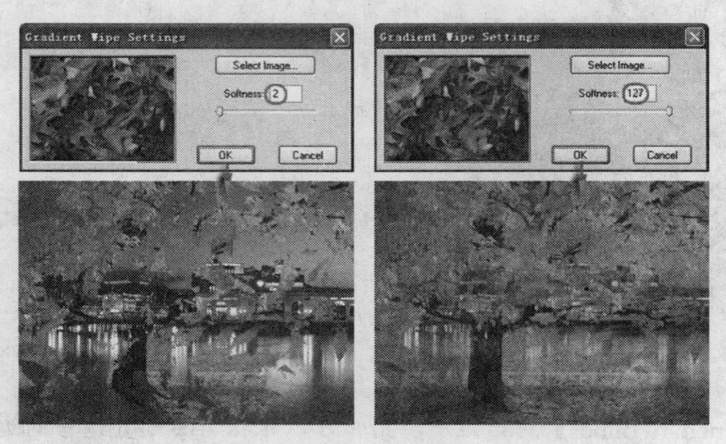

图7-49　调整参数

（4）单击 OK 按钮后，过渡图标自动放置到拖入剪辑的位置。

（5）此时单击合成影像中的▶按钮，就能从开始/结束镜头中看到实际过渡过程的效果，如图7-50所示。

图7-50　过渡效果

第8课

视频特效的使用

学习导航图

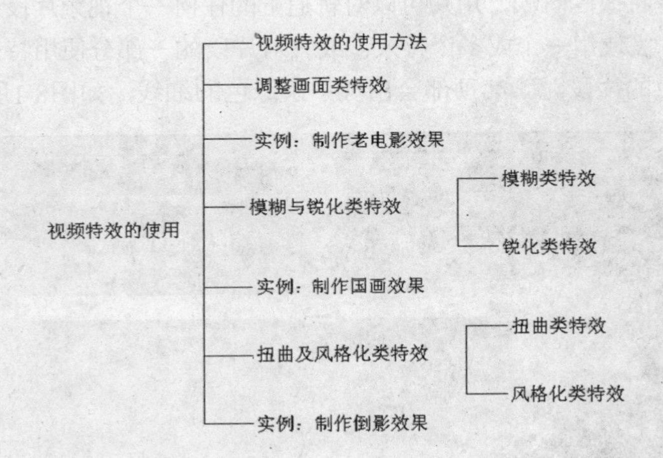

就业达标要求

1. 使用视频特效。
2. 调整画面类特效的过滤效果。
3. 通过学习调整画面类特效，学习制作老电影效果。
4. 掌握模糊与锐化类特效，以及它们的应用效果。
5. 通过学习模糊与锐化类特效，学习制作国画效果。
6. 掌握扭曲及风格化类特效，以及它们的应用效果。
7. 学习扭曲及风格化类特效，学习制作倒影效果。
8. 熟悉视频滤镜效果分类与常用滤镜使用。

本课详细介绍了视频特效的使用，还以丰富的实例介绍了各种特效的具体应用。使用特效实际上就是为片段添加特技效果，例如风吹、扭曲、灯光等。Premiere提供了种类繁多的特效，利用它们能够产生许多意想不到的视觉效果。与Adobe Photoshop中的特效不同的是，Premiere中的特效能够随时间的推移而动态地发生变化。恰到好处地使用特效，能够使视频作品更加生动精彩。

8.1 视频特效的使用方法

在影片制作的过程中，由于受到种种条件的限制，用户往往不能得到完全符合影片要求的原始素材。这时用户可以通过Premiere提供的各种特效来对原始素材进行加工，使之满足要求。除此之外，特效还可以用来制造一些有趣的特技效果，例如为素材增加风纹、水纹效果，反向放映素材，使画面扭曲变形等。

使用过Photoshop等图像处理工具的用户大概不会对特效感到陌生。通过各种特效，用户可以对原始素材进行加工，为原始素材添加各种各样的特技，以实现用户预先期望的视觉效果。通过使用Premiere中的各种视频特效，用户可以使原始视频素材的图像发生平滑、扭变、模糊、锐化、变色等多种变化。这些变化可以使素材更符合用户的要求，同时也增强了影片的表现力。Premiere为特效的应用提供了一个友善的操作界面。用户可以方便地从数十种特效中找到自己所需要的特效，并将之应用于素材之上。

在具体使用这些特效的时候，用户可以对轨道上的任何一个视频片段使用视频特效，也可以对单个或多个片段使用一个或多个特效，或只对片段的一部分使用特效。在时间线窗口中，选中使用了特效的片段时，其顶部会出现一条绿色的细线，如图8-1所示。

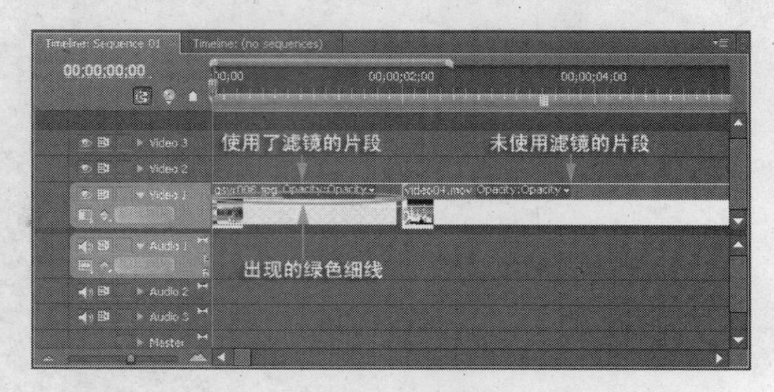

图8-1　使用特效的片段与未使用特效片段的对比

Premiere中的特效可以在【Effects】面板的【Video Effects】下找到，将选中的特效拖到时间线窗口视频轨道中的素材上，便可以将此特效添加到素材上。下面通过一个实例具体介绍特效的使用方法。

操作步骤

步骤1 在时间线窗口中选中一个片段。如果想同时对多个片段使用特效，可以使用时间线窗口工具面板中的■（矩形选择工具）按钮，选择多个片段。

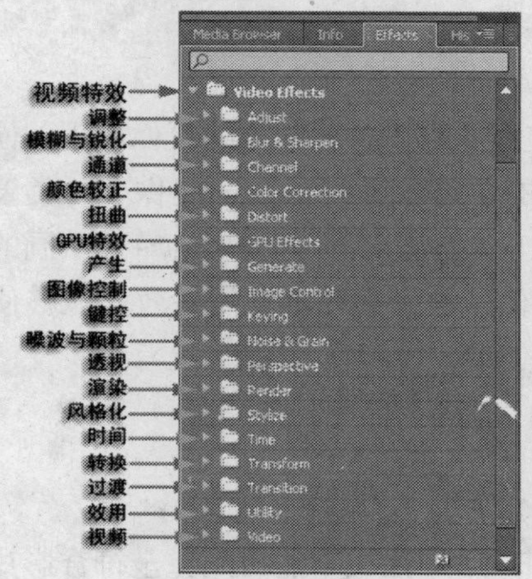

图8-2　【Effects】面板

步骤2 打开【Effects】面板，展开【Video Effects】选项，所有的视频特效都按类别存放在相应的文件夹下，特效面板的界面如图8-2所示。

步骤3 在所有特效列表中找到所需的特效并单击将之选中，按住鼠标左键直接将需要的特效拖动至素材上，如图8-3所示。或按住鼠标左键直接将需要的特效拖动至【Effect Controls】面板中，如图8-4所示。

图8-3　为素材添加特效1

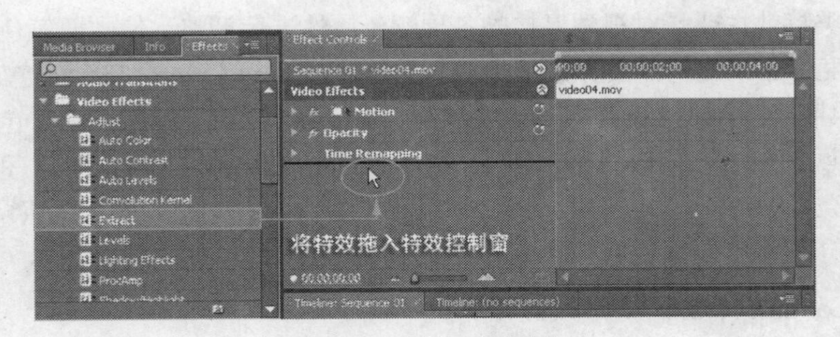

图8-4　为素材添加特效2

步骤❹ 用户可以为同一段素材同时应用多个特效，同一种特效也可以在同一段素材中同时应用多次。

步骤❺ 当用户需要设定某一种特效的属性的时候，首先选中【Effect Controls】面板中的相应特效，该特效的属性设定状况将显示于【Effect Controls】面板中，具体调整方法因不同特效而异。

步骤❻ 有的特效在使用中需要进行更为细致的属性设置，单击该特效的▣按钮，打开设置对话框可以进行进一步的设置，如图8-5所示。

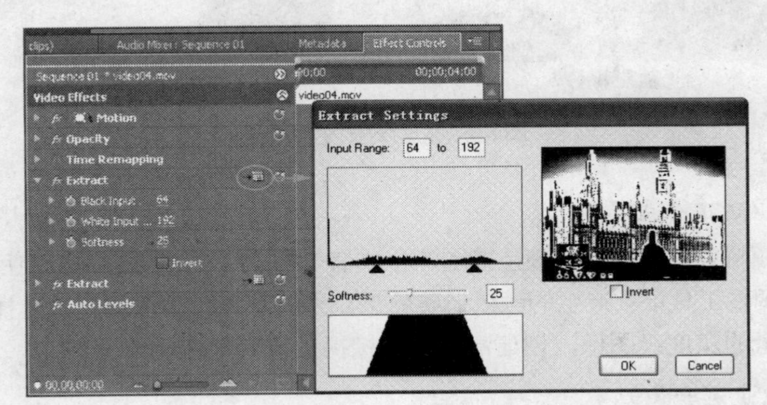

图8-5　参数设置

步骤❼ 当素材中不再需要某一种特效的时候，在【Effect Controls】面板特效列表中选中该特效，按键盘上的【Delete】键即可将之删除。

步骤❽ 用户在调整素材特效的时候需要暂时停用某种特效的应用，可以在【Effect Controls】面板特效列表中单击该特效名称前面的fx按钮，等需要用时再单击一下此按钮所在的位置就可以重新启用了。

步骤 9 当然，特效也可以复制、粘贴和剪切。当调整好一种特效后，其他的素材也正好用到此特效时，用户可以在调整好的特效上按【Ctrl+C】组合键复制，然后按【Ctrl+V】组合键粘贴到相应的素材上，也可以通过快捷菜单进行复制、粘贴、剪切和删除操作。

步骤 10 对于一些常用的视频特效，可以在【Presets】窗口中直接调用。用户也可以把设置好的特效保存在【Presets】中。

8.2 调整画面类特效

调整画面类特效主要是对视频素材的各项颜色属性进行调整，使画面颜色的整体效果、鲜艳程度、亮度等达到编辑需要。调整类视频滤镜包括Auto Color（自动颜色）、Auto Contrast（自动对比度）、Auto Levels（自动色阶）、Extract（提取）、Levels（色阶）、Convolution Kernel（回旋核心）、ProAmp（扩展）、Lighting Effects（灯光效果）和Shadow/Highlight（阴影/加亮）9种。

下面主要介绍调整画面类特效中常用的几种特效。

Brightness & Contrast（亮度与对比度）

本视频特效效果将改变画面的亮度和对比度，类似于电视中的亮度和对比度的调节，效果如图8-6所示。

图8-6　亮度/对比度的效果

Channel Mixer（通道合成器）

使用本视频特效，能用几个颜色通道的合成值来修改一个颜色通道。使用该效果可创建使用其他颜色调整工具很难产生的颜色调整效果，通过从每个颜色通道中选择其中一部分就能合成为高质量的灰度级图像，创建高质量的棕褐色或其他色调的图像。

Color Balance（色彩平衡）

本视频特效利用滑块来调整RGB颜色的分配比例，使得某个颜色偏重以调整画面，如图8-7所示。

在一段影片之中，画面的色调往往会对影片氛围的表达起到很大的作用。对同一幅画面来说，用户可以将其处理为以红、橙、黄等色彩为主的暖色调，或者将其处理为以蓝、绿、灰等色彩为主的冷色调，两种处理方法产生的效果往往会给观众带来不同的视觉感受。在

Premiere中，允许用户通过Color Balance特级特效对影片色调进行细致的调整，使影片有更强的表现力。在Color Balance特级特效的特性设置对话框中，用户可以调节RGB三原色的强度值来改变整个素材画面图像的颜色基调。在对话框中拖动各滑块的位置，可以使该滑块相对应的原色色彩更加突出或者不突出。当用户拖动滑块时，对话框中的图像预览也随之改变，以反映出调节的效果。在调节影片色调的时候，用户应当始终注意画面色调的平衡问题。如果影片没有特别的要求，则用户设定的色彩基调与现实相比就不要太离谱。另外，应注意影片中各素材色调的搭配。

调整前的图像

调整后的图像

图8-7 调整色彩平衡前后图像的对比

Auto Levels（自动色阶）

将每个通道中的最亮和最暗像素自定义为白色和黑色，然后按比例重新分配中间像素值。在默认情况下，自动色阶会减少白色和黑色像素0.5%，即在标识图像中最亮和最暗像素时会忽略两个极端像素值的0.5%。这种颜色值剪切可保证白色和黑色值是基于代表性像素值，而不是极端像素值。通俗地说，它会自动调整图像的亮度，使白色减少一部分，黑色减少一部分，使图像的亮度重新分配。

Extract（提取）

当想利用一张彩色图片作为蒙版时，应该将它转换成灰度级图片，如图8-8所示。而利用此视频特效效果，可以对灰度级别进行选择，达到更加实用的效果。如图8-9所示是提取视频片断的蒙版设置对话框。有2个滑块，带有曲线的两个黑三角的滑块用来选定原始画面中的被转换成白色的灰度，【Softness】滑块用来调节画面的柔和程度。通过【Invert】复选框可以将已定的灰度图片进行反相。左下角的黑色梯形图（反相时为白色）随着【Softness】的滑动而变化，当变为三角形时，表明已达到原始画面的效果；当为梯形时，表明对原始画面的明暗分界进行了改动。

Levels（色阶）

本视频特效效果将画面的亮度、对比度及色彩平衡（包括颜色反相）等参数的调整功能组合在一起，更方便地用来改善输出画面的画质和效果。可通过RGB通道选择菜单来选择RGB、R、G、B通道作为修改的对象，默认为RGB通道。左边的中间部分为原始画面的颜色、像素分布线图。线图的横向从左到右表示像素的明暗程度，左边为0（最暗点），右边为255（最亮点）；纵向代表某个像素总的数量。因此，越靠近左边的图线表示的是越暗的像素点，越靠近右边的图线表示的是越亮的像素点。【Levels Settings】对话框如图8-10所示。

图8-8 转换成灰度级别

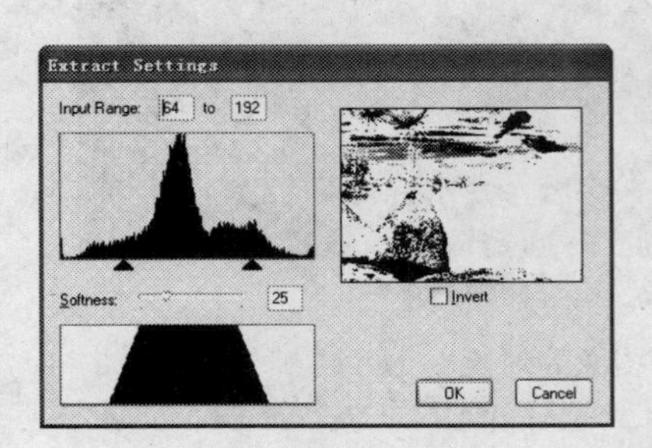

图8-9 【Extract Settings】对话框

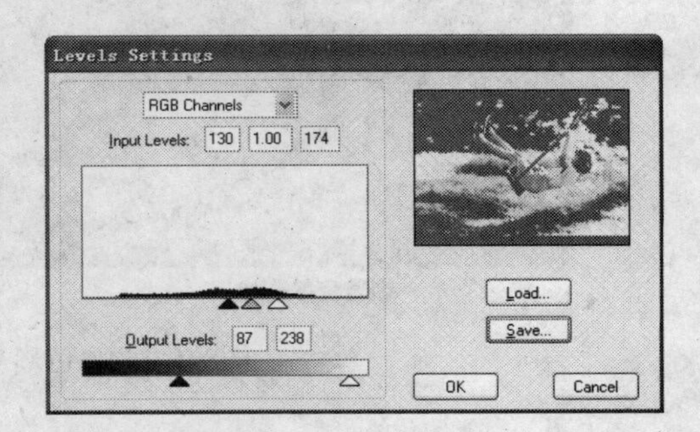

图8-10 【Levels Settings】对话框

利用【Levels Settings】对话框调整亮度及对比度的方法如下。

- 使用线图下面的3个滑块或在【Input Levels】（级别输入）文本框中输入具体的数值来调整各颜色取用情况。假如需要增加亮度，应该将白色三角形向左移动，反之将白色三角形向右移动；假如需要加重图像阴影，应该将黑色三角形向右移动，反之将黑色三角形向左移动；假如需要调整灰色的层次，应该适当移动灰色三角形。注意，不要将灰色滑块与黑色滑块设置成重合状态，否则就变成两个滑块。
- 调整画面输出的对比度，应使用画面的两个滑块，或在【Output Levels】文本框中输入具体的数值来调整对比度的情况。假如需要将画面的黑色区增加亮度，应该将黑色三角形向右适当移动；假如需要将画面的白色区减小亮度，应该将白色三角形向左适当移动；假如要使用反相色彩，应该将黑白滑块互换位置。
- 想保存设置结果以备以后使用，应单击 Save... 按钮。单击 Load... 按钮是装载已存储的文件，定义格式为*.lvl。
- 设置完成后，单击 OK 按钮。

Color Pass（颜色通道）

本视频滤镜效果能够将一个片断中某一指定单一颜色外的其他部分都转换为灰度图像。可以使用该效果来增亮片断的某个特定区域。通过调色板可以选取一种颜色，或使用吸管工具在原始画面上吸取一种颜色作为该通道颜色。通过调整滑块可以改变该颜色的使用范围（扩大或缩小）。利用随时间变化的特点，可以做出按色彩级别转变的过渡效果。

Color Replace（色彩替换）

本视频滤镜效果可用某一种颜色以涂色的方式来改变画面中的临近颜色，故称之为色彩替换视频滤镜效果。利用这种方式，可以变换局部的色彩或全部涂一层相同的颜色。还可以利用随时间变化的特点，做出按色彩级别变化色彩的换景效果。与【Color Pass】不同的是，它保持原画面中不被替换的颜色成分，而只对临近色进行涂色或染色，图8-11所示是色彩替换视频滤镜效果的设置对话框。

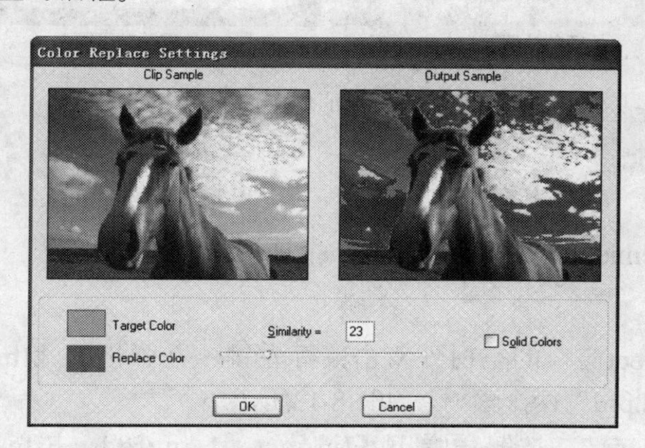

图8-11 【Color Replace Settings】对话框

Gamma Correction（灰阶校正）

Gamma Correction：本视频滤镜效果通过调节图像的反差对比度，使图像产生相对变亮或变暗的效果。它是通过对中灰度或相当于中灰度的彩色进行修正（增加或减小）、而不是通过增加或减少光源的亮度来实现的。

Black & White（黑白）

本视频滤镜效果的作用将使电影片断的彩色画面转换成灰度级的黑白图像。

Color Balance（HLS）（色彩平衡）

本视频滤镜效果可改变电影片断的彩色画面的色调（Hue）、亮度（Lightness）、和饱和度（Saturation）。

Tint（色彩）

本视频滤镜效果会在画面上添加某种色彩，分割形成复合色彩画面。通过单击色样框从调色板中选取某种颜色；通过滑块调整添加彩色的百分比（1%～100%）。它是随时间变化的视频滤镜效果。因此可以让原始画面下一种颜色向另一种颜色过渡变化。

8.3 实例：制作老电影效果

用于表现过去或者回忆等场景的时候，我们常常会用到旧电影的画面效果，老电影的特点是画面颜色陈旧，有噪波等抖动。本例利用调整画面类特效制作老电影效果。画面效果如图8-12所示。

图8-12　处理前后图像的对比

操作步骤

步骤1　启动Premiere应用程序，新建一个项目文件。

引入素材

步骤2　在Project窗口的空白处双击鼠标左键，在弹出的【Import】对话框中选择“movie.mov”和“遮.psd”两个素材，如图8-13所示。

步骤3　单击 打开(O) 按钮后弹出【Import Layered File：遮】对话框，单击 Merge All Layers 按钮，在弹出的下拉菜单中选择【Merged Layers】，单击 OK 按钮将素材导入项目窗口中，如图8-14所示。

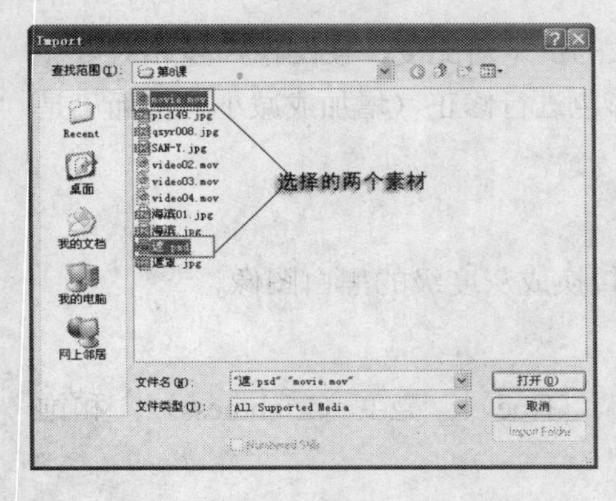

图8-13　选择素材

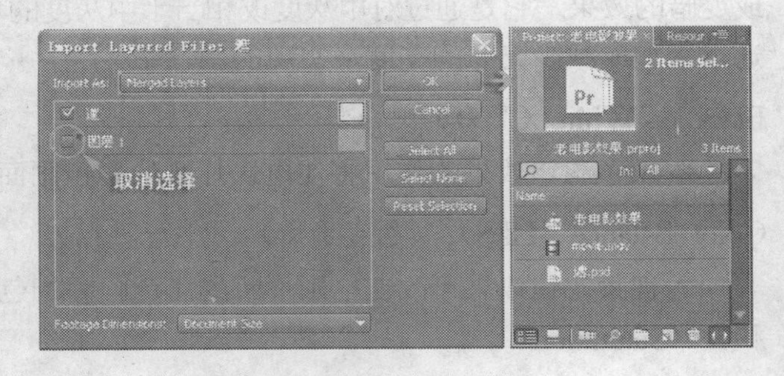

图8-14　导入素材

步骤4　按住鼠标左键将“movie.mov”素材引入Video1轨道中，将“遮.psd”素材引入Video2轨道中，调整好素材的位置，如图8-15所示。

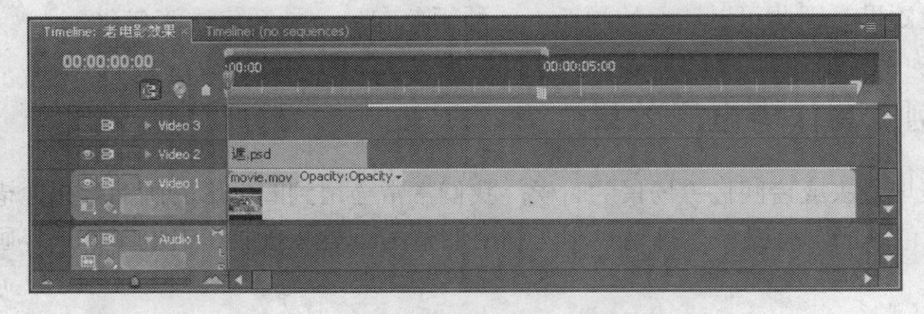

图8-15　调整素材位置

调整素材

步骤 5 这时细心的读者会发现，Video2轨道上的素材比Video1轨道上的素材短，下面就来调整素材的长度，将鼠标指针移至Video2轨道上素材的尾部，注意观察此时光标形状将变成如图8-16所示的双向箭头的形状⇼。

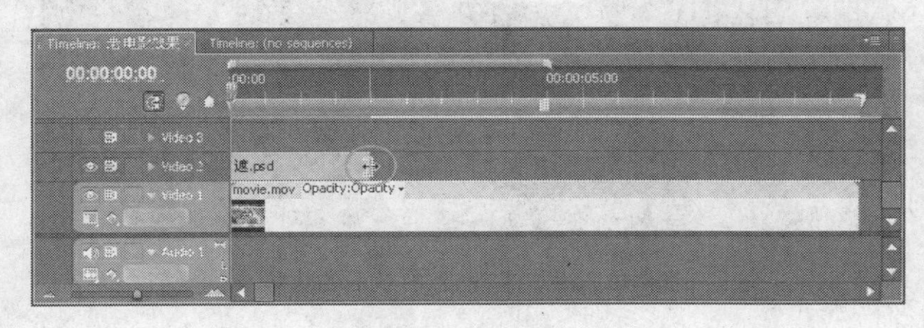

图8-16　时间线窗口

步骤 6 按住鼠标左键向右拖动至与Video1轨道上素材尾部对齐，如图8-17所示。

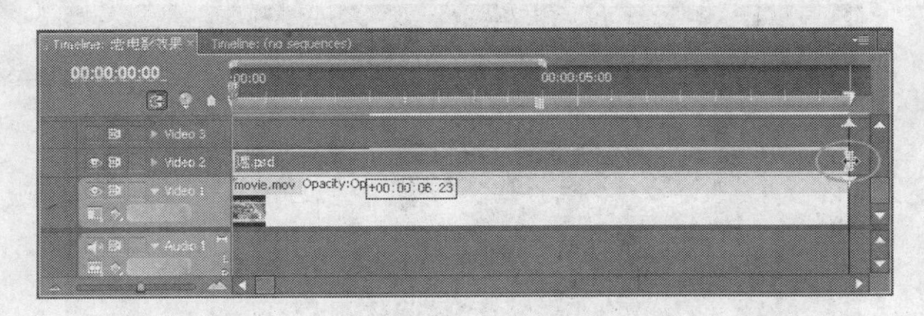

图8-17　调整素材长度

将“遮.psd”图片引入到时间线窗口中时，它的默认时长为2s，用户可以根据需要任意设置静帧图片的时长，可以通过调整图片的持续时间来设置，也可通过鼠标拖拽来设置。

步骤 7 调整好素材，可以预览一下监视器窗口中图像的变化，如图8-18所示。

图8-18　监视器窗口

步骤8 选中“movie.mov”素材，在【Effects Controls】面板中，选择【Video Effects】/【Color Correction】/【Tint】特效，添加特效后的效果如图8-19所示。

图8-19 添加【Tint】特效后的效果

步骤9 在【Color Correction】组中再为“movie .mov”素材添加【Change to Color】特效，并设置其各项参数，如图8-20所示。

图8-20 参数设置

在为素材添加特效的时候，注意添加的各个特效之间的位置关系，用户在操作的时候可以调整它们的位置，看监视器窗口中画面的变化情况，在这里不做赘述。

步骤10 继续为其添加特效，选择【Video Effects】/【DigiEffects Aurorix 2】/【AgedFilm2】特效，并设置其各项参数，如图8-21所示。

【AgedFilm2】特效为Premiere的插件，需要安装后才能使用。

步骤11 保证此时时间线窗口处于激活状态，然后单击菜单栏中的【File】/【Save】命令，保存项目。

步骤12 单击菜单栏中的【File】/【Export】/【Media】命令，在弹出的对话框中设置影片输出格式、参数及名称，一系列参数设置完后单击 OK 按钮，然后在【Adobe Media Encoder】对话框中单击 开始队列 按钮，对项目进行编码及输出。

图8-21　参数设置

8.4　模糊与锐化类特效

模糊与锐化类特效在制作项目中是常用的特效，它们是两类效果相反的特效。模糊特效通过混合颜色达到模糊画面的效果，而锐化特效则通过增强颜色之间的对比使整个画面更加清晰。

模糊类视频特效主要包括7种视频特效：Antialias（抗锯齿）、Camera Blur（镜头模糊）、Channel Blur（通道模糊）、Compound Blur（混合模糊）、Directional Blur（方向模糊）、Fast Blur（快速模糊）、高斯模糊（Gaussian Blur）、幻影（Ghosting）。

Antialias

本视频特效的作用是将图像区域中色彩变化明显的部分进行平均，使得画面柔和化。在从暗到亮的过渡区域加上适当的色彩，使该区域图像变得模糊些。

一般来说，用户引入到Premiere项目窗中的原始素材的画面多数可以满足影片制作的要求。但是影片通常是由许多连贯的画面组合而成的，用户不仅仅要处理好影片中每一段素材的画面，而且还要注意素材之间的画面配合，使影片的画面整体和谐。例如，当整个影片中普遍采用比较柔和的素材画面时，如果其中有一段素材明暗对比非常强烈，就会使观众看起来觉得很刺眼，于是影响了观赏效果。这时，制作人就应该利用Premiere提供的Antialias特效对素材画面进行处理。将Antialias特效应用于视频素材后，系统根据当前素材的明暗状况重新计算画面中各点的颜色值，在高对比度区域（即明暗反差较大的画面区域）中使用过渡色调加以平均，使画面中颜色的转变更为和缓，从而达到平滑图像的目的。用户可以通过使用Antialias特效，使影片的画面趋于平滑，降低对比度。Antialias特效适用于明暗对比较强、柔和感不足的视频素材。

Camera Blur

本视频特效是随时间变化的模糊调整方式，可使画面从最清晰连续调整得越来越模糊，就好像照相机调整焦距时出现的模糊景物情况。本视频特效效果可以应用于片断的开始画面或结束画面，做出调焦的效果。要使用调焦效果，必须设定开始点的画面和结束点的画面，如图8-22所示是一幅调焦过程的两张图片对比情况。本视频特效只有一个调整滑块，让开始点画面和结束点画面分别使用滑块的不同位置即可满足要求。

原始图片　　添加照相机模糊后的图片

图8-22　调焦过程中的两张图片

Fast Blur

使用本视频特效可指定图像模糊的快慢程度，能指定模糊的方向是水平、垂直或是两个方向上都产生模糊，如图8-23所示。

原始图片　　快速模糊后的图片

图8-23　Fast Blur特效

Gaussian Blur

本视频特效通过修改明暗分界点的差值，使图像极度的模糊。其效果如同使用了若干从Blur或BlurMore一样。Gaussian是一种变形曲线，由画面的临近像素点的色彩值产生。它可以将比较锐利的画面进行改观，使画面有一种雾状的效果。

Ghosting

本视频特效将当前所播放的帧画面透明地覆盖到前一帧画面上，从而产生一种幽灵附体的效果，在电影特技中有时用到它。

这里所谓的“幽灵效果”，就是指当画面中的人或物体运动的时候，在运动的轨迹上会出现一连串人或物体留下来的虚影，虚影紧随其主体，物动影动，物止影止，从而产生一种虚幻的效果。当影片中需要表现这种缥缈恍惚、形合神离的幽灵效果时，使用Ghosting特效一定可以帮得上大忙。除此之外，应用过Ghosting特效的素材在表现物体高速运动、突出物体运动轨迹等方面也会收到很好的效果。

Ghosting特效生成幽灵效果的原理是这样的：它把视频素材中的第一帧画面进行一定程度上的透明处理，然后将之与第二帧素材画面进行叠加合成；之后再把如此生成的第二帧画面进行透明处理，并把结果再叠加到第三帧画面素材上去。依此类推，直到影片结束。这样一来，运动的物体就具有了一系列紧随的影子，而与本体距离越远的影子，其强度也就越弱。

锐化类视频特效通过提高对比度的方式使相邻的像素有更多的区别，从而在一定程度上使画面显得更加清晰。它包括两种视频特效：Sharpen和Unsharp Mask。

Sharpen

本视频特效可以使画面中相邻像素之间产生明显的对比效果，使图像显得更清晰，如图8-24所示。

原图

锐化后的效果

图8-24 添加锐化特效后的效果

Unsharp Mask

在处理画面时采用模糊蒙版，以产生边缘轮廓锐化的效果，它是所有锐化特效中锐化效果最强的特效。

图8-25 Unsharp Mask特效

• 【Amount】（数量）：用于限定锐化程度，变化范围为1~500，数值越大锐化效果越明显。

• 【Radius】（半径）：变化范围为0.1～250像素，用来设定图像轮廓周围被锐化的范围，数值越大锐化效果越明显，但处理速度越慢，分辨率较高的图像需要较大的半径值。

• 【Threshold】（起点）：变化范围为0.1～255，此选项规定相邻像素间的差值达到该选项所设定的值时才会被其所作用，其值越高，受到作用的像素越少，像素间的对比度越弱；反之，受到作用的像素越多，像素间的对比度越强。

8.5 实例：制作国画效果

水墨中国画是常见的影视艺术形式，在Premiere中使用视频特效可以将一些视频、图像处理成水墨画的效果，本节就介绍处理水墨中国画的方法。下面利用添加特效效果并通过参数的调整将一幅实景图片处理成水墨画效果，如图8-26所示。本例使用的素材是一幅图片，使用这种方法也可以将一段视频素材处理成水墨画的效果。

处理前的画面

处理后的画面

图8-26 处理前后图像的对比

操作步骤

步骤❶ 在桌面上单击Pr快捷方式按钮，打开Premiere应用程序。

步骤❷ 在弹出的欢迎界面中单击【New Projects】，创建一个新的项目文件，命名为“国画效果”。

步骤❸ 单击OK按钮，在弹出的【New Sequence】对话框中设置参数，如图8-27所示。

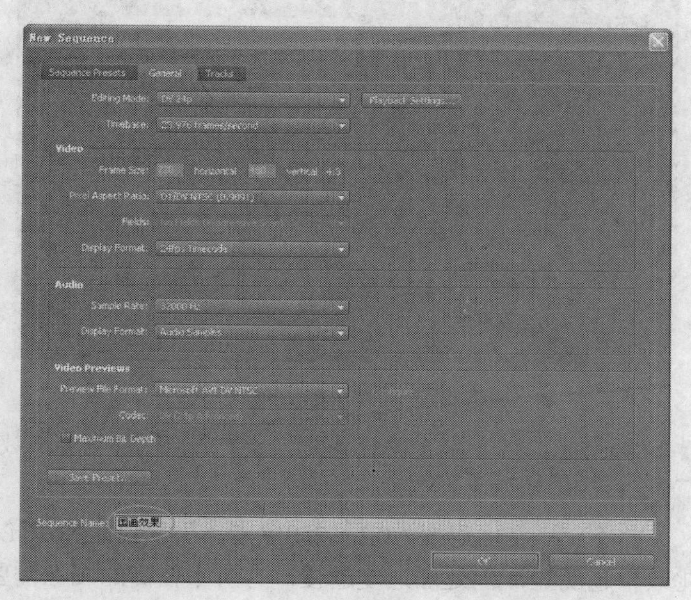

图8-27 参数设置

步骤❹ 单击菜单栏中的【File】/【Import】命令，在弹出的【Import】对话框中选择“古建.jpg”和“印章.tga”两个素材，将它们导入到“国画效果”项目窗口中，如图8-28所示。

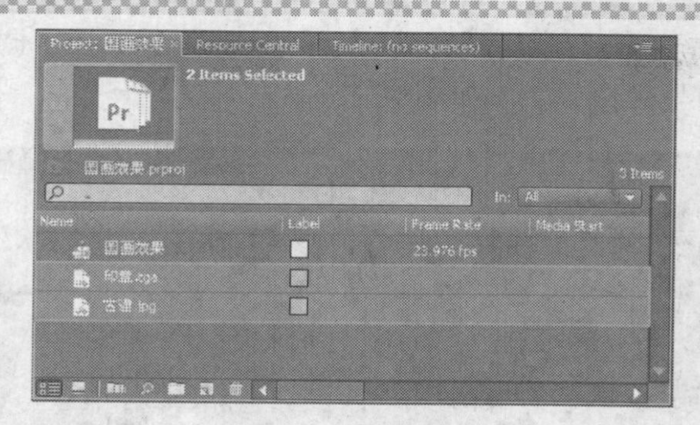

图8-28　导入素材

步骤 5 在项目窗口中的“古建.jpg”图标上单击并拖动鼠标，鼠标指针变成形状，将素材拖动到时间线窗口中的Video1轨道中，拖动时间线窗口中的缩放滑块放大素材，如图8-29所示。

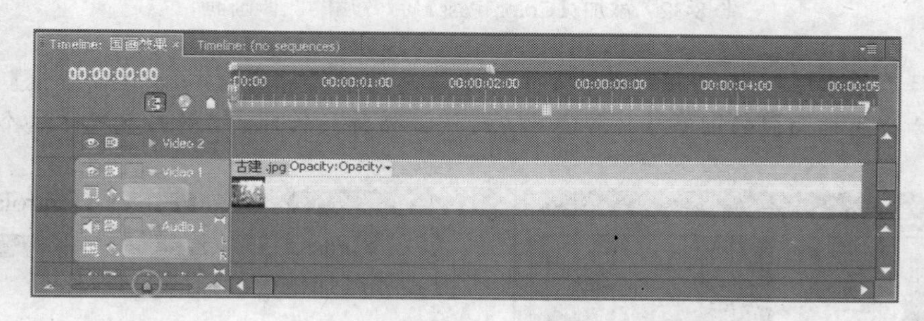

图8-29　时间线窗口

步骤 6 在【Effects】面板中选中【Video Effects】/【Image Control】/【Color Pass】特效，如图8-30所示。

步骤 7 按住鼠标左键将【Color Pass】特效拖动至Video1轨道中的“古建. jpg”素材片段上，便可以将这个特效添加给片段，添加了特效后的素材片段上在选中时出现一条绿色的线，而在未选中时出现一条紫色的线，如图8-31所示。

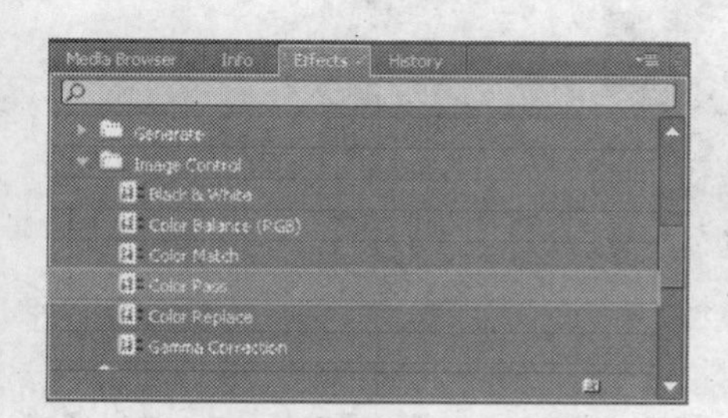

图8-30　选择【Color Pass】特效

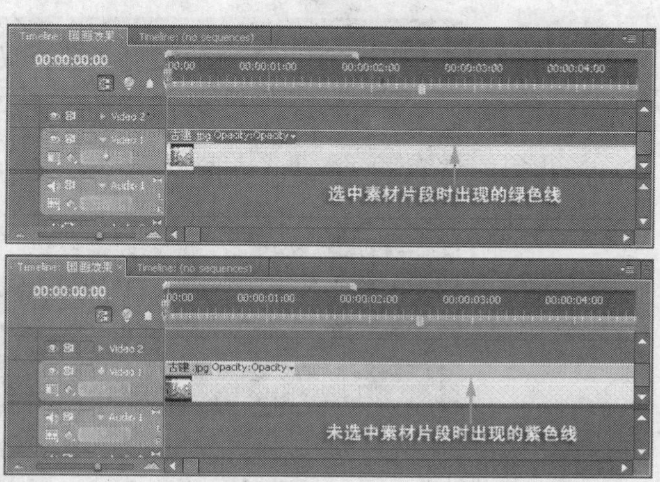

图8-31　添加特效后的素材片段

步骤 8 选中“古建.jpg”素材，在【Effect Controls】面板中调整【Color Pass】特效的参数，此时图像画面呈黑白显示，如图8-32所示。

图8-32 添加【Color Pass】特效后的图像画面

只有添加了视频特效的片段处于选中状态的时候，在【Effect Controls】面板中才会出现相应的调整参数，因此在设置视频特效的时候首先应该选中这个片段。

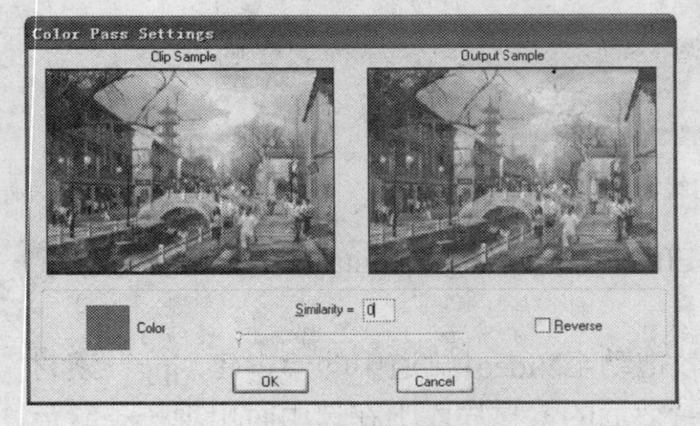

图8-33 【Color Pass Settings】对话框

步骤 9 单击【Effect Controls】面板中【Color Pass】特效设置窗口中的按钮，可以查看添加特效前后的图像对比，如图8-33所示。

步骤 10 在【Effects】面板中选中【Video Effects】/【Stylize】/【Find Edges】特效，按住鼠标左键将【Find Edges】特效拖动至Video1轨道中的“古建. jpg”素材片段上，并调整各项参数，如图8-34所示。

图8-34 参数设置

步骤 11 在【Effects】面板中选中【Video Effects】/【Blur&Sharpen】/【Gaussian Blur】特效，将该特效拖动至Video1轨道中的“古建. jpg”素材片段上，并调整各项参数，如图8-35所示。

图8-35　参数设置

步骤 12 在项目窗口中选中“印章.tga”，将其拖动至时间线窗口中Video2轨道上，此时观看监视器窗口，如图8-36所示。

步骤 13 为了使Video2轨道上的素材与Video1轨道上的素材相融合，这时就需要用到抠像特效，在【Effects】面板中选中【Video Effects】/【Keying】/【Chroma Key】特效，将特效拖至Video2轨道上的素材上，此时观看监视器窗口会发现字体中的白色背景已经被去掉，如图8-37所示。

图8-36　监视器窗口

图8-37　监视器窗口

步骤 14 为了画面的和谐，可以在【Effect Controls】面板中单击【Motion】左边的三角形按钮，调整素材的位置以及素材的大小，此时“印章.tga”素材在监视器窗口中的位置如图8-38所示。

对一个素材片段可以添加多个不同的视频特效，添加的视频特效按照添加的先后顺序排列在【Effect Controls】面板中。

步骤 15 为了使画面更加逼真，可以为其添加一个遮罩，单击菜单栏中的【Title】/【New Title】/【Default Still】命令，弹出【New Title】对话框，如图8-39所示。

步骤 16 在字幕窗口工具栏中单击▣工具，在字幕窗口中参照背景画面绘制一个矩形，并将其颜色填充为棕黄色，如图8-40所示。

图8-38 调整后素材的大小及位置

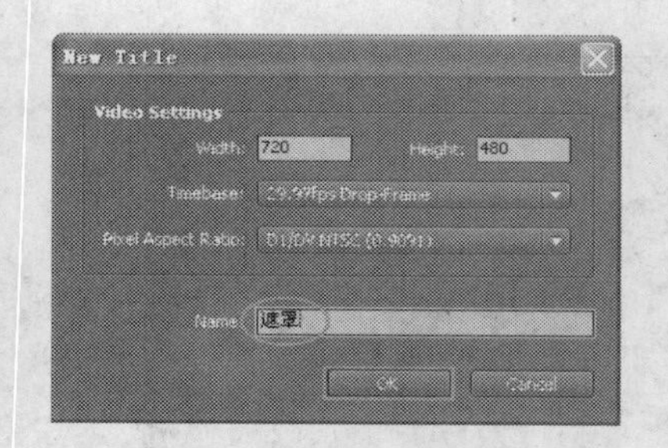

图8-39 【New Title】对话框

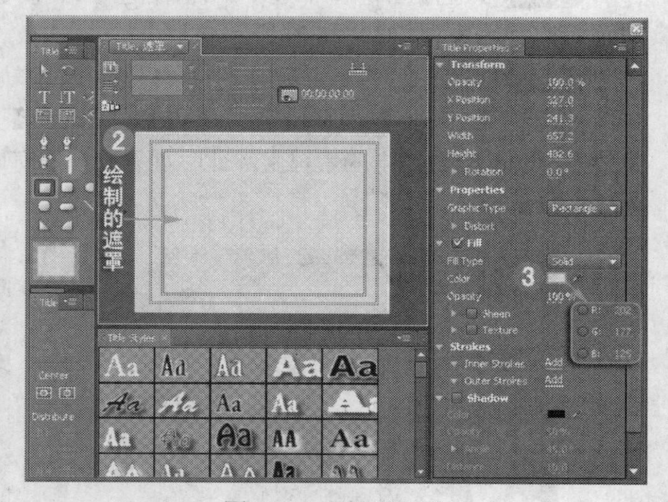

图8-40 绘制的遮罩

步骤 17 单击字幕窗口中的☒按钮，关闭字幕窗口，此时会发现刚刚绘制的遮罩素材存放在项目窗口中，如图8-41所示。

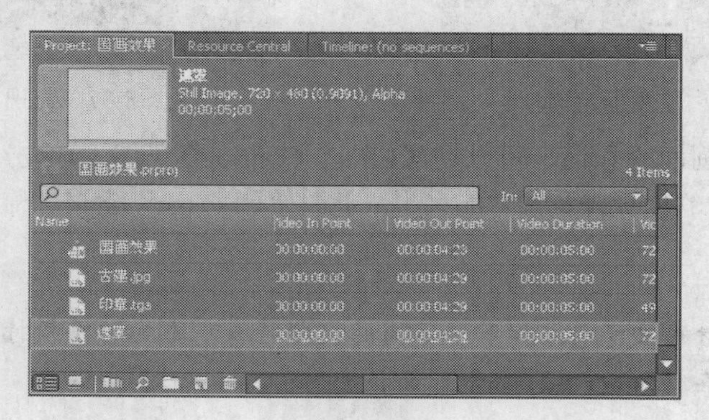

图8-41 项目窗口

步骤 18 将“遮罩”素材拖入时间线窗口中的Video3轨道上，并选中素材，在【Effect Controls】面板中调整各项参数，如图8-42所示。

图8-42　参数调整

步骤 19 双击项目窗口中的“古建.jpg”素材，在Premiere工作界面中查看原始画面与处理后画面的对比，如图8-43所示。

图8-43　处理前后的画面对比

步骤 20 至此，国画效果制作完毕。在菜单栏中单击【File】/【Save】命令保存文件。

8.6　扭曲及风格化类特效

扭曲类视频特效主要是在画面中产生扭曲变形效果。风格化类特效可以在画面中产生光辉、浮雕、马赛克等特效。这两类特效产生的画面较为明显，同时也非常富有戏剧性。通常用在较为夸张的影视作品中。

Bend（弯曲变形）

本视频特效的作用会使电影片断的画面在水平或垂直方向弯曲变形，如图8-44所示。

在【Effect Controls】面板中【Bend】特效设置窗口中单击按钮，打开这个特效的设置对话框，如图8-45所示。

在水平方向可以指定波形的移动方向Direction为Left（向左）、Right（向右）、In（向内）、Out（向外），在垂直方向可选择移动方向有Up（向上）、Down（向下）、In（向内）、On（向外）。可以选择正弦（Sine）、圆形（Circle）、三角形（Triangle）或方形（Square）作为弯曲变形的波形（Wave）。利用滑块可以调整视频特效在水平方向

（Horizontal）和垂直方向（Vertical）中的变形效果，调整的参数有Intensity（变形强度）、Rate（速率）和Width（宽度）。

图8-44　Bend视频特效效果

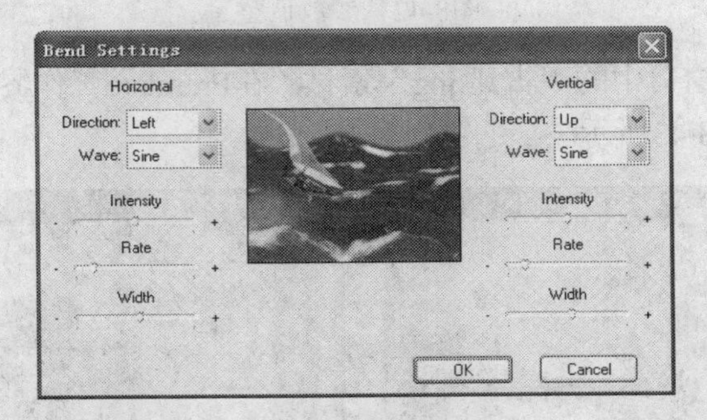

图8-45　【Bend Settings】对话框

Lens Distortion（镜头扭曲变形）

本视频特效可将画面原来形状扭曲变形。通过滑块的调整，可让画面凹凸球形化、水平左右弯曲、垂直上下弯曲、左右褶皱和垂直上下褶皱等。综合利用各扭曲变形滑块，可获得如同哈哈镜一般的变形效果。

Mirror（镜像）

本视频特效能够使画面出现对称图像，它在水平方向或垂直方向取一个对称轴，将轴左上边的图像保持原样，右上边的图像按左边的图像对称地补充，如同镜面效果，如图8-46所示。

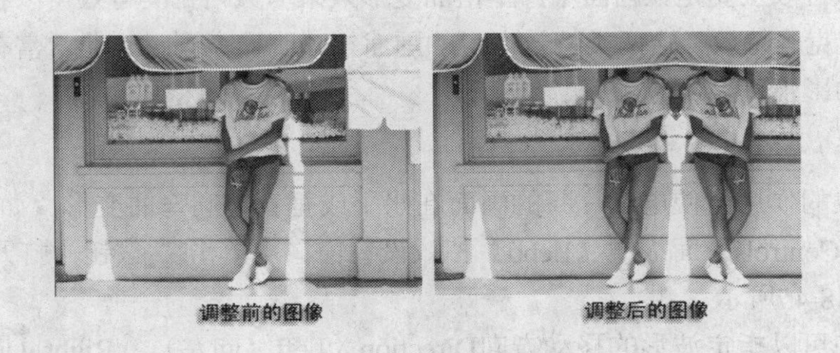

图8-46　Mirror视频特效效果

Spherize（球面化）

本视频特效会在画面的最大内切圆内进行球面凸起或凹陷变形，如图8-47所示。

调整前的图像 调整后的图像

图8-47 Spherize视频特效效果

Twirl（漩涡）

本视频特效会让画面从中心进行漩涡式旋转，越靠近中心旋转得越剧烈。通过移动滑块或输入数值（-999~999）可以调整漩涡的角度，如图8-48所示。

调整前的图像 调整后的图像

图8-48 Twirl视频特效效果

Wave Warp（波纹）

本视频特效会让画面形成波浪式的变形效果，如图8-49所示。

调整前的图像 调整后的图像

图8-49 Wave Warp视频特效效果

Alpha Glow（Alpha辉光）

本视频特效仅对具有Alpha通道的片段起作用，而且只对第1个Alpha通道起作用。

它可以在Alpha通道指定的区域边缘产生一种颜色逐渐衰减或向另一种颜色过渡的效果。其中，【Glow】用来调整当前的发光颜色值，【Brightness】滑块用来调整画面的Alpha通道区域的亮度。通过【Start Color】和【End Color】色棒框来设定附加颜色的开始值和结束值。这是一个随时间变化的视频特效效果。

Brush Stroke（画笔描边）

画笔描边视频特效类似于使用彩色画笔勾画图像边界而形成的效果，它强化图像不同颜色的区域，使图像有一个比较明显的边界线。

Color Emboss（彩色浮雕）

本视频特效除了不会抑制原始图像中的颜色之外，还根据当前画面的色彩走向将色彩淡化，主要用灰度级来刻划画面，形成浮雕效果，如图8-50所示。

图8-50 Color Emboss视频特效效果

Find Edges（查找边缘）

本视频特效可以对彩色画面的边缘以彩色线条进行圈定，对于灰度图像用白色线条圈定其边缘，如图8-51所示。

图8-51 Find Edges视频特效效果

Mosaic（马赛克）

本视频特效按照画面出现的颜色层次，采用马赛克镶嵌图案代替原画面中的底图像。通过调整滑块，可控制马赛克图案的大小，以保持原有画面的面目。同时可选择较锐利的画面效果。本视频特效效果随时间变化。

Posterize（多色调分色印）

本视频特效可将原始图片中的颜色数减少，最多只剩下基本的红、绿、蓝、黄等颜色；最后将原始图片中的颜色转换得像广告宣传画中的色彩。

Replicate（复制）

本视频特效可将画面复制成同时在屏幕上显示多达4～256个相同的画面。可以用本视频特效制作屏幕背景。

Solarize（曝光）

本视频特效可将画面沿着正反画面的方向进行混色，通过调整滑块选择混色的颜色。它是随时间变化的视频特效效果。

Strobe Light（闪光灯）

本视频特效能够以一定的周期或随机地对一个片段进行算术运算。例如，每隔5秒钟片段就变成白色，并显示0.1秒；或片断颜色以随机的时间间隔进行反转。

Blend with Original 指定效果的强度或亮度。较大的值将降低效果的强度。Strobe Duration 以秒为单位指定效果持续的时间长度；Strobe Period 以秒为单位指定开始应用之后的效果的持续时间。例如，将Strobe Duration设置为0.1秒，Strobe Period设置为1.0秒，那么片段被应用该效果的持续时间为0.1秒，不应用该效果的时间为0.9秒。Random Strobe Probability 指定片段中任何给定帧将被应用该效果的可能性；Strobe指定应用效果的方式。Operates on Color Only将在所有颜色通道上应用该效果。Make Layer Transparent则在应用效果时使片段透明。Strobe Operator 当在Strobe下拉列表框中选择了Operates on Color Only时，指定使用的算术操作符，默认为Copy。

Texturize（纹理）

该效果使片段看上去好像带有其他片段的材质。例如，可以使一棵树看上去好像具有砖的材质，并可控制材质的深度和表面光源。

8.7 实例：制作倒影效果

任何物体背光的部分皆会产生投影，如果在一个较光亮的面上折射出物体的倒影，比如水面、玻璃桌面、大理石地面等，会显得更加真实、有立体感。通过镜像和涟漪滤镜的使用可以将原画面制作成清澈的水中倒影效果，本例就介绍一个在水面上制作倒影的实例，效果如图8-52所示。

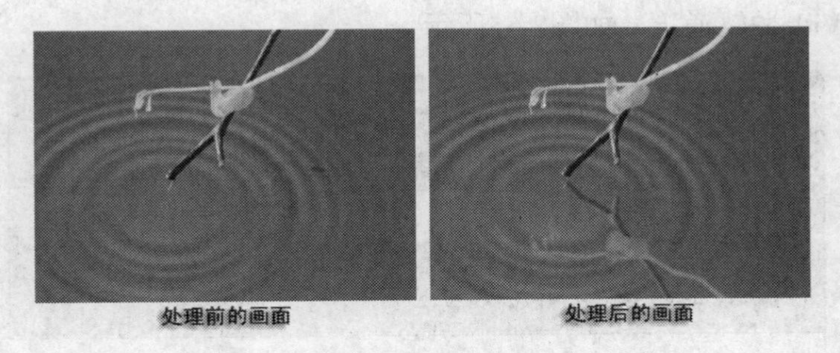

图8-52 调整前后的画面变化

操作步骤

步骤1 在桌面上单击Pr快捷方式按钮，打开Premiere应用程序。

步骤2 在弹出的欢迎界面中单击【New Projects】，创建一个新的项目文件，命名为“倒影效果”。

步骤3 单击OK按钮，在弹出的【New Sequence】对话框中设置序列名称为“倒影效果”。

步骤4 单击菜单栏中的【File】/【Import】命令，在弹出的【Import】对话框中选择“生命的力量.jpg”，将素材导入到“倒影效果”项目窗口中，如图8-53所示。

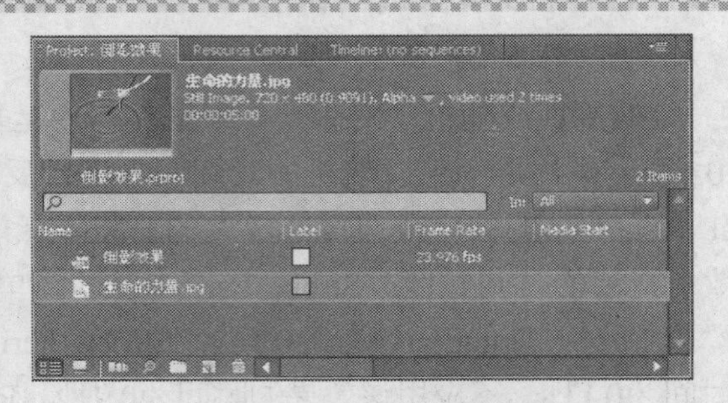

图8-53　导入素材

步骤5 在项目窗口中“生命的力量.jpg”图标上单击并拖动鼠标，鼠标指针变成形状，将素材拖动到时间线窗口中的Video1轨道中，选中素材，按【Ctrl+C】组合键对该片段进行复制。

步骤6 在时间线窗口中拖动时间指针，在空白位置处按【Ctrl+V】组合键粘贴该片段，如图8-54所示。

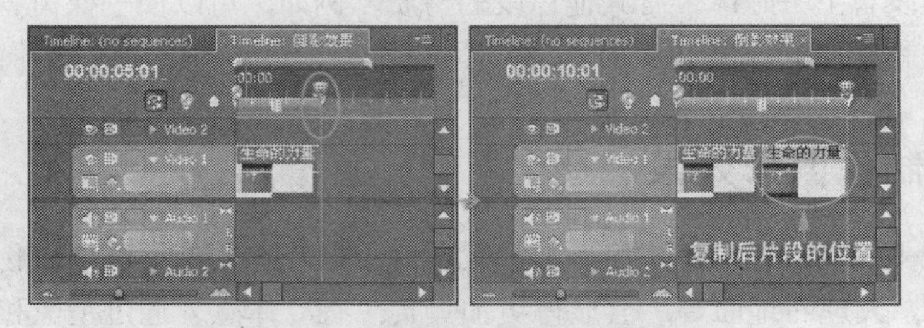

图8-54　复制后片段的位置

步骤7 选中复制后的片段，单击工具面板中的按钮，按住鼠标左键并拖动将复制后的片段移动至Video2轨道上，如图8-55所示。

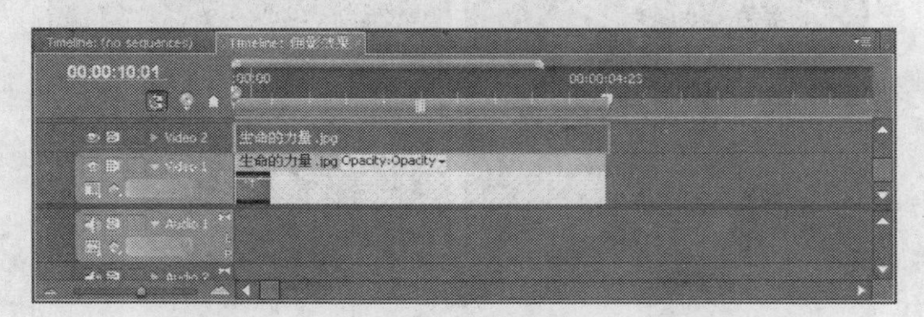

图8-55　调整素材的位置

步骤8 在【Effects】面板中选中【Video Effects】/【Keying】/【Color Key】特效，按住鼠标左键将【Color Key】特效拖动至Video2轨道中的“生命的力量.jpg”素材片段上。

步骤9 在时间线窗口中单击Video1时间线上的按钮，如图8-56所示，关闭其显示。

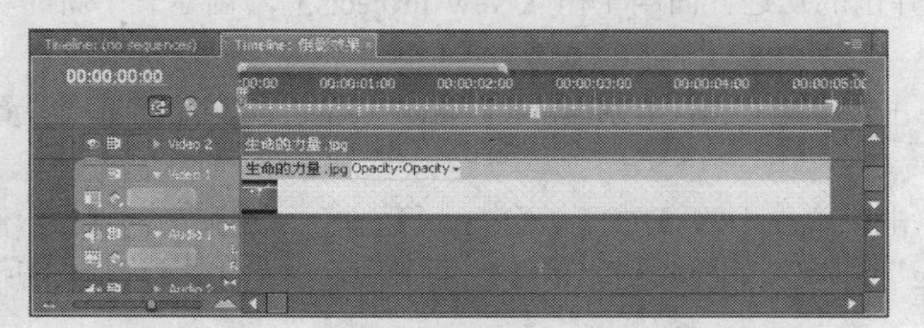

图8-56　关闭显示

步骤⑩ 选中Video2轨道中的“生命的力量.jpg”素材，在【Effect Controls】面板中单击【Color Key】特效左侧的三角形图标▶，展开其设置，如图8-57所示。

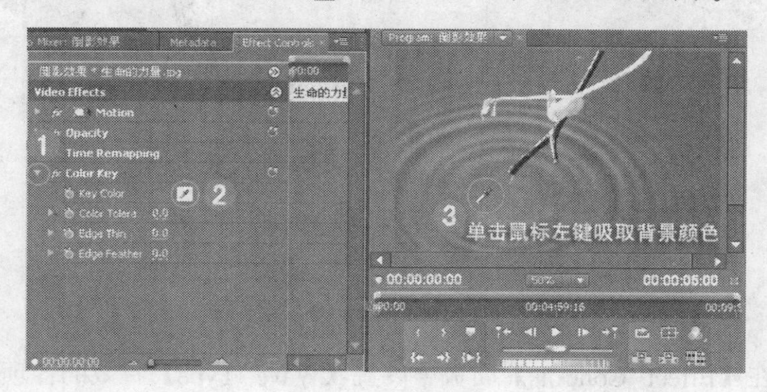

图8-57　展开设置

步骤⑪ 在【Effect Controls】面板中设置【Color Tolera】为89，设置参数后的图像画面如图8-58所示。

图8-58　设置参数后的图像画面

步骤⑫ 在【Effects】面板中选中【Video Effects】/【Transform】/【Vertical Flip】特效，将图像垂直翻转，在时间线窗口中单击Video1时间线上的按钮，打开显示，此时监视器窗口中的图像显示如图8-59所示。

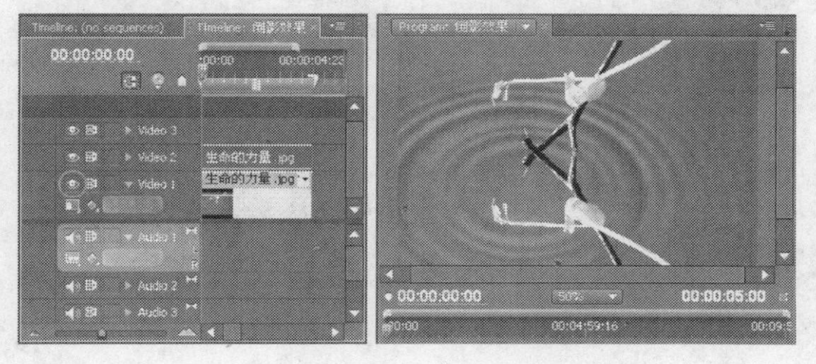

图8-59　垂直翻转后的图像

步骤⑬ 在【Effect Controls】面板中调整Video2轨道上素材的位置，如图8-60所示。

步骤⑭ 在【Effects】面板中选中【Video Effects】/【Distort】/【Wave Warp】特效，按住鼠标左键将【Wave Type】特效拖动至Video2轨道中的“生命的力量. jpg”素材片段上。

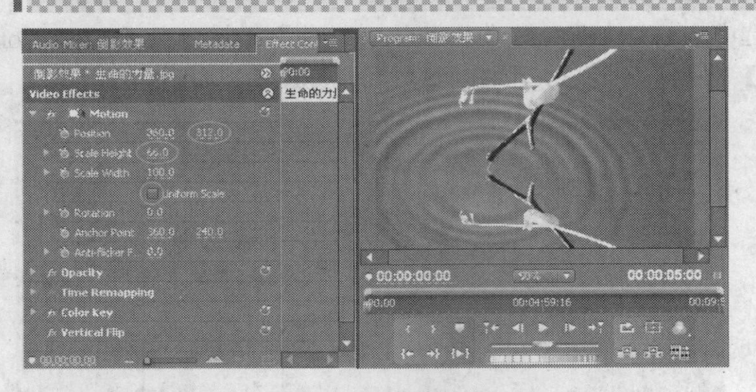

图8-60 调整素材位置

步骤15 在【Effect Controls】面板中设置【Wave Type】特效的各项参数，如图8-61所示。

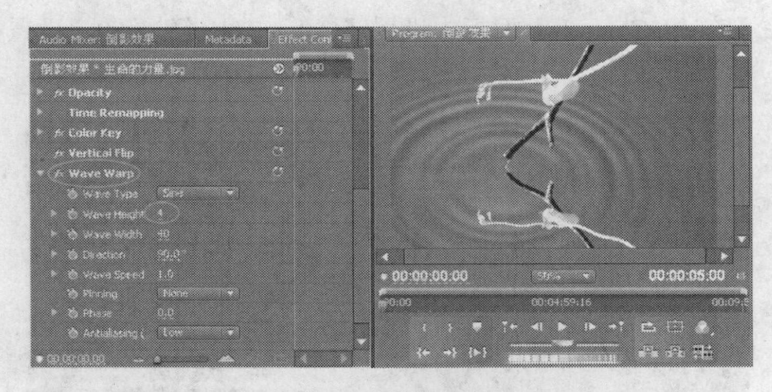

图8-61 参数设置

步骤16 在【Effects】面板中选中【Video Effects】/【Blur&Sharpen】/【Fast Blur】特效，按住鼠标左键将【Fast Blur】特效拖动至Video2轨道中的“生命的力量. jpg”素材片段上，并设置各项参数，如图8-62所示。

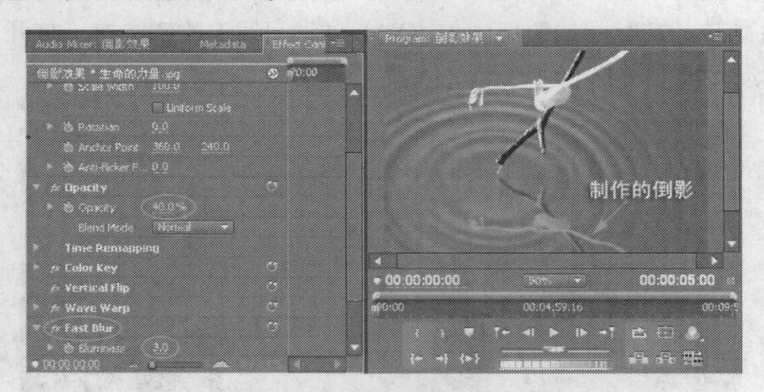

图8-62 参数设置

步骤17 双击项目窗口中的“古建.jpg”素材，在Premiere工作界面中查看原始画面与处理后画面的对比，如图8-63所示。

步骤18 至此，倒影效果制作完毕。在菜单栏中单击【File】/【Save】命令保存文件。

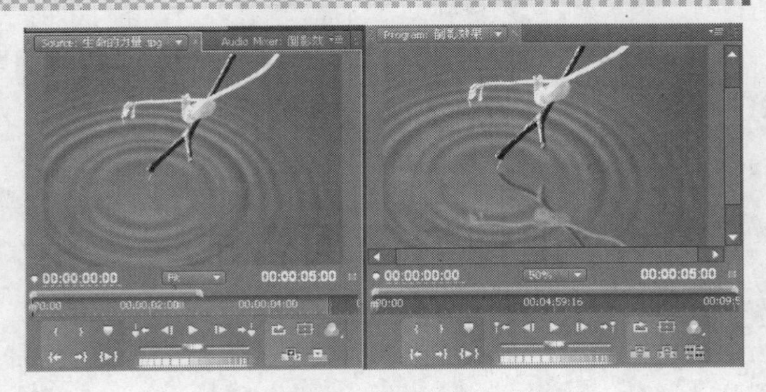

图8-63 素材处理前后的对比

课后练习：制作局部马赛克效果

在视频作品中，为了保护隐私或处理某些不宜公开的局部画面时，常常会利用马赛克效果对其进行跟随遮盖。在Premiere中可以通过综合应用视频滤镜、关键帧控制、运动轨迹设置和透明度设置等技巧来实现局部马赛克的追踪效果。

Premiere提供的Mosaic（马赛克）视频滤镜是对整个画面进行马赛克处理，不能直接在视频素材上一次性实现局部马赛克效果。因此，需要先在其他视频轨道上对马赛克效果进行裁切或遮罩，再通过适当的透明设置将其与原来的视频素材进行叠加，保证该看的能看到、不能看的看不到。固定的局部马赛克效果实现起来并不复杂，但要使局部马赛克效果随着被遮盖部分的形状、大小、位置的变化而变化，实现追踪遮盖效果，制作起来相对有些复杂，需要较好地掌握关键帧控制和运动轨迹设置，这也是实现马赛克追踪效果的关键和难点所在。

下面利用裁切制作视频跟踪局部马赛克效果，过程提示如下。

（1）新建一个“局部马赛克效果”项目文件。

（2）在项目窗口中导入一个视频素材，将其复制一个放在Video2轨道上，并将之对齐。

（3）关闭Video1时间线左边的小眼睛，暂时将它隐藏起来，这样做的目的是为了防止它对调节马赛克大小的影响。

（4）在【Effects】面板中选择【Video Effects】/【Transform】/【Crop】特效，添加在Video2上，并在视频特效控件面板上进行适当调节，以我们要做的马赛克大小为准。

（5）在【Effects】面板中选择【Video Effects】/【Stylize】特效，添加在Video2上，并进行适当调节，以达到满意的效果为准。

（6）单击打开Video1时间线上的小眼睛，根据Video1轨道上的视频播放来为Video2轨道上的马赛克效果制作位置跟踪运动。

（7）单击【播放】按钮，就可以看到制作的马赛克效果了。

第9课

抠像与画面合成

学习导航图

就业达标要求

1. 抠像在影视中的应用。
2. 抠像工具的熟练应用。
3. 实例：制作新闻播报。
4. Alpha通道在Premiere中的应用。
5. Track Matte Key的应用。
6. 合成火焰画面。

拍摄播报新闻时往往是一种单纯的蓝色或绿色，而在剪辑时可以将这种单色抠掉替换成动态的视频画面，这就是抠像。抠像是影视剪辑中的一项重要技术，在新闻播报和大型影视制作中经常用到。本课介绍抠像技术和画面合成技术的应用。

9.1 抠像在影视中的应用

从Photoshop的抠图，到Premiere的抠像，“抠像”作为一门实用且有效的特效手段，被广泛地运用在影视处理的很多领域。通过蒙版、Alpha通道、抠像特效滤镜等手段，达到两个或两个以上图层或视轨重叠的效果。这个效果可以得到很多意想不到的特效，如人在天上飞等效果。“抠像”是影视制作中常用的技术，特别是很多影视特技场面，都使用了大量的“抠像”处理。“抠像”的好坏，一方面取决于前期对人物、背景、灯光等的准备和拍摄的源素材，另外一方面就要依赖后期合成制作中的“抠像”技术了。

后期合成中抠像的应用非常广泛，我们在影视作品中看到的惊险、奇幻的画面，大多是利用抠像，将多个轨道的画面进行合成从而制作出来的。比如《黑客帝国》、《指环王》和《星球大战》这些大片，就大量应用了蓝屏和绿屏的拍摄技术，科幻题材的故事都是在现实中不可能实现的，比如“英俊的精灵王子如何手持弓箭站在雄伟的城堡上，俯瞰护城河下的千万士兵呢？”演员大多都是站在一个蓝布前面做一些动作，然后抠像。通过后期合成软件将单独拍摄的演员画面与计算机制作出来的奇幻场景天衣无缝地合在一起，展现出一个现实中不存在的魔幻世界，如图9-1所示。

图9-1　合成画面

不光是一些电影大片的制作利用了蓝屏和绿屏的抠像技术，现在很多电视广告、MTV的制作也应用了大量的“多层画面合成”技术，这些都是利用了不同轨道中的透明信息的原理实现的，可见对抠像的理解与应用非常重要，如图9-2所示。

图9-2　抠除蓝色背景

9.2　键控特效

键控又称为抠像，是一种分割屏幕的特技，只是分割屏幕的分界线多为规则形状，如文字、符号、复杂的图形或某种自然景物等。“抠”与“填”是键控技术的实质所在。正常情况下，被抠的图像是背景图像；填入的图像为前景图像。用来抠去图像的电信号称为键信号，形成这一信号的信号源为键源。一般来说，键控技术包括自键、外键和色键三种。实际拍摄的素材不带Alpha通道的，为了能够将这些素材与其他素材完美结合，就需要进行“键出操作（Keying）”。通过“键出操作”，为素材定义Alpha通道，只保留需要的画面元素，透出需要的背景元素。

Keying是作为一类视频特效出现的，因此与其他视频特效一样可以在【Video Effects】

窗口中找到。Keying视频特效包括16种具体的特效。

Alpha Adjust

Alpha通道在图像中是不可见的黑色通道，可以把黑色图像分离出来变成透明，如图9-3所示。

带Alpha通道的图像

添加背景后的图像

图9-3 调整前后的画面效果

Blue Screen Key

用于抠除蓝色的视频背景，包括图片，如图9-4所示。

调整前的图像

调整后的图像

图9-4 调整前后的图像对比

Chorma Key

通过此键可以去除视频素材中一个颜色。它是最常用的一个类型。

【Chroma Key】（色度键）可以将片段中的一种颜色或者一个范围内的颜色设置为透明。使用这个键可以从具有纯色背景的图像中容易地取得前景图案，如图9-5所示。【Blue Screen Key】（蓝屏键）、【Color Key】（颜色键）等特效也是基于同样的原理进行工作的，可以说是【Chroma Key】（色度键）的简化。

调整前的图像

调整后的图像

图9-5 【Chroma Key】实现的透明效果

【Chroma Key】的参数允许用户选择不同的颜色、颜色的范围及融合程度等，如图9-6所示。

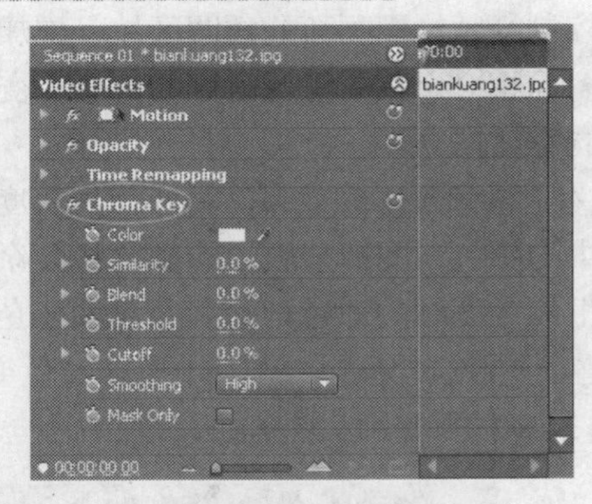

图9-6 【Chroma Key】的参数

- 单击【Color】（颜色）后面的颜色选择框可以选择一种颜色，也可以单击并拖动其后面的小吸管，吸取画面上的某种颜色并将这种颜色区域做透明处理。
- 【Similarity】（相似度）：扩大或者缩小需要透明处理的颜色范围，这个参数的值越高，透明处理的范围越大。当达到100%时，显示的基本上是背景片段。
- 【Blend】（混合度）：使前景画面与背景画面互相混合、溶解，这个参数的值越高，混合、溶解程度就越大。
- 【Threshold】（阴影度）：控制画面上选定颜色范围内的阴影数量。
- 【Cutoff】（开关）：加黑或者加亮阴影。
- 【Smoothing】（光滑度）：设置透明部分与不透明部分边界的柔化程度。这个参数能够混合像素使边缘变得柔和光滑，系统提供了【None】（无）、【Low】（低）和【High】（高）三种不同的光滑级别。
- 选择【Mask Only】（只显示遮罩）选项时，不透明的部分只显示白色的遮罩而不显示图像，如图9-7所示。

图9-7 只显示遮罩

Difference Matte

【Difference Matte】键将指定的片段与图像进行比较，然后除去片段中与图像相匹配的部分。可以使用该键生成特殊效果，将一个移动物体后面的静态背景移走，然后换上另外一个背景。一般来说，进行比较的图像只是十分简单的背景，因此【Difference Matte】键十分适用于那些用固定摄影机拍摄的节目。

Image Matte Key

【Image Matte Key】（图像蒙版键）是通常用到的蒙版，该蒙版的白色区域不透明，显示当前对象，黑色区域透明，灰色为半透明。它通过一个外部图像的Alpha 通道或者图像亮度控制视频片段画面的透明区域。施加特效的片段中相对于蒙版白色区域的部分将保持不透明，而相对于蒙版黑色区域的部分将变为全透明，其他处于白色与黑色之间的部分将呈现出不同程度的透明。

为了得到预想的效果，最好使用灰度图像作为图像蒙版，而不是彩色图像，除非想改变片段中的颜色。图像蒙版中的颜色将会除去片段中的同样颜色。例如，片段中相对于图像是蒙版上红色区域的白色部分将会呈现蓝色，因为白色在RGB图像中包括100%的红色、100%的蓝色、100%的绿色，片段中所含红色变为透明，只有蓝色和绿色保持原值不变。【Image Matte Key】的效果如图9-8所示。

图9-8 【Image Matte Key】的效果

【Image Matte Key】的参数包括三部分，如图9-9所示。

图9-9 【Image Matte Key】的参数

· 单击【Image Matte Key】后面的按钮，在打开的【Select a Matte Image】对话框中选择一幅图像作为蒙版，添加特效的视频片段对应着蒙版白色的部分不透明，对应着蒙版黑色的部分做透明处理。

· 【Composite Using】（混合方式）决定图像与背影片段的混合方式。系统提供了【Matte Alpha】（蒙版Alpha通道）和【Matte Luma】（蒙版亮度）两种方式。【Matte Alpha】使用蒙版图像的Alpha通道控制视频片段的透明度，【Matte Luma】则使用蒙版图像的亮度控制视频片段的透明度。

· 【Reverse】（反相）将透明与不透明部分翻转。

Luma Key

【Luma Key】亮度键控是根据画面亮度来创建透明，亮度越低越透明。这个特效在处理画面时可以实现其非常柔和的混合效果。

Track Matte Key

运动的视频蒙版，白色区域不透明，显示当前对象，黑色区域透明，可以产生一个移动蒙版（通常称为轨道蒙版），能够将一个片段叠加在另一个片段上，并且通过蒙版使两者成为一体。可以使用任何片段、静态图像或者设置了动作的静态图像作为轨道蒙版。

前景片段中相对于蒙版上白色区域的部分是不透明的，从而背景片段的相关部分不能显示出来。而相对于蒙版上黑色区域的部分将变为透明，灰色区域则为部分透明。为了保持前景的本来颜色，建议使用灰度图像作为蒙版。蒙版中的任何颜色将消去前景片段中的颜色。【Track Matte Key】（轨道蒙版键）的效果如图9-10所示。

图9-10　【Track Matte Key】的效果

【Track Matte Key】的参数包括三部分，如图9-11所示。

图9-11　【Track Matte Key】的参数

· 【Matte】选择将哪一个轨道上的片段作为透明处理的蒙版。

· 【Composite Using】决定图像与背影片段的混合方式。系统提供了【Matte Alpha】和【Matte Luma】两种方式。

· 【Reverse】将透明与不透明部分翻转。

9.3　实例：新闻播报

电视新闻报道的画面编辑技巧与其他媒介的报道方式相比，有其独特的构成要素，即事件现场的画面。电视新闻画面自身具有严谨的结构和负载信息的能力，其优劣直接影响新闻节目的质量。因此，要想提高新闻节目的质量，就必须提高电视画面的表现力，即通过画面把新闻事件的现场环境和气氛直接呈现在观众面前。这不仅要求前期工作人员善于捕捉有典型意义的画面，而且要求后期制作人员不断提高画面编辑水平，把握好画面之间的内在联系。

本例介绍一个将主持人和动态背景融合的技巧，制作过程中会用到一些视频特效和键控特效。

操作步骤

步骤1 在桌面上单击Pr快捷方式按钮，打开Premiere应用程序。

步骤2 在弹出的欢迎界面中单击【New Projects】，创建一个新的项目文件，命名为“新闻播报”。

步骤3 单击 OK 按钮，在弹出的【New Sequence】对话框中设置参数，如图9-12所示。

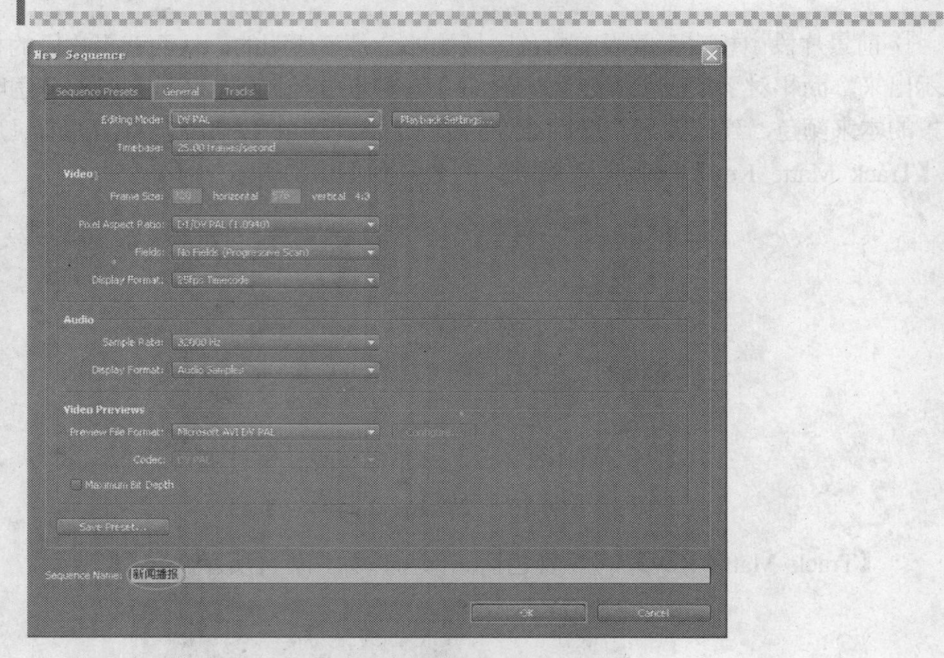

图9-12　参数设置

步骤 4 单击菜单栏中的【File】/【Import】命令，在弹出的【Import】对话框中选择“主持人.mpg”、“角标.mov”和“背景画面.mov”，将它们导入到“新闻播报”项目窗口中，如图9-13所示。

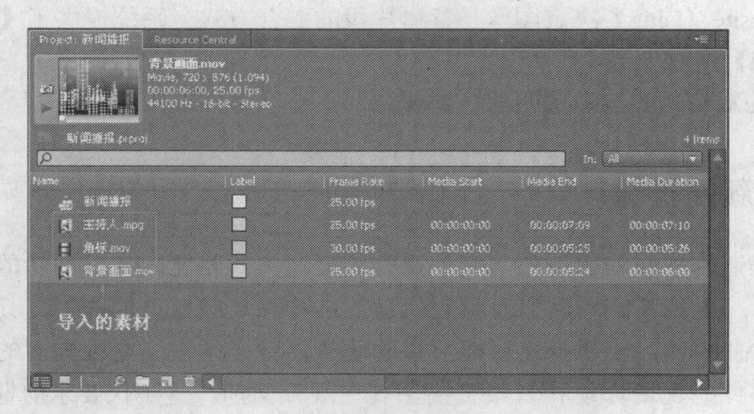

图9-13　导入素材

步骤 5 在项目窗口中，在“背景画面.mov”图标上单击并拖动鼠标，鼠标指针变成形状，将素材拖动到时间线窗口中的Video1轨道中，拖动左下角的滑块放大显示素材，如图9-14所示。

步骤 6 利用同样的方法，将“主持人.mpg”引入到时间线窗口Video2轨道中，如图9-15所示。

步骤 7 选择工具，调整“主持人.mpg”素材的长度，使其与“背景画面.mov”画面长度一致，如图9-16所示。

步骤 8 在【Effects】面板中选中【Video Effects】/【Color Correction】/【Brightness&Contrast】特效，按住鼠标左键将【Brightness&Contrast】特效拖动至Video2轨道中的“主持人

.mpg”素材片段上，并在【Effect Controls】面板中调整各项参数，如图9-17所示。

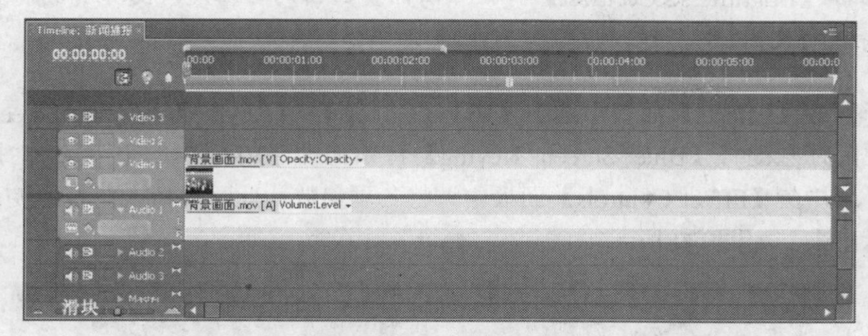

图9-14 时间线窗口

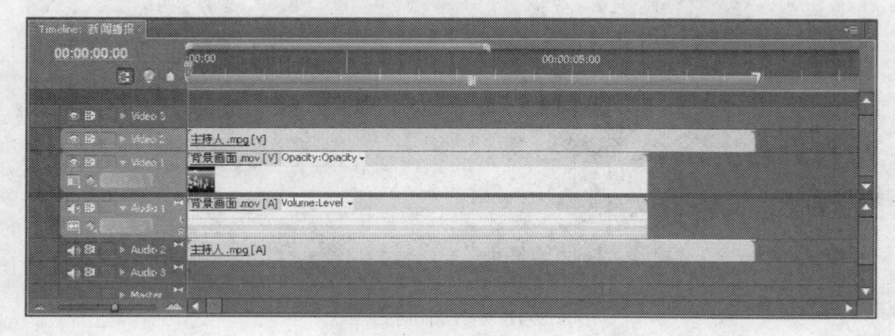

图9-15 时间线窗口

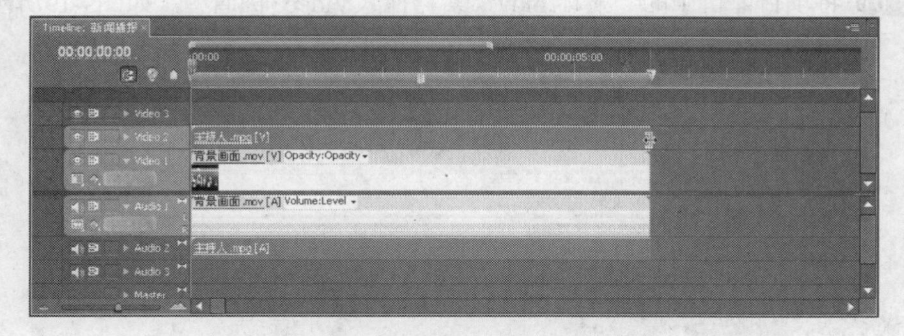

图9-16 调整素材长度

图9-17 调整亮度、对比度

添加【Brightness&Contrast】特效可以调整画面的对比度，更加有利于后面键控特效的使用。

步骤 9 在【Effects】面板中选中【Video Effects】/【Keying】/【Blue Screen Keying】特效，按住鼠标左键将【Blue Screen Keying】特效拖动至Video2轨道中的“主持人.mpg”素材片段上，并在【Effect Controls】面板中调整各项参数，此时主持人蓝背景变为透明，动态背景显示出来，如图9-18所示。

图9-18　添加键控特效

步骤 10 将项目窗口中的“角标.mov”素材拖入Video3轨道上，如图9-19所示。

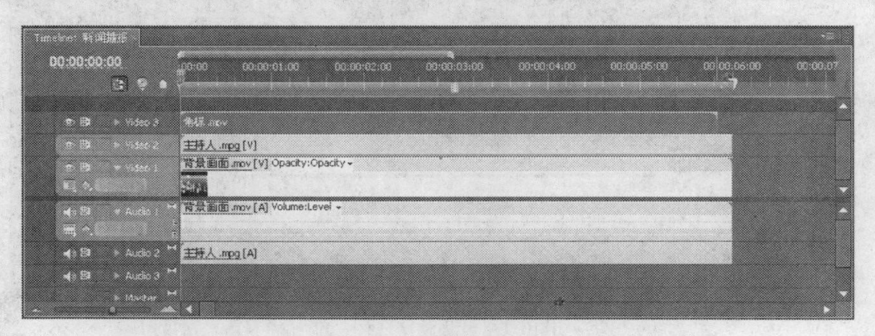

图9-19　引入素材

步骤 11 在轨道中选中“角标.mov”素材，在【Effect Controls】面板中调整画面的位置，使其处于画面的右上角，如图9-20所示。

图9-20　调整画面位置

只有添加了视频特效的片段处于选中状态的时候，在【Effect Controls】窗口中才会出现相应的调整参数，因此在设置视频特效的时候首先应该选中这个片段。

步骤 12 在【Effects】面板中选中【Video Effects】/【Keying】/【Blue Screen Keying】特效，按住鼠标左键将【Blue Screen Keying】特效拖动至Video3轨道中的“角标.mov”素材片段上，并在【Effect Controls】面板中调整各项参数，如图9-21所示。

图9-21 参数设置

步骤 13 一个完整的新闻播报由很多画面组成，用户可以尝试做一个完整的新闻播报视频作品，其中包括视频部分和音频部分，这里不做具体介绍。

步骤 14 保存该项目文件，可以直接按键盘上的【Enter】键进行渲染预览，感觉满意后单击菜单栏上的【File】/【Export】/【Media】命令输出MPG格式的作品。

9.4 Alpha通道在Premiere中的应用

通道本质上就是选区，听起来好像很简单，无论通道有多少种表示选区的方法，无论你看过多少种有关通道的解释，至少从现在开始，它就是选区。

通道的作用

在通道中，记录了图像的大部分信息，这些信息从始至终与它的操作密切相关。具体看起来，通道的作用主要如下。

- 表示选择区域，也就是要代表的部分。利用通道，你可以建立像头发丝这样的精确选区。
- 表示墨水强度，利用信息面板可以体会到这一点，不同通道都可以用256级灰度来表示不同的亮度。在Red通道里有一个红色的点，在其他的通道上显示就是纯黑色，即亮度为0。
- 表示不透明度，其实这是我们平时最常使用的一个功能。

通道的分类

通道作为图像的组成部分，是与图像的格式密不可分的，图像颜色、格式的不同决定了通道的数量和模式，在通道面板中可以直观的看到。在Photoshop中涉及的通道主要如下。

- 复合通道

复合通道不包含任何信息，实际上它只是同时预览并编辑所有颜色通道的一个快捷方式。它通常被用来在单独编辑完一个或多个颜色通道后使通道面板返回到它的默认状态。对于不同模式的图像，其通道的数量是不一样的。在Photoshop中，通道涉及三个模式，对于一个RGB图像，有RGB、R、G、B四个通道；对于一个CMYK图像，有CMYK、C、M、Y、K五个通道；对于一个Lab模式的图像，有Lab、L、a、b四个通道。

- 颜色通道

当你在Photoshop之中编辑图像时，实际上就是在编辑颜色通道。这些通道把图像分解成一个或多个色彩部分，图像的模式决定了颜色通道的数量，RGB有3个颜色通道，CMYK有4个颜色通道，灰度只有一个颜色通道，它们包含了所有将被打印或显示的颜色。在一幅图像中，像素点的颜色就是由这些颜色模式中原色信息来进行描述的，那么所有像素点所组成的某一种原色信息，便构成一个颜色通道，例如一幅RGB图像的红色通道便是由图像中所有像素点的红色信息所组成，绿色通道和蓝色通道也是如此，它们都是颜色通道，这些颜色通道的不同信息配比便构成了图像中的不同颜色的变化。

每个颜色通道都是一幅灰度图像，它只代表一种颜色的明暗变化，所有的颜色通道混合在一起时，便可形成图像的彩色效果，也就是构成了彩色的复合通道。RGB模式的图像，颜色通道中较亮的部分表示这种颜色用量大，较暗的部分表示该颜色用量少，而对于CMYK图像来说，颜色通道中较亮的部分表示该颜色的用量少，较暗的部分表示该颜色用量大，所以当图像中存在整体的颜色偏差时，可以方便地选择图像中的一个颜色通道，并对其进行相应的校正。如果RGB原稿色调中红色不够，我们对其进行校正时，就可以单独选择其中的红色通道来对图像进行调整，红色通道是由图像中所有像素点为红色的信息组成的，可以选择红色通道，提高整个通道的亮度，或使用填充命令在红色通道内填入具有一个透明度的白色，便可增加图像中红色的用量，达到调节图像的目的。

- 专色通道

专色通道是一种特殊的颜色通道，它可以使用除了青色、洋红、黄色、黑色以外的颜色来绘制图像。专色通道一般用得较少且多与打印相关。

- Alpha通道

Alpha通道是计算机图形学中的术语，指的是特别的通道。有时，它特指透明信息，但通常的意思是“非彩色”通道。这是我们真正需要了解的通道，可以说我们在Photoshop中制作出的种种特殊效果都离不开Alpha通道，它最基本的用处在于保存选取范围，并不会影响图像的显示和印刷效果。

它具有以下的属性：每个图像（16位图像除外）最多可包含24个通道，包括所有颜色通道和Alpha通道。所有通道具有8位灰度图像，可显示256级灰级，可以随时增加或删除Alpha通道，可为每个通道指定名称、颜色、蒙版选项、不透明度，不透明度影响通道的预览，但不影响原来的图像。所有的新通道都具有与原图像相同的尺寸和像素数目。使用工具可编辑它，将选区存储在Alpha通道中可使选区永久保留，可在以后随时调用，也可用于其他图像中。

编辑及操作通道：在讲颜色通道时曾经涉及过了，对图像的编辑实质上不过是对通道的编辑。因为通道是真正记录图像信息的地方，无论色彩的改变、选区的增减、渐变的产生，都可以追溯到通道中去。

- 单色通道

这种通道产色比较特别，也可以说是非正常的。试一下，如果你在通道面板中随便删除其中一个通道，就会发现所有的通道都变成“黑白”的，原有的彩色通道即使不删除也变成灰度的了。

Alpha通道在Premiere中的应用

在定义透明技术中，经常用到【Alpha channel】。由红、绿、蓝三种通道组成的视频图像称为RGB图像，Alpha 通道是RGB图像中的第四个通道，决定了图像的透明和半透明部分。很多图形软件，如Adobe Illustrator、Photoshop都能利用Alpha 通道定义图像中的透明部分。

有些图像自带Alpha通道，这在处理透明区域时非常的方便。当然，并不是所有格式的的图像都可以带Alpha 通道，其中TGA、TIF、PSD等格式的图像可以带Alpha通道，如图9-22所示。

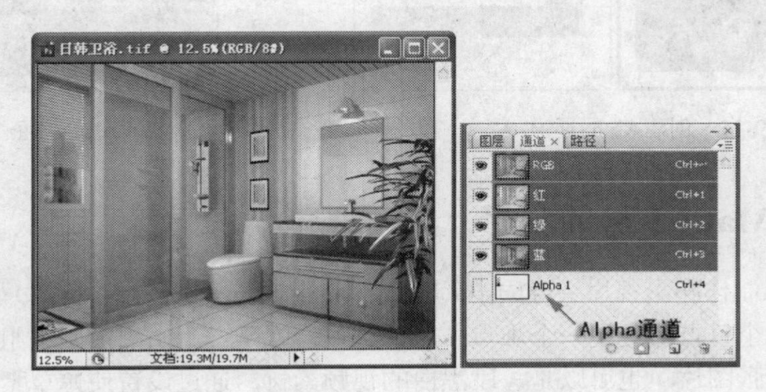

图9-22　TIF格式的图像及其Alpha通道

也有一些图像是不带Alpha通道的，这就需要为其制作Alpha通道。下面介绍使用Photoshop制作图像Alpha通道的方法。

操作步骤

步骤1 在桌面上双击Ps快捷方式按钮，打开Photoshop应用程序。

步骤2 在菜单栏中单击【文件】/【打开】命令，在弹出的【打开】对话框中选择“苹果.jpg”，如图9-23所示。

步骤3 将苹果部分选出来，如图9-24所示。

图9-23　打开文件

图9-24　选择的区域

步骤4 在【通道】面板中单击按钮创建一个Alpha通道，此时画面如图9-25所示。

步骤5 将选择的区域填充为白色，并保存TGA格式的文件，将该图像引入到Premiere

中的时间线窗口中可以实现透明效果，如图9-26所示。

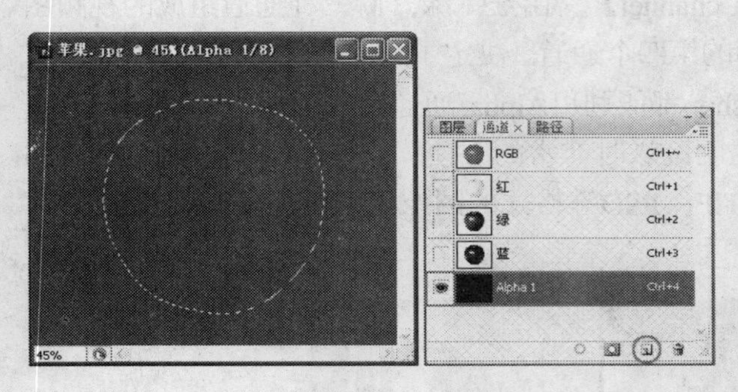

图9-25　创建Alpha通道

图9-26　Alpha 通道实现的透明效果

9.5　Track Matte Key的应用

在电视节目制作和影视片头合成中，Track Matte Key（轨道遮罩键控）的运用很普遍，这是学习中的一个重点，更是一个难点。所谓遮罩，就是一个由黑白两色组成一定形状的素材，它可以是一张图片，也可以是一段黑白的视频素材，通过设置使遮罩素材中的白色部分显示一个素材的画面，而黑色部分显示另一个素材的画面，从而达到形成两个素材的画面组合成一个新画面的效果。在Premiere中有Image Matte Key（静态遮罩键控）、Track Matte Key和通过截到视频素材中某一帧作为遮罩的Difference Matte。Difference Matte对素材有很高的要求，在实际运用中很难实现它所具备的功能。Image Matte Key的运用比较简单，它是通过一张黑白图片来实现素材的叠加透明效果，虽然操作不复杂，但它在影视制作中的作用却是很大的，不过用这种遮罩方法组合的画面叠加部分的位置和大小是固定的。Track Matte Key则可以实现画面叠加部分的位置和大小的变化。

制作遮罩有很多种方法，举例如下。

- 可以使用Title窗口生成文字或者图案，并且将该文件引入时间线窗口作为遮罩。
- 使用Adobe Illustrator或者Photoshop制作一个灰度图像，将它导入Premiere，并且加入一些动画效果。

在本例中，先利用Adobe Photoshop生成“小木屋艺术效果 .jpg”的一个特效图像，然后再制作一个遮罩。

操作步骤

步骤 1 在桌面上双击Ps快捷方式按钮，打开Photoshop CS4应用程序。

步骤 2 在菜单栏中单击【文件】/【打开】命令，在弹出的【打开】对话框中选择“小木屋.jpg”，如图9-27所示。

步骤 3 在菜单栏中选择【滤镜】/【纹理】/【染色玻璃】，在弹出的对话框中设置其参数，如图9-28所示。单击 确定 按钮，关闭对话框。

图9-27　打开文件

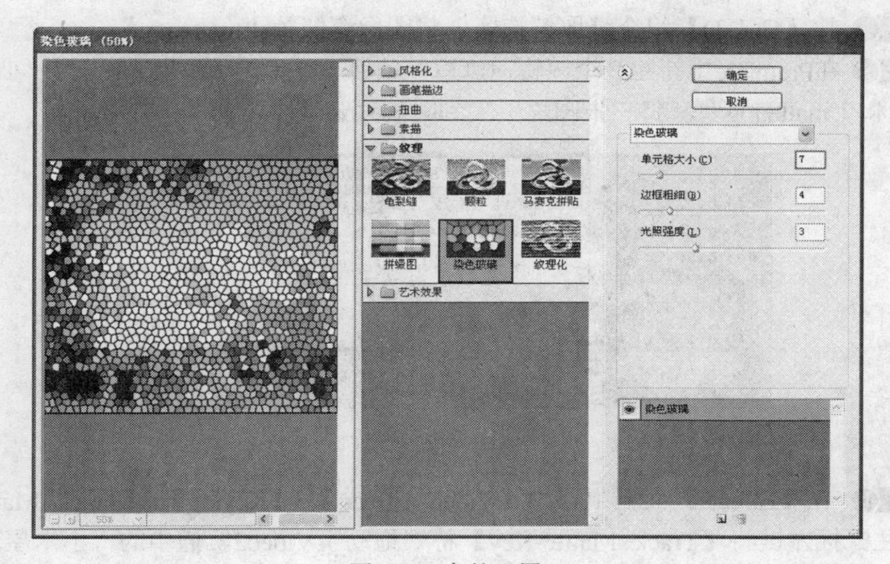

图9-28　参数设置

步骤4 单击菜单栏中的【文件】/【存储为】命令，将该图像存储为“小木屋艺术效果.jpg”。

步骤5 将“小木屋艺术效果.jpg”图片填充为白色。在工具箱中选择◯按钮，按住键盘上的【Shift】键在“背景”图层上绘制一个正圆，并将其羽化，如图9-29所示。

步骤6 按【Ctrl+Shift+I】组合键将上面绘制的区域反选，并将其填充为黑色，如图9-30所示。

做选区时用羽化的目的是为了“晕化”选区边缘。如果Alpha通道只记录选区的位置信息，要实现“晕化”所用的机制是：根据操作者的设置，自动在Alpha通道图上生成一个作用图。这个作用图，用灰阶值0～255共256级分别与0%～100%（透明度）对应。透明度100%时（对应255灰，白色）表示该像素完全显示，透明度0%时（对应0灰，黑色）表示该像素完全不显示，其他透明度1%～99%时将按比例地进行“比例透明显示”。没有羽化时，作用图上只有225白和0黑。这个作用图，就是Alpha通道所记录的“透明度”信息。

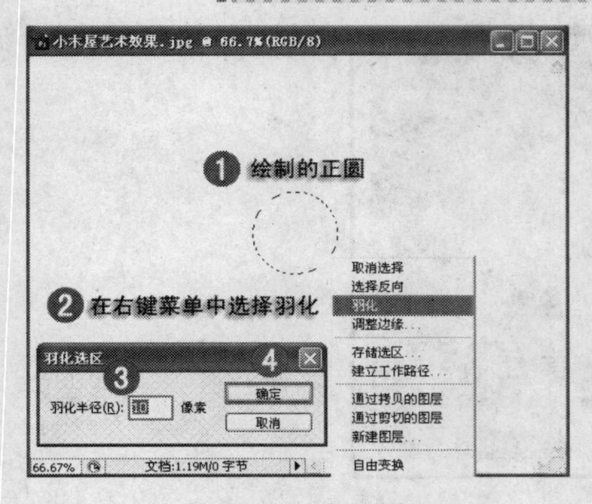

图9-29 绘制遮罩

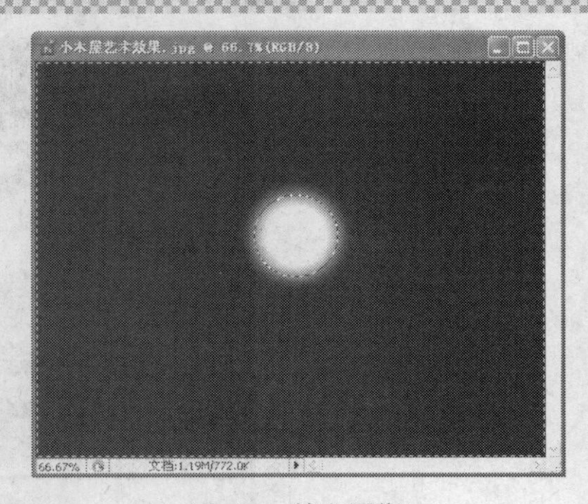

图9-30 填充图像

步骤7 按【Ctrl+D】组合键取消选区，将图像存储为“matte.jpg”。

步骤8 在Premiere中新建一个“轨道遮罩”项目，导入“小木屋.jpg”、“小木屋艺术效果.jpg”和“matte.jpg”，将三张图片引入到时间线窗口中，如图9-31所示。

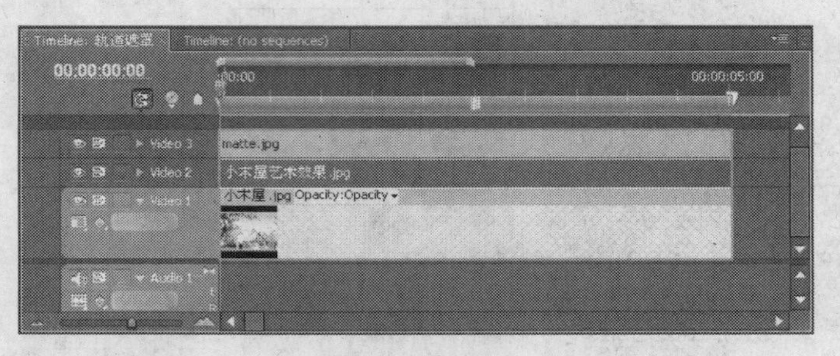

图9-31 时间线窗口

步骤9 在【Effects】面板中选中【Video Effects】/【Keying】/【Track Matte Key】特效，按住鼠标左键将【Track Matte Key】特效拖动至Video2轨道中的“小木屋艺术效果.jpg”素材片段上，并调整各项参数，如图9-32所示。

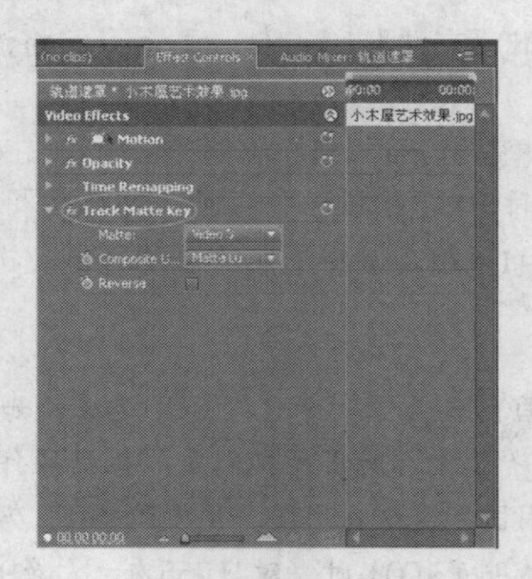

图9-32 添加特效

步骤10 在监视器窗口中选中“matte.jpg”，在【Effect Controls】面板中激活【Position】和【Scale】前面的按钮，直接用鼠标改变“matte.jpg”的运动路径，再给其一个缩放变化，如图9-33所示。

图9-33 制作动画

步骤 11 保存该项目文件，可以直接按键盘上的【Enter】键进行预览，部分效果如图9-34所示。单击菜单栏上的【File】/【Export】/【Media】命令输出作品。

图9-34 部分截图

9.6 实例：合成火焰画面

在特技电影中经常可以看到这样的镜头，一名演员悬挂在直升飞机上，或者飘浮在太空里。而实际上，演员只不过是在一个纯色背景前的相似位置上拍摄而已，然后将背景抠去，再重叠到直升飞机或者太空的背景上。本例就用抠除背景的方法将跳动的火焰与静止的图片合成一幅真实的打火机打火画面。

操作步骤

步骤 1 在桌面上双击Pr快捷方式按钮，打开Premiere应用程序。

步骤 2 在弹出的欢迎界面中单击【New Projects】，创建一个新的项目文件，命名为“合成火焰画面”。

步骤 3 单击OK按钮，在弹出的【New Sequence】对话框中设置参数，如图9-35所示。

步骤 4 单击菜单栏中的【File】/【Import】命令，在弹出的【Import】对话框中选择“背景.jpg”、“打火机.bmp”和“火焰.mov”，将三个素材导入到“合成火焰画面”项目窗口中，如图9-36所示。

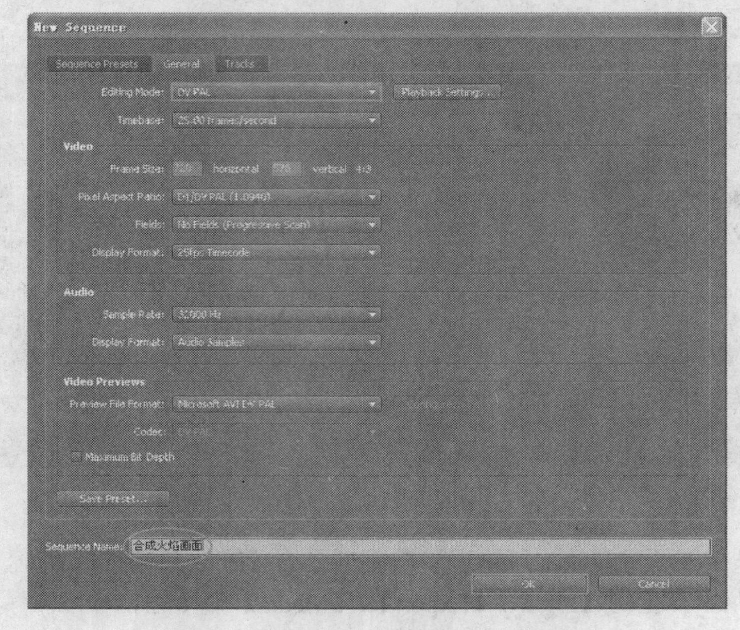

图9-35　参数设置

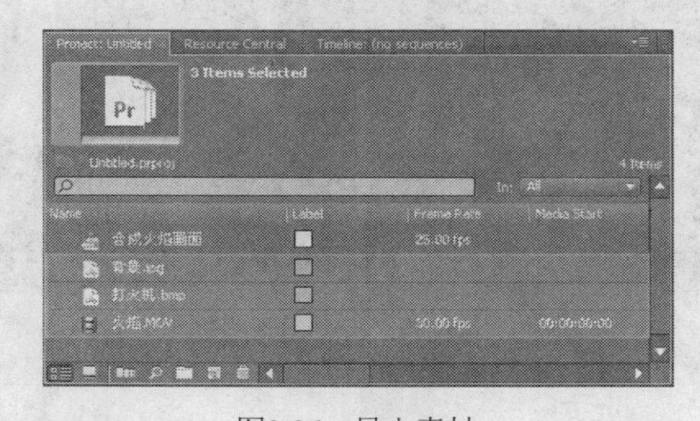

图9-36　导入素材

步骤 5 在项目窗口中将“背景.jpg”素材拖动到时间线窗口中的Video1轨道中，将“火焰.mov”素材拖入Video2轨道中，将“打火机.bmp”素材拖入Video3轨道中，如图9-37所示。

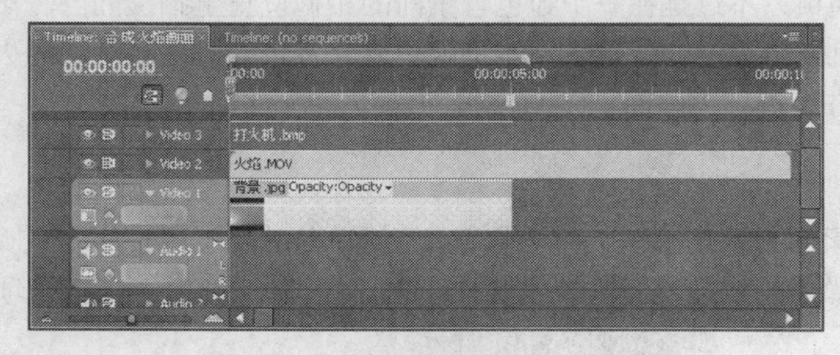

图9-37　引入素材

步骤 6 在时间线窗口中，读者会发现三段素材的长度不一，仔细观察一下这三段素材可以看出，Video1和Video2轨道中的素材是静帧图片，利用前面学过的知识调整这两个轨道上的素材片段的持续时间，调整后的素材片段如图9-38所示。

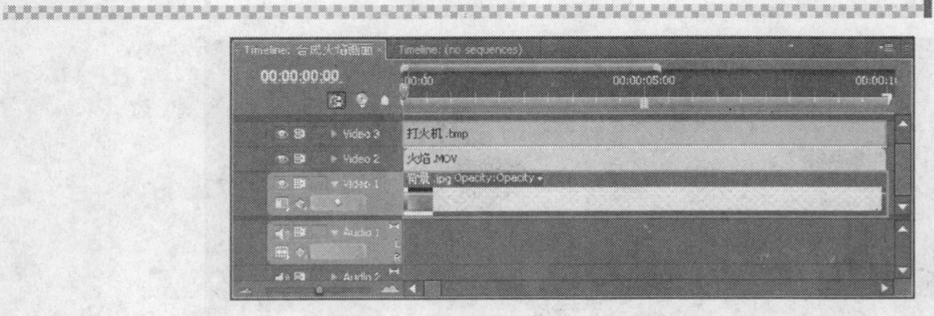

图9-38 调整后的素材片段

步骤 7 在时间线窗口中关闭Video3时间线中的按钮，查看监视器窗口，会发现火焰平躺在画面中，如图9-39所示。

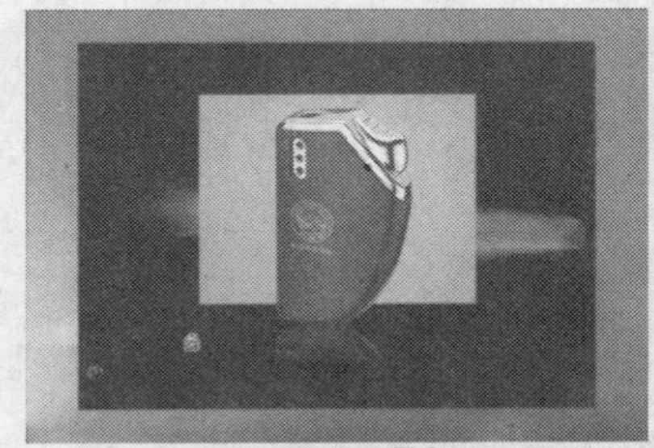

关闭前的监视器窗口

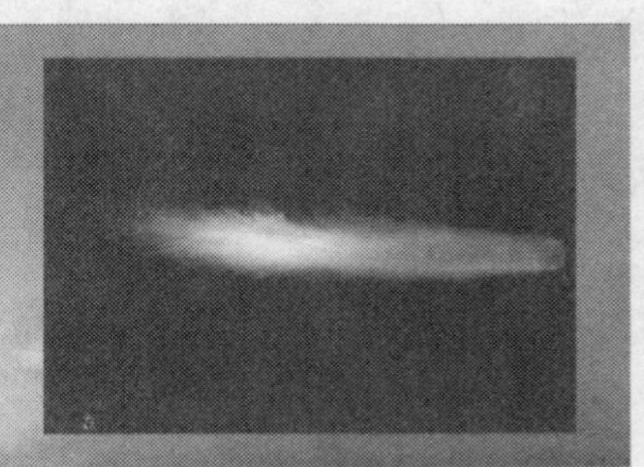

关闭后的监视器窗口

图9-39 关闭按钮前后的监视器窗口

步骤 8 在时间线窗口中，选择Video2轨道中的“火焰. mov”素材，在【Effect Controls】面板中调整【Motion】特效的参数，如图9-40所示。

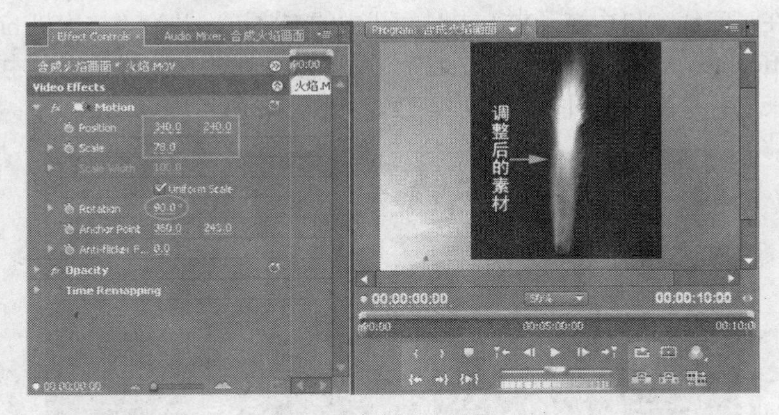

图9-40 参数设置

步骤 9 在【Effects】面板中选中【Video Effects】/【Keying】/【Color Key】特效，按住鼠标左键将【Color Key】特效拖动至Video2轨道中的“火焰. mov”素材片段上。

步骤 10 在【Effect Controls】面板中单击【Color Key】特效设置中的按钮，在监视器窗口中拾取“火焰. mov”素材背景颜色，如图9-41所示。

步骤 11 在【Effect Controls】面板中设置【Color Key】特效中的各项参数，如图9-42所示。

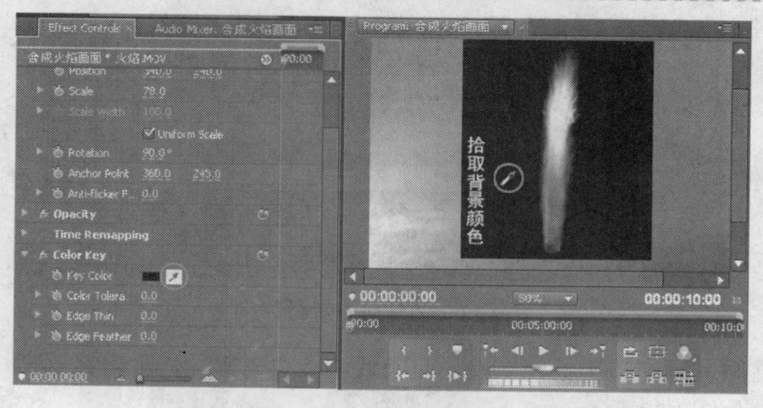

图9-41 拾取素材背景颜色

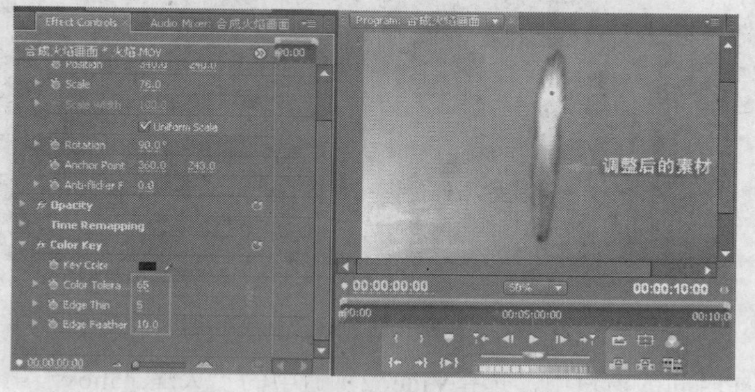

图9-42 参数设置

步骤⑫ 在时间线窗口中打开Video3时间线中的按钮，并给“打火机.bmp”素材添加一个【RGB Difference Key】特效，单击此特效后的按钮，在监视器窗口中拾取“打火机.bmp”素材的灰色背景颜色，并设置各项参数，如图9-43所示。

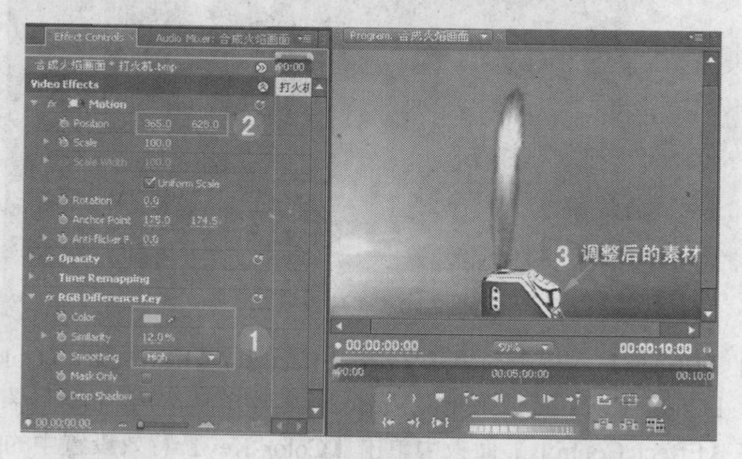

图9-43 参数设置

步骤⑬ 经过观察发现“火焰. mov”和“打火机.bmp”吻合性不是太好，用户可以在时间线窗口中给这两个素材调个位置，看看有没有什么变化。选中Video2轨道上的素材，单击工具面板中的工具，将其拖到Video3的轨道上面，如图9-44所示。

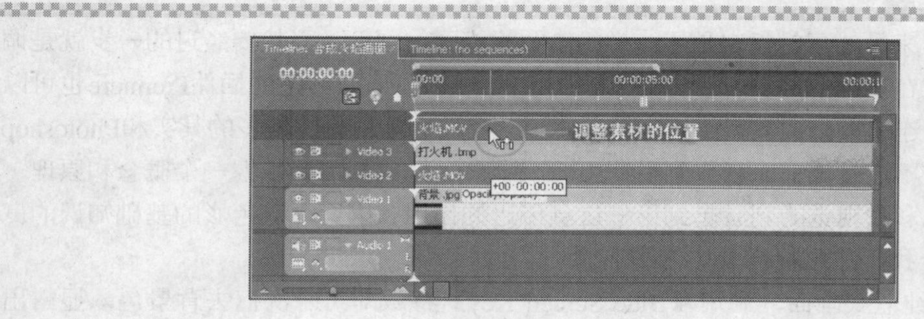

图9-44　调整素材的位置

步骤 14 将“火焰.mov”素材拖到Video3轨道上面后松开鼠标左键，可以看见时间线窗口中增加一个Video4轨道，如图9-45所示。

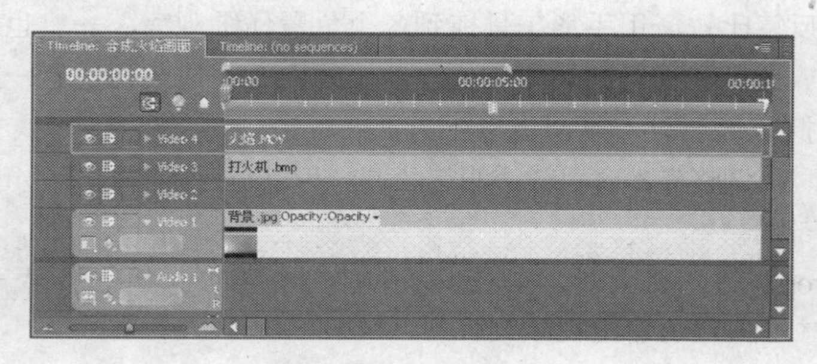

图9-45　时间线窗口

用户可以将Video3轨道上面的素材拖到Video2轨道上面，同样可以将Video4轨道上面的素材拖到Video3轨道上面。

步骤 15 按键盘上的空格键预览，调整素材位置后的画面显示如图9-46所示。

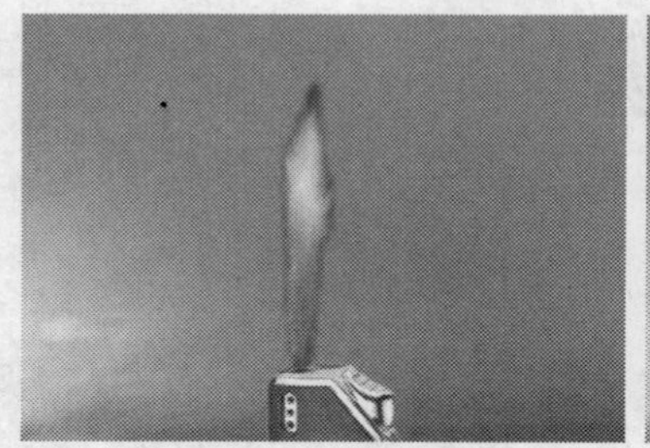
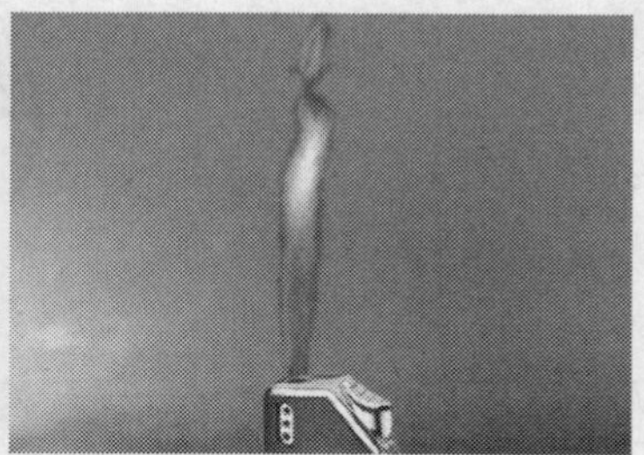

图9-46　视频动态

步骤 16 至此，合成火焰画面制作完毕。在菜单栏中单击【File】/【Save】命令保存文件。

步骤 17 在菜单栏中单击【File】/【Export】/【Media】命令，输出视频文件。

课后练习：合成蓝底画面

合成技术就是将多种素材混合成单一复合画面的技术处理过程。既然要多种素材，素材的准备就是一个很重要的环节，没有好的素材，再好的合成技术也无能为力。

那么合成中，来源的素材肯定是不一样的，要构成同一画面，必然要经过的一步就是调色。谈到调色，现在在Premiere中，开始引入了AE的内核。所以，AE的插件Premiere也可以使用，这样对大段连续素材调整颜色就比较方便了。我们通常用得比较多的其实和Photoshop里面的差不多，只不过是把那一套放到后期里面来了，这样我们需要掌握一个概念和原理。在任何设计中，色彩对视觉的刺激起到第一信息传达的作用。因此，对色彩的基础知识的良好掌控，才能够让我们在影视合成中游刃有余。

（1）如果是纯蓝底画面，利用【Blue Screen Key】特效即可一次抠去背景色，显露出欲合成的底层图像。

（2）由于种种原因，有些素材在拍摄时留下一些遗憾，如背景颜色不干净、光线不匀、人物与背景太近而留下较宽较重的阴影等。这样在后期抠像时就出现一些麻烦，但只要仔细地选取色键颜色，反复比较，用手形工具拖到各个位置仔细观察，一般也能抠干净。有时在素材输入时，由于放像机和视频之间的相位之差，画面的一边或两边有一道黑边，这种情况常常很难避免，在抠像处理时可以采取以下方法。

• 在设置透明时，调整样本窗里被透明的区域，可以将样本窗的四个角上的点向里拖动，以遮住难以抠掉的部分。

• 可以用【Crop】特效将上下或左右多余的部分修剪掉。但一般第一种方法较方便。

（3）调整素材，满意后输出视频文件。

第10课

编辑音频

学习导航图

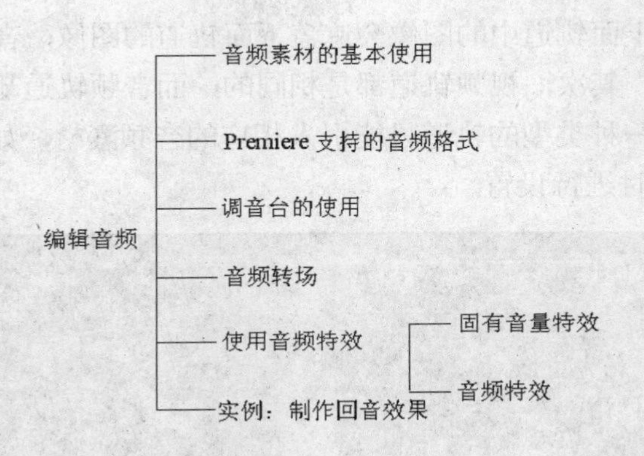

就业达标要求

1. 音频素材的基本使用。
2. 了解Premiere所支持的音频格式。
3. 了解Premiere中调音台的使用。
4. 熟悉在编辑音频素材时音频转场的应用。
5. 编辑音频素材时使用音频特效会使用音乐更加具有动感韵律。
6. 通过学习编辑音频的基本知识来制作回音效果。

俗话说声光色效，可见，声音在影片或其他多媒体作品中的地位确实是相当重要的。它能够配合视频给观众带来更强烈的感官刺激，从而让观众最大限度领会到影片的环境效果。对于Premiere来说，可以很轻松地添加声音、混合声音并仔细地控制音量，还能够添加各种实用的特技效果，这些强大的编辑功能给用户提供了处理音频的广泛天空。

10.1 音频素材的基本使用

声音是多媒体影音作品意义建构中必不可少的媒体，它与图像、字幕等有机地结合在一起，共同承载着制作者所要表现的客观信息和所要表达的思想、感情。因此，声音素材的制作与运用是多媒体影音制作非常重要的一环。以往声音素材的制作技术是非常专业化的，无论是声音的拾取与记录，还是音频信号的调音和效果处理，均需要昂贵的专业设备和专业人员操作。为了获得理想的音响效果，专业声音素材制作中还需要专业的乐队的演奏。

而今，随着数字技术的广泛应用，不仅使得各种音频制作设备以其高性能、低价格而得以“飞入寻常百姓家”，而且随着PC的普及与性能的不断提高，更使得原来许多只有价格昂贵、体积庞大的专业音频制作设备才具有的强大功能，可以通过软件而得以实现。而这些数字音频应用程序的用户界面又通常非常友好，不仅符合专业音响工程师的专业操作习惯，而且因为其直观易懂，一般多媒体开发人员也能很快掌握其操作使用的方法。正是这些数字音频技术的普及，使得今天的音频素材制作已经不再是专业影音制作单位的专营业务，也不再是音响工程师们垄断的职业。今天，音频素材任何人都可尝试制作。

音频轨道

音频轨道与视频轨道虽然同处在时间线窗口中，但是它们本质是不同的。首先，视频轨道存在顺序上的先后，上面轨道中的图像会遮盖下面轨道的图像；音频轨道没有顺序上的先后，也不存在遮挡关系。其次，视频轨道都是相同的；而音频轨道却有单声道、双声道和环绕立体声等类型之分，一种类型的轨道只能引入相应的音频素材，如图10-1所示。音频轨道的类型可以在添加轨道时进行设置。

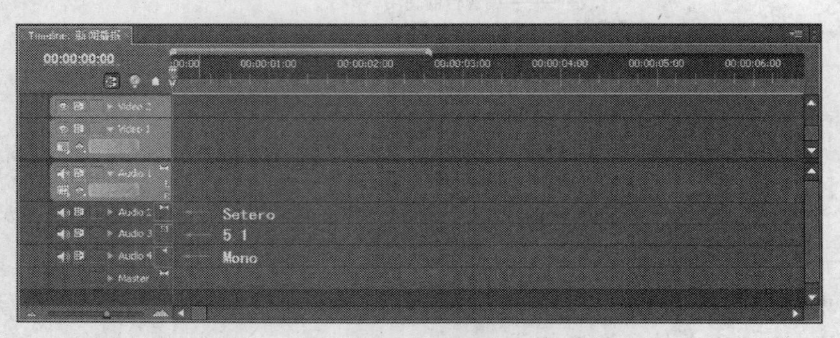

图10-1　不同的音频轨道

音频轨道还有主轨道和普通轨道之分，主轨道上不能引入音频素材，只起到从整体上控制和调整声音的效果。

引入音频素材

在Premiere中，引入音频的方法与引入视频的方法相似。打开一个*.ppj文件之后，单击【File】/【Import】命令，在弹出的【Import】对话框中选择准备导入的音频文件，例如*.avi、*.wav、*.aif等格式的文件，单击 打开(O) 按钮，导入的音频片段就会出现在项目窗口中，如图10-2所示。

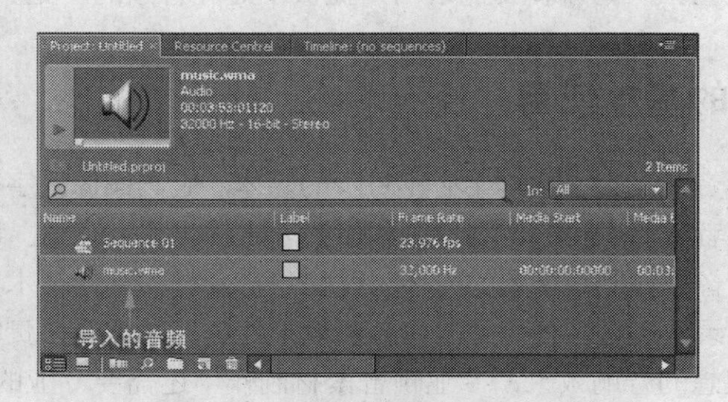

图10-2　导入音频后的项目窗口

这时，将鼠标指针移至音频片段的图标处，按住鼠标左键不放，这时鼠标指针会变成握拳的形状，然后将音频片段拖动到时间线窗口的音频轨道上，音频轨道呈绿色，如图10-3所示。

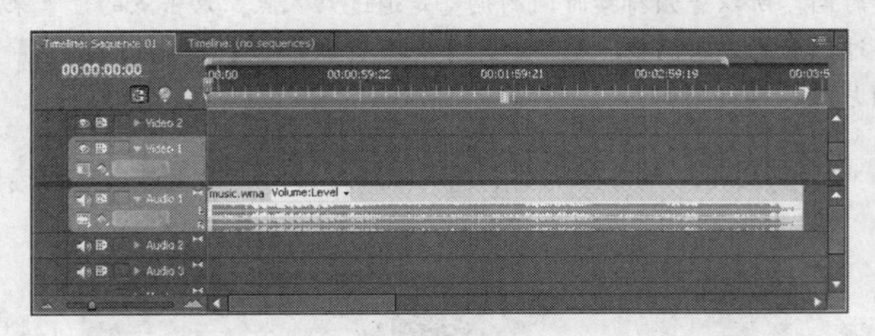

图10-3　引入音频剪辑后的时间线窗口

音频片段在音频轨道上的位置可以通过鼠标拖动来改变，从而配合不同的视频片段。确保时间线窗口处于激活状态，单击【File】/【Export】/【Media】命令，就可以把视频和音频合成存储为*.avi或*.mov文件。

编辑音频

在电影制作中，编辑音频是独立的创作环节，但在Premiere中可以声画一起编辑。声画关系中，声画对位是剪辑的基本原则：说话者的口形与他发出的声音、乐器的演奏与它奏出的音乐、爆炸的场面和震耳欲聋的轰鸣，都是通过声音与画面的同步产生了真实的时空感受。在录音棚里合成的声音缺乏现场的透视性和立体感。耳朵并不比眼睛缺乏对真实空间的判断力。例如在某人说话时切入倾听者的镜头，以打破画面的单调或表现听者的反应；在空寂室外传来警笛的声音，以暗示犯罪者的心理活动等。

通过对声画关系的不同处理方式，可以建立影片的基调与情感，确定明晰或暧昧的时间、地点与角色；增强影像的真实感或刚好相反，创造出一个幻想的空间；声音的剪辑还可以产生节奏和韵律感。在剪辑时，运用一条连贯的声带，可以使一系列互不连贯的镜头产生影像流畅发展的效果，MTV无疑是一种极端的例证。剪辑使一部故事片最终完成，前期付出的一切辛劳有了回报，将所有参与摄制者的共同努力呈现在屏幕上。

在时间线窗口中，可以使用和工具进行音频的剪辑。除此之外，还可以在Source窗口中进行音频剪辑。下面通过一个实例具体介绍音频的剪辑方法。

操作步骤

步骤 1 将鼠标指针移至音频轨道上音频片段的边缘处，鼠标指针变为双向箭头的形状，如图10-4所示，这时拖动鼠标左键可以改变音频片段的长度。

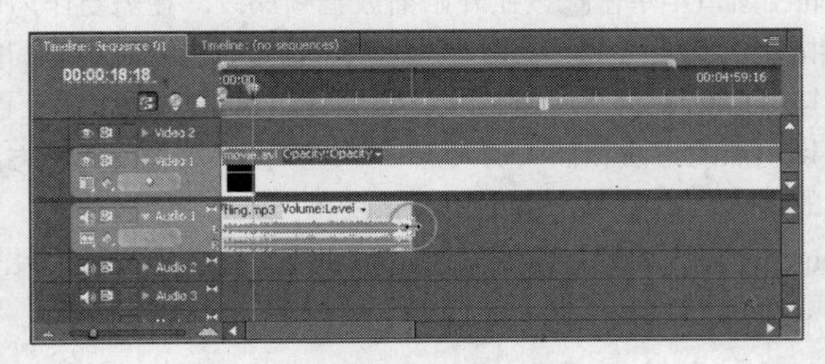

图10-4　调整音频片段的长度

音频片段的长度也就是音频持续的时间，是指音频的切入点、切出点之间的片段持续时间，所以音频持续时间的调整是通过切入点、切出点的设置来进行的。可以通过上面的方法调整，也可以选择快捷菜单中的【Speed/Duration】命令来设置音频片段持续的时间。

步骤2 单击按钮，在音频轨道上选中音频片段，可以调整音频片段的位置，如图10-5所示。

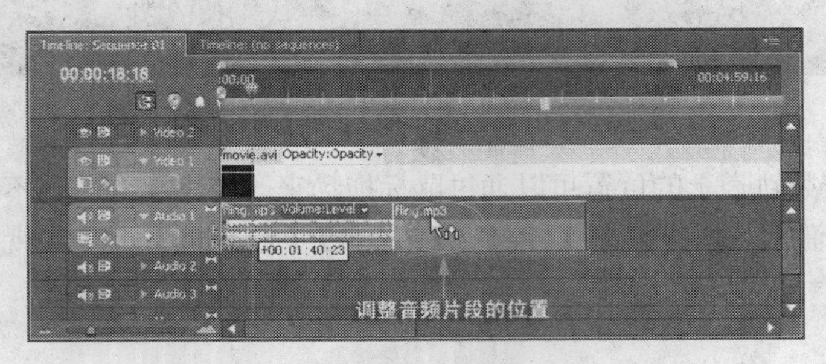

图10-5 调整音频片段的位置

步骤3 单击【剃刀】按钮，鼠标指针变为剃刀形状，在音频轨道上需要切断处单击鼠标左键，音频片段就会一分为二，如图10-6所示。如果对于分成几段的音频有取舍，可以在取舍的片段上单击鼠标右键，则该片段周围出现亮框，在弹出的快捷菜单中可以选择【Clear】和【Ripple Delete】等命令，删除该段音频。更简单的方法是选中后直接按键盘上的【Delete】键删除。

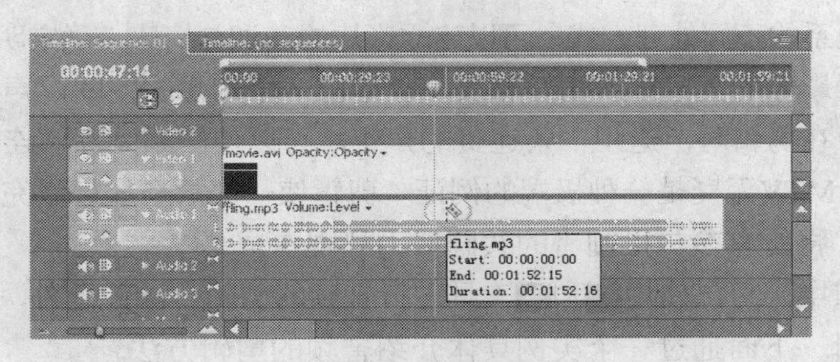

图10-6 使用剃刀工具

步骤4 在音频片段上双击鼠标左键，就会弹出Source窗口，而这段音频就显示在Source窗口中，如图10-7所示。

步骤5 在Source窗口中单击按钮开始播放音频片段，在需要作为切入点的地方单击按钮，再单击按钮，就插入了一个切入点。另一种定位方式是在时间区域上单击，然后就可以输入时间，按【Enter】键后音频停在该时刻处，再单击按钮设置切入点。

步骤6 设置切出点的方法和插入切入点一样，可以采用上述两种方法之一把音频定位到想要插入切出点的地方，然后单击按钮设置切出点。

步骤7 在Source窗口中编辑音频的同时，时间线窗口中的音频片段也随之改变，如图10-8所示。

图10-7　Source窗口

图10-8　编辑音频

制作音频淡入淡出效果

在影视作品中，声音都有一个进入和消失的过程，如果声音突然出现会造成一种比较突兀的感觉。下面通过一个具体的实例来介绍如何控制声音的进入和消失，即声音的淡入淡出。声音淡入淡出的设置通过音频轨道上的控制点来进行，控制点标志着淡入淡出的起始点和结束点。可以通过向上、向下拖动控制点来改变淡入淡出的级别。

步骤 1 单击时间线窗口中音频轨道名称左边的小三角形图标以展开音频轨道，拖动时间编辑线，单击按钮，在黄色淡化线上产生新的控制点，拖动控制点就可以进行淡入淡出的调节，如图10-9所示。

步骤 2 调节时可以忽略波形图左边的“L”和“R”标记，这两个标记分别指示左、右两个立体声道，它们和淡入淡出控制无关。

步骤 3 单击选中控制点，同时按住鼠标左键不放，把控制点拖动到音频轨道以外，然后释放鼠标左键，或直接按【Delete】键删除。

步骤 4 在工具面板中单击按钮，把鼠标指针移动至想要同时调节的两个控制点之间的黄色线段上向上或者向下拖动，可以看到两个控制点同时移动。

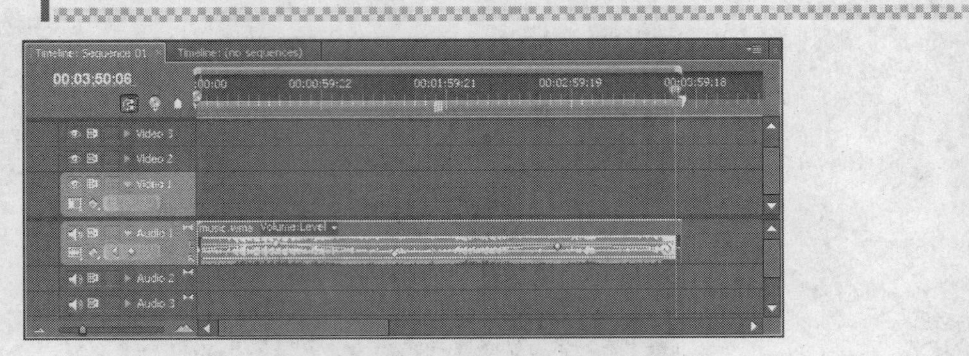

图10-9 调节控制点

步骤 5 如果想要保证控制点前一段淡化线不动，而从该点处快速变化，类似于图10-10所示的情形，可以采用以下方法。使用两个控制点，一个保持前一段淡化线的增益等级，另一个设置后一段淡化线的起始增益等级。

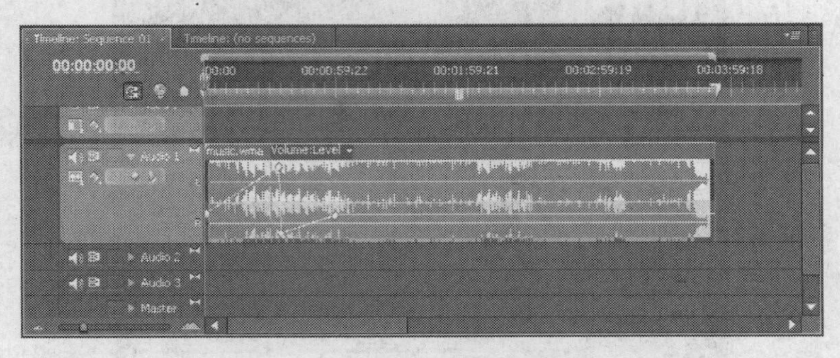

图10-10 相邻控制点间的突变

10.2 Premiere支持的音频格式

在Premiere中，视频和音频素材都享有自己专用的轨道。支持的音频文件有MP3、WAV、WMV、WMA、AI、SDI和Quick Time格式的音频文件。

MP3音频格式的全面解析

MP3是当今最流行的一种数字音频编码和有损压缩格式，它用来大幅度地降低音频数据量，而对于大多数用户来说，重放的音质与最初的不压缩音频相比没有明显的下降。

MP3格式是最为大家所熟知的了，目前使用的用户最多，网上流行的音乐文件大部分也是MP3格式的。MP3全称是MPEG Audio Laye-3，它诞生于1993年，其“父母”是德国夫朗和费研究院（Faunhofe IIS）和法国汤姆生（Thomson）公司。

早期的MP3编码技术并不完善，很长的一段时间以来，大多数人都使用128Kbps的CB（固定编码率）格式来对MP3文件编码，直到最近，VB（可变编码率）和AB（平均编码率）的压缩方式出现，编码的比特率最高可达320Kbps，MP3文件在音质上才开始有所进步，而LAME的出现，则为这一进步带来了质的飞跃，一会我们会介绍如何用LAME这个优质MP3压缩软件来制作高质量MP3。

WAV音频格式的全面解析

WAV是微软公司（Microsoft）开发的一种声音文件格式，它符合RIFF（Resource Interchange File Format）文件规范，用于保存Windows平台的音频信息资源，被Windows平台及其应用程序所广泛支持，该格式也支持MSADPCM、CCITT A LAW等多种压缩运算法，支持多种音频数字、取样频率和声道，标准格式化的WAV文件和CD格式一样，也是44.1kHz的取样频率，16位量化数字，因此声音文件质量和CD相差无几。WAV打开工具是Windows的媒体播放器。

WAVE是录音时用的标准的Windows文件格式，文件的扩展名为“WAV”，数据本身的格式为PCM或压缩型。AV文件格式是一种由微软公司和IBM公司联合开发的用于音频数字存储的标准，它采用RIFF文件格式结构，非常接近于AIFF和IFF格式。符合RIFF（Resource Interchange File Format）规范。所有的WAV都有一个文件头，这个文件头是音频流的编码参数。

WAV文件作为最经典的Windows多媒体音频格式，应用非常广泛，它使用三个参数来表示声音：采样位数、采样频率和声道数。

声道有单声道和立体声之分，采样频率一般有11025Hz（11kHz）、22050Hz（22kHz）和44100Hz（44kHz）三种。WAV文件所占容量为（采样频率×采样位数×声道）×时间/8（1字节=8bit）。

常见的声音文件主要有两种，分别对应于单声道（11.025kHz采样率、8bit的采样值）和双声道（44.1kHz采样率、16bit的采样值）。采样率是指声音信号在“模/数”转换过程中单位时间内采样的次数。采样值是指每一次采样周期内声音模拟信号的积分值。对于单声道声音文件，采样数据为8位的短整数（short int 00H-FFH）；而对于双声道立体声声音文件，每次采样数据为一个16位的整数（int），高8位和低8位分别代表左右两个声道。

WAVE文件数据块包含以脉冲编码调制（PCM）格式表示的样本。WAVE文件是由样本组织而成的。在单声道WAVE文件中，声道0代表左声道，声道1代表右声道。在多声道WAVE文件中，样本是交替出现的。

WAV音频格式的优点包括：简单的编/解码（几乎直接存储来自模/数转换器（ADC）的信号）、普遍的认同/支持以及无损耗存储。WAV格式的主要缺点是需要音频存储空间。对于小的存储限制或小带宽应用而言，这可能是一个重要的问题。WAV格式的另外一个潜在缺陷是在32位WAV文件中的2GB限制，这种限制已在为SoundForge开发的W64格式中得到了改善。

WAV格式支持MSADPCM、CCITT A Law、CCITT μ Law和其他压缩算法，支持多种音频位数、采样频率和声道，但其缺点是文件体积较大（一分钟44kHz、16bit Stereo的WAV文件约要占用10MB左右的硬盘空间），所以不适合长时间记录。

在Windows中，把声音文件存储到硬盘上的扩展名为WAV。WAV记录的是声音的本身，所以它占的硬盘空间大得很。例如，16位的44.1kHz的立体声声音一分钟要占用大约10MB的容量，和MIDI相比就差得很远。

AVI和WAV在文件结构上是非常相似的，不过AVI多了一个视频流而已。我们接触到的AVI有很多种，因此我们经常需要安装一些Decode才能观看AVI，我们接触到比较多的DivX就是一种视频编码，AVI可以采用DivX编码来压缩视频流，当然也可以使用其他的编码压缩。同样，WAV也可以使用多种音频编码来压缩其音频流，不过我们常见的都是音频流被PCM编码处理的WAV，但这不表示WAV只能使用PCM编码，MP3编码同样也可以运用在WAV中，和AVI一样，只要安装好了相应的Decode，就可以欣赏这些WAV了。

在Windows平台下，基于PCM编码的WAV是被支持得最好的音频格式，所有音频软件都能完美支持，由于本身可以达到较高的音质的要求，因此，WAV也是音乐编辑创作的首选格式，适合保存音乐素材。因此，基于PCM编码的WAV被作为了一种中介的格式，常常使用在其他编码的相互转换之中，例如MP3转换成WMA。

WMV音频格式的全面解析

WMV是微软公司推出的一种流媒体格式，它是在“同门”的ASF（Advanced Stream Format）格式升级延伸来得。在同等视频质量下，WMV格式的体积非常小，因此很适合在网上播放和传输。AVI文件将视频和音频封装在一个文件里，并且允许音频同步于视频播放。与DVD视频格式类似，AVI文件支持多视频流和音频流。

微软公司的WMV格式还是很有影响力的。可是由于微软公司本身的局限性其WMV的应用发展并不顺利。第一，WM9是微软公司的产品，它必定要依赖着Windows，Windows意味着解码部分也要有PC，起码要有PC的主板。这就大大增加了机顶盒的造价，从而影响了视频广播点播的普及。第二，WMV技术的视频传输延迟非常大，通常要十几秒钟，正是由于这种局限性，目前WMV也仅限于在计算机上浏览WM9视频文件。

WMV文件一般同时包含视频和音频部分。视频部分使用Windows Media Video编码，音频部分使用Windows Media Audio编码。

WMA音频格式的全面解析

WMA是微软公司推出的与MP3格式类似的音频格式。WMA在压缩比和音质方面要略好于MP3，也是主流音频文件之一。

在大多数的MP3播放器上，最基本支持的两种格式是MP3和WMA。这说明WMA格式也是非常重要的。WMA，Windows Media Audio，这是微软公司的杰作。WMA相对于MP3的最大特点就是有极强的可保护性，可以说WMA的推出，就是针对MP3没有版权保护的缺点来的。自从Napste公司破产以来，微软公司更是对WMA大肆宣传，大有想推翻MP3的意思。就目前看来，WMA可能是最受唱片公司所欢迎的格式了。除有版权保护外，WMA与MP3音质和体积上的对比特点，可以总结为：低比特率（<128Kbps）时，WMA体积比MP3小，音质比MP3好；而在高比特率（>128Kbps）时，MP3的音质则比WMA好。

微软公司声称用WMA压缩的Audio失真很小，64Kbps接近CD音质。WMA的压缩率很高，比MP3省一半的存储，在低比特率时，效果好过MP3，如果从同样音源制作，64KB的WMA效果近似128KB的MP3，96KB的WMA略好于128KB的MP3。在高码率时，WMA作用不大。因压缩率高，WMA文件适宜于网络下载。微软公司推出WMA编码时主要有两个针对目标，一个是瞄准了网络上的RM和RAM格式，另一个是用户硬盘中的MP3。

Quick Time音频格式的全面解析

MOV即QuickTime影片格式，它是Apple公司开发的音频、视频文件格式，用于存储常用数字媒体类型，如音频和视频。当选择QuickTime（*.mov）作为“保存类型”时，动画将保存为.mov文件。

QuickTime用于保存音频和视频信息，现在它被包括Apple Mac OS、Microsoft Windows 95/98/NT/2003/XP/Vista，甚至Windows 7在内的所有主流电脑平台支持。

QuickTime因具有跨平台、存储空间要求小等技术特点，而采用了有损压缩方式的MOV

格式文件，画面效果较AVI格式要稍微好一些。到目前为止，它共有 4 个版本，其中以 4.0 版本的压缩率最好。这种编码支持16位图像深度的帧内压缩和帧间压缩，帧率每秒10帧以上。现在这种格式有些非编软件也可以对它进行处理，其中包括Adobe公司的专业级多媒体视频处理软件AfterEffect和Premiere。

10.3　调音台的使用

在Premiere中，可以对声音的大小和音阶进行调整。调整的位置既可以在特效控制面板中，也可以在调音台窗口中，Audio Mixer（调音台）是Premiere一个非常方便好用的工具。在该窗口中，可以方便地调节每个轨道声音的音量、均衡/摇摆等，还可以为音频素材添加转场和使用音频特效。Audio Mixer窗口如图10-11所示。

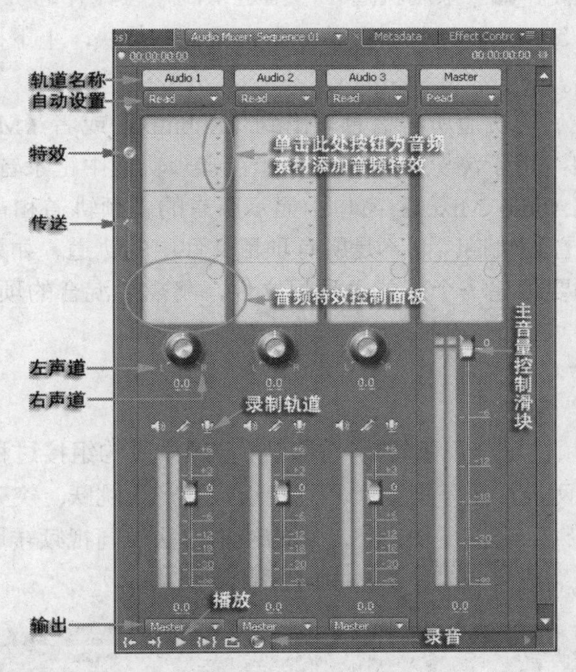

图10-11　Audio Mixer（调音台）窗口

在Audio Mixer窗口中，对每个轨道都可以进行单独的控制。在默认情况下，每个轨道都默认使用主混合轨道进行总的控制。可以在调音台窗口的下方列表框中进行选择。在调音台窗口中，还可以设置静音/单独演奏的播放效果。例如，对音频1和音频2轨道静音。在这可以看到，只有音频3轨道在播放的时候能够听到（指示器不断变化），而音频1和音频2在播放时，对听到的声音已经没有影响。【Audio Mixer】常用参数的作用和使用方法如下。

· 在这个对话框的顶部有两个时间数值，第一个是时间指针所在的位置；第二个是音频片段的长度。

· 轨道名称：【Audio1】（音频轨道1）～【Audio3】（音频轨道3）是【Audio Mixer】音频轨道的名称，每一个轨道都对应着时间线窗口的相应音频轨道。

· 自动设置：对于每一个音频轨道的音量、摆动等参数的调整，都可以采用自动的方式，系统提供了【Off】（关闭）、【Read】（只读）、【Write】（可写）、【Latch】（锁闭）、

【Touch】（触摸）5种自动调整方式。其中，【Off】在播放音频时，忽略轨道的存储设置；【Read】在播放音频时，使用轨道的存储设置控制播放过程，但是播放过程中在混音器所做的调整不被记录；【Write】在播放音频的同时，在混音器中所做的所有调整被记录成音频轨道上的关键帧；【Latch】与【Write】相似，区别在于进行调整后才开始记录关键帧；【Touch】与【Write】相似，区别在于进行调整后才开始记录关键帧，同时停止调整后，参数自动恢复到调整前的状态。

• 特效和传送：特效允许在【Audio Mixer】（混音器）中添加轨道的音频特效；传送允许将轨道传送到【Submix】（混合子轨道）中进行调整。

• 【Left/Right Balance】（左右声道平衡）旋钮：调整左右声道音量的比例大小。

• （轨道开关），打开或者关闭轨道；（独奏），打开这个按钮时只有对应的轨道起作用，其他轨道被关闭；（录制轨道），指定录制声音保存的轨道。

• 音量控制滑块：每一个轨道都对应着一个音量控制滑块，上下拖动滑块的位置可以调整每个轨道音量的大小。

• 输出：确定调整后的轨道所有信息输出到【Submix】或者【Master】（主声道）。

• 播放及录制按钮：用于浏览调整的效果和在音频轨道中记录音频信号。

默认的情况下，【Audio Mixer】窗口中显示所有的音频轨道和音量控制器等，但是只显示当前项目文件中的音频轨道，而不是所有项目文件中的轨道。如果混音器用来混合多个项目文件中的音频则需要创建一个新的主项目文件，将需要混合的项目文件套到一起。

10.4 音频转场

在Premiere中，音频转场与视频转场一样，在音频片段的组接过程中，经常会遇到两个片段转换的情况，如果两个片段差别很大，直接组接会产生跳跃、突兀的感觉。使用音频的过渡效果可以使两段音频的组接更加自然，它的使用方法类同视频转场，就是把转场效果直接拖入音频素材的起始端或终点端，如图10-12所示。

图10-12 添加音频转场效果

Premiere【Effects】面板中的【Audio Transition】文件夹中的子文件【Crossfade】提供了音频转场的3种效果：【Constant Gain】、【Constant Power】和【Exponential Fade】，如图10-13所示。

【Constant Gain】（增益常量）

【Constant Gain】通过直线变换的方式使一个音频轨道上的音频素材过渡到另一个音频轨道上的音频素材，如图10-14所示。

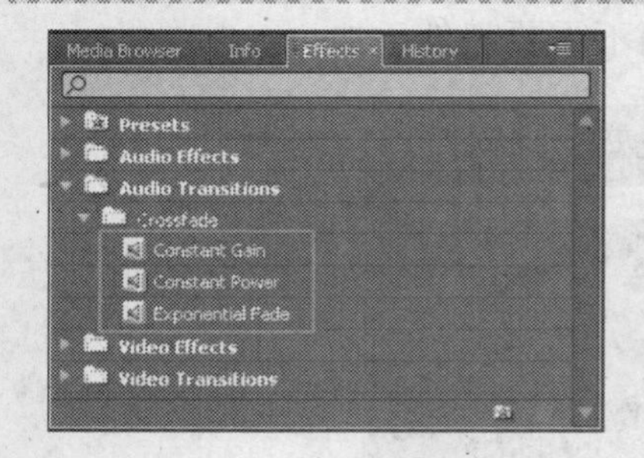

图10-13　音频转场效果

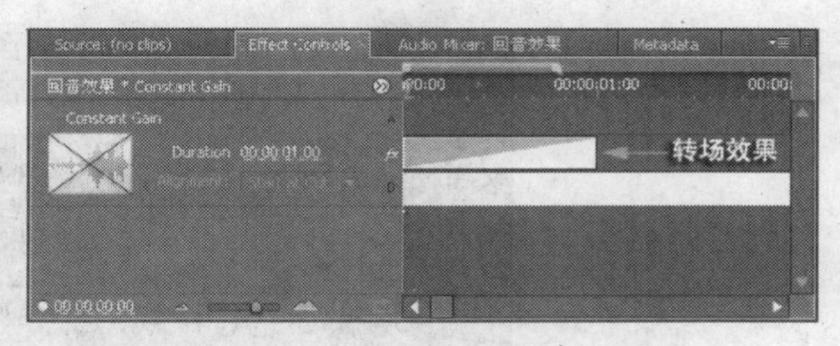

图10-14　【Constant Gain】过渡效果

音频过渡效果的使用类似于视频过渡效果。如果设置音频片段的淡入效果，将选中的音频过渡效果拖动到片段的始端并调整过渡效果的长度；如果设置音频片段的淡出效果，将选中的音频过渡效果拖动到片段的末端并调整过渡效果的长度。

【Constant Power】（能量常量）

【Constant Power】通过曲线变换的方式使一个音频轨道上的音频素材过渡到另一个音频轨道上的音频素材，过渡效果更加自然，如图10-15所示。

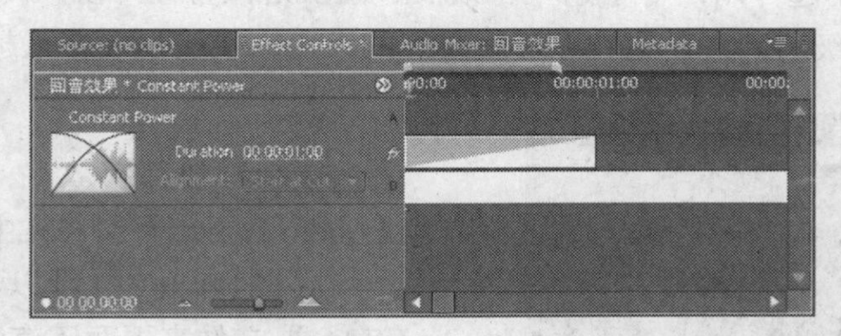

图10-15　【Constant Power】过渡效果

10.5　使用音频特效

在Premiere中，音频特效与视频特效一样，也可以使用音频特效来改进音频质量或者创造出各种特殊的声音效果。一段音频片段可以使用多种音频特效；同一种音频特效的设置也可以反复更改，变换了设置的特效也可以用在同一段音频片段上。

优秀的影音作品是由视频和音频两部分有机组成的，忽视哪一方面都会十分严重地影响整体的效果，用户需要的是在视觉、听觉两方面都有震撼力的作品，试想一下现在要是再去看无声电影，会是一种什么样的情形。Premiere为我们提供了功能更为强大的音频特效，使得Premiere在音频处理方面有了很大的提高，下面就来介绍一下音频处理。

客观地讲，Premiere中的音频处理能力跟专业的音频处理软件相比还是相当有限的。所以如果用户对作品的要求非常高的话，就需要使用更为专业的软件，比如Cool Edit。

在Premiere中，所有的音频处理都是基于使用音频特效的（Audio Effect）。所以掌握了Premiere中音频特效的用法就等于掌握了如何在Premiere中进行音频编辑。

固有音量特效

与视频片段相似，每一段音频片段都带有一个自带的特效【Volume】（音量），用于控制音频片段音量的变化。音频的【Volume】位于监视器窗口源视图右侧的【Effect Controls】

中，如图10-16所示。每一段音频素材都具有这个特效，而不需要额外添加。

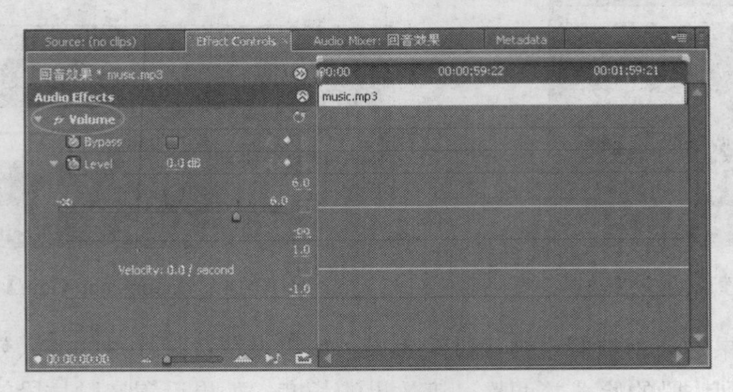

图10-16　音频音量特效

- 【Reset】（重新设置）：单击这个按钮取消所有的设置，恢复到默认状态。
- 【Toggle animation】（动画开关）：单击这个按钮进入动画录制状态。
- 【Bypass】（忽略）：是所有音频特效都具有的一个参数，选择这个选项时，这一个特效的设置对音频不起作用，等于这个特效没有添加给该音频片段。
- 【Level】（级别）：设置音频片段音量的大小，数值越大音量越高。

音频特效

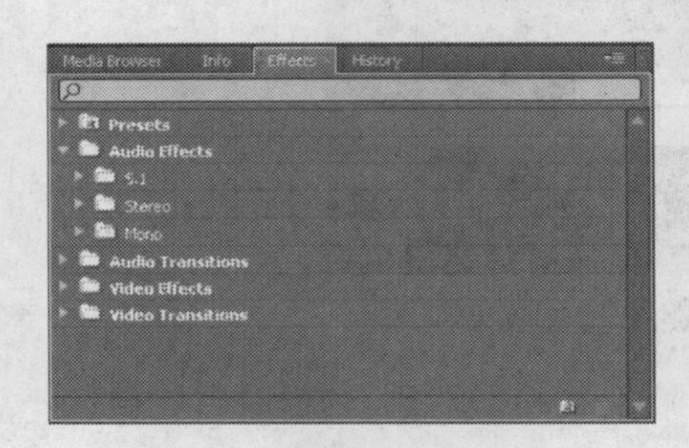

图10-17　音频特效存放处

音频特效都存放在【Effects】面板中的【Audio Effects】文件夹中，如图10-17所示。

从图10-17中可以看到，在【Audio Effects】文件夹下面还有三个子文件夹，它们分别是【5.1】（用来处理5.1音频系统的特效）、【Stereo】（用来处理立体声音频系统的特效）和【Mono】（用来处理单声道音频系统的滤镜）。它们的功能类似，只是处理的对象不同，下面仅对目前使用最为普遍的【Stereo】特效进行介绍。音频特效的用法跟视频特效的用法是一样的，将音频滤镜图标拖到音频素材文件上即可。下面就逐一对【Stereo】滤镜的使用方法进行介绍。

为了方便读者理解，在难于理解的地方将使用专业的编辑软件处理音频文件的图片，这些图片的内容是Premiere中的音频滤镜作用的效果。Premiere本身是看不见这些效果的，请读者注意。

（1）Balance（音频平衡）

Balance的作用是用来平衡左右声道的。正值用来调整右声道的平衡值，负值用来调整左声道的平衡值，音频素材波形如图10-18所示。

（2）Bandpass（选频）

Bandpass是用来去除特定频率范围之外的一切频率，所以叫做选频滤镜。Center（中心）是用来确定中心频率范围的；Q（Q点，专业术语叫做品质因数）是用来确定被保护的频率带宽。Q值设置较低是建立一个相对较宽的频率范围，而Q值设置较高是建立一个较窄的频率范围。

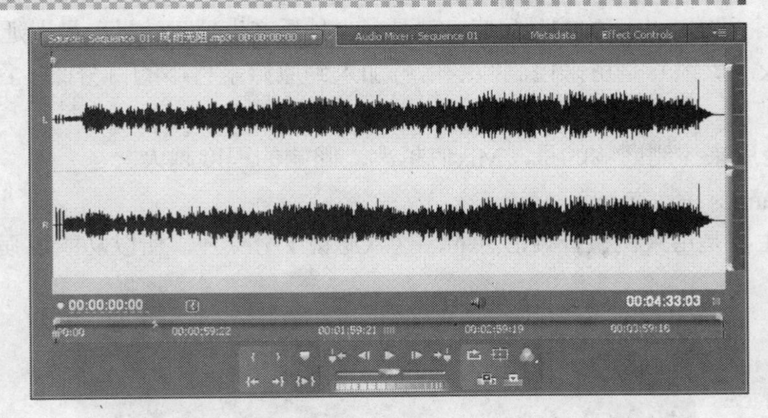

图10-18 音频素材波形

（3）Bass（低音）

Bass是用来增加或减少低音频率的（200Hz）。BOOST是说明用来增加低频的分贝值。

（4）Channel Volume（声道音量）

Channel Volume是用来控制立体声或5.1音频系统中每个通道音量的。相当于分别设置了不同声道的音量。

（5）DeNoiser（降噪器）

DeNoiser是用来对噪音进行降噪处理的，它可以自动探测到素材中的噪音，并且自动清除噪音。特别的，DeNoiser在清除由于采集素材而引起的噪音时有相当好的效果。如图10-19所示的就是DeNoiser设置窗口。

· Freeze（冰冻）：Freeze的功能就是将噪音的采样频率停止在当前时刻。使用Freeze主要是用来对噪音进行定位处理和降噪处理。

· Reduction（清除量）：用来设置所需要清除噪音的音量范围（－20～0dB）。

· Offset（偏移量）：用来设置由DeNoiser自动探测到的噪音频率和用户自定义噪音频率的值。

（6）Delay（延时）

Delay是用来产生各种延时效果的（类似回响的效果），如图10-20所示。

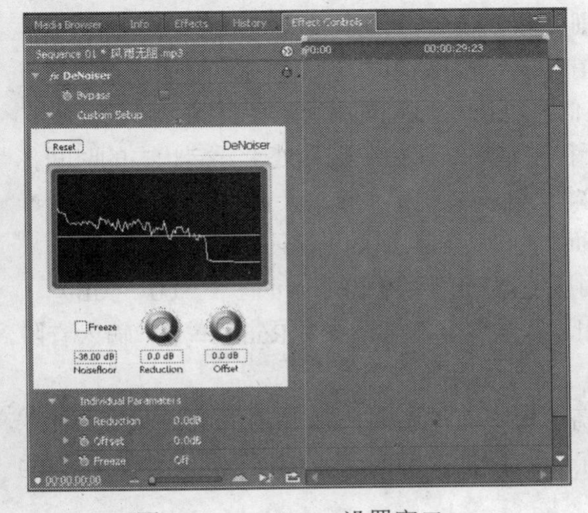

图10-19 DeNoiser设置窗口

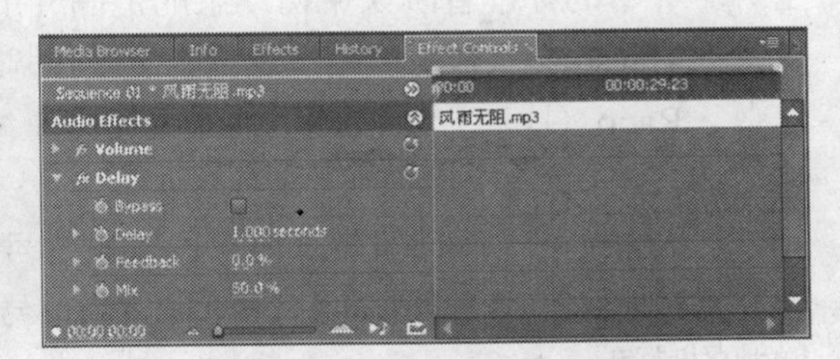

图10-20 Delay设置窗口

• Delay用来确定产生回响的时间值，就是多少秒后产生延时效果，最大延时的值是2秒。

• Feedback（反馈）是用来控制回响信号加入到原始素材中的百分比，百分比越大，回响的音量也就越大。

• Mix则是用来控制回响的量，Mix值越大，回响的程度越大。

（7）Dynamics（动态）

Dynamics主要是用来调整音频信息的，这款滤镜十分专业，所以功能很强大，如图10-21所示。

图10-21 Dynamics设置窗口

Auto Gate（滤波门）：滤波门是用来清除低于设定极限值（Threshold）的信号的，可以用来清除一些无用的背景杂音。Autogate（自动滤波）下面有3个LED显示器，当它们显示不同颜色时，代表了不同的状态。当门开启时，显示绿色；当处理或释放时，显示黄色；当门关闭时，显示为红色。下面的控制器是用来设置具体参数的。

• Threshold（极限值）：设置能使引入信号（音频信号）开启"门"所必须超出的标准值（－60～0dB）。如果引入信号低于极限值则屏蔽该信号，结果就是使其静音。

• Attack（处理时间）：用来设置当引入信号高于极限值时开启"门"的速度。

• Release（释放时间）：用来设置当引入信号低于极限值时关闭"门"的速度。

• Hold（保持时间）：用来设置当信号低于极限值后，保持"门"处于开启状态的时间。

Compressor（压缩器）：通过增大柔音的音阶（Level）、降低较大音频的音阶，从而产生一个一个的标准音阶来平衡动态的范围。下面的控制器是用来设置具体参数的。

• Threshold（极限值）：设置能使信号调用压缩器所必须超出的标准值（－60～0dB）。

• Ratio（比率）：设置压缩器使用的压缩比率。举个例子，如果Ratio = 5，输入音阶将增加5分贝，输出增加1分贝。

• Attack（处理时间）：用来设置当信号高于极限值的值时，压缩器的响应时间。

• Release（释放时间）：用来设置当信号低于极限值的值时，压缩器返回给原始素材的增益的时间。

· Auto（自动）：根据引入信号自动计算释放时间。

· Markup（涨度）：用来调整压缩器的输出音阶，从而解决由压缩所引起的增益失败。

Expander（扩充滤波器）：根据设置的比率清除所有低于极限值的值的信号。效果跟Gate类似，只是在处理的细节上更加精确。

· Threshold（极限值）：用来设置激活扩充滤波器的音阶。

· Ratio（比率）：用来设置信号被扩充的比率。如果Ratio = 5，当音阶降低1分贝时，扩充5分贝，这样就可以更加精确、快速地降低信号了。

Limiter（限制器）：下面的控制器是用来设置具体参数的。

· Threshold（极限值）：用来设置信号的最大音阶，所有超过极限值信号的音阶将会减少到与极限值相同的水平值。

· Release（释放时间）：用来设置增益返回到标准音阶所需要的时间。

· SoftClip（柔化处理）：对信号进行柔化处理。

（8）EQ（均衡器）

EQ是用来增加或减少特定中心频率附近的音频的频率的。在很多场合都可以看到它的影子，比如最常见的就是Winamp中的均衡器，相信大家都见过，它们的功能都是类似的，而且操作也十分简单。

（9）Fill Left（填充左声道）

Fill Left的作用是对音频素材的右声道的内容进行复制，然后替换到左声道中并将原来左声道中的文件删除。

（10）Fill right（填充右声道）

Fill right的作用是对音频素材的左声道的内容进行复制，然后替换到右声道中并将原来右声道中的文件删除

（11）Highpass（高通）：用来滤除那些低于指定频率以下的频率。

（12）Invert（反转）：用来反转音频通道的位相。

（13）Lowpass（低通）：是用来滤除那些高于指定频率以下的频率的。

（14）Multiband Compressor（多频带压缩器）

Multiband Compressor是一个用来控制每一个波段（频段）的，有3个波段的压缩器，如图10-22所示。

通过图形控制界面可以看到有3个波段的控制器，这3个波段分别对应Low（低频）、Mid（中频）和High（高频）这3个选区。

· Solo（单独）：仅播放当前波段。

· Threshold（极限值）：用来设置引入信号激活压缩器所必须超过的值（3个波段都适用）。

· Ratio（比率）：设置压缩的比率（3个波段都适用）。

· Attack（处理时间）：用来设置当信号超过极限值时压缩器的响应时间（3个波段都适用）。

· Release（释放时间）：用来设置当信号低于极限值时所设置的增益添加到原始音阶需要的时间（3个波段都适用）。

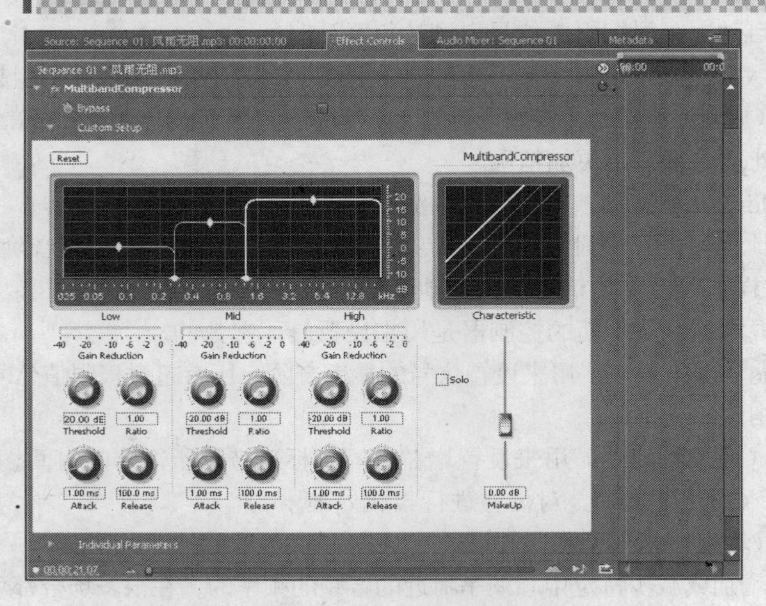

图10-22 Multiband Compressor控制窗口

· MakeUp（压缩补偿）：用来设置补偿由于压缩而造成的无效增益的音阶，范围是－6～12dB。

（15）Multitap Delay（多重延时）

Multitap Delay是相对Delay（单独的）而言的，它可以为原始素材提供4个回响效果，如图10-23所示。

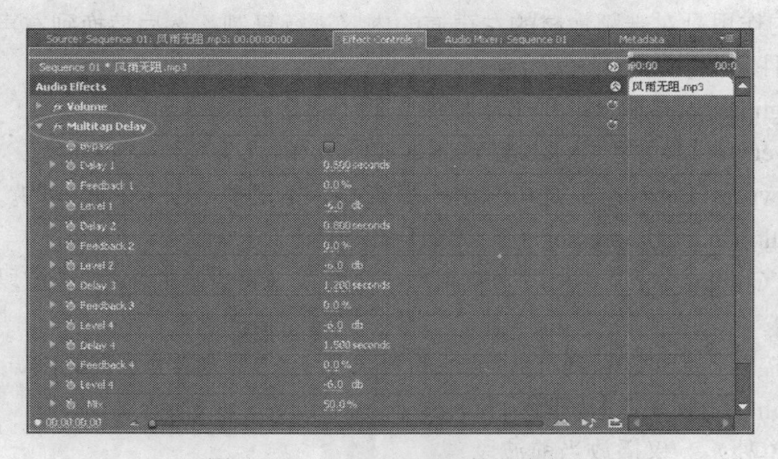

图10-23 Multitap Delay控制窗口

· Delay 1～4（延时1～4）：分别用来设置4个回响效果的延时时间。

· Feedback 1～4（反馈1～4）：分别用来设置4个延时效果加入到原始素材中的百分比。

· Level 1～4（音阶1～4）：分别用来设置4个回响效果的音。

· Mix（混合）：用来设置回响效果和没有使用回响效果的原始素材的混合比。

（16）Parametric EQ（参数均衡器）：用来增加或减少设定的中心频率附近频率。

（17）Pitch Shifter（高音转换器）：用来调整引入信号的音高，可以加深或减少原始素材的高音。

（18）Reverb（反响）

Reverb通过模拟在室内播放音频来给原始音频素材添加环境音效，通俗地说也就是添加家庭环绕式的立体声效果，如图10-24所示是Reverb设置窗口。

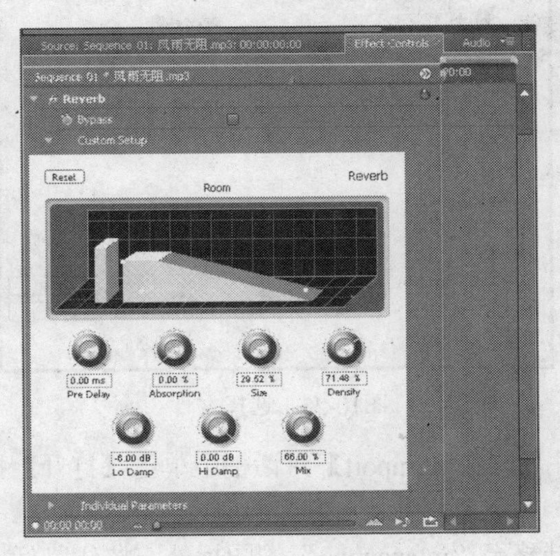

图10-24　Reverb设置窗口

· Pre Delay（预延时）：用来设置原始信号和反响效果之间的时间，就是设置音源与反射点之间的距离。举个例子，假设你坐在沙发上，音响在前方，Pre Delay就是设置第一次听到的声音与从你后面的墙壁反射回第二次听到的声音的时间间隔。

· Absorption（吸收）：设置音频信号被吸附的百分比。

· Size（反响范围）：用来设置反响的空间范围，就是定义房间的大小。

· Hi Damp（高音衰减）：设置高音的衰减量。设置较低的值可以使反响的声音更加柔和。

· Lo Damp（低音衰减）：设置低音的衰减量。设置较低的值可以避免反响的效果有杂音。

· Density（密度）：设置反响的密度。

（19）Swap Channel（通道交换）：交换左右声道，就是将左右声道的信息进行互换。

（20）treble（高音处理器）：功能是增加或减少高频（4000Hz以上）的音量。BOOST控制着增益的量，单位是分贝。

（21）volume：调整音频素材的音量。

10.6　实例：制作回音效果

音响效果是一个影视作品中不可或缺的部分，学习影视节目的编辑就要掌握如何将音响效果制作得更加完美。下面通过一个具体的实例介绍回音效果的产生。

操作步骤

步骤1　启动Premiere应用程序，建立一个“回音效果”项目文件。

步骤2　在项目窗口的空白处双击鼠标左键，在弹出的【Import】对话框中选择

“music.mp3”，如图10-25所示。

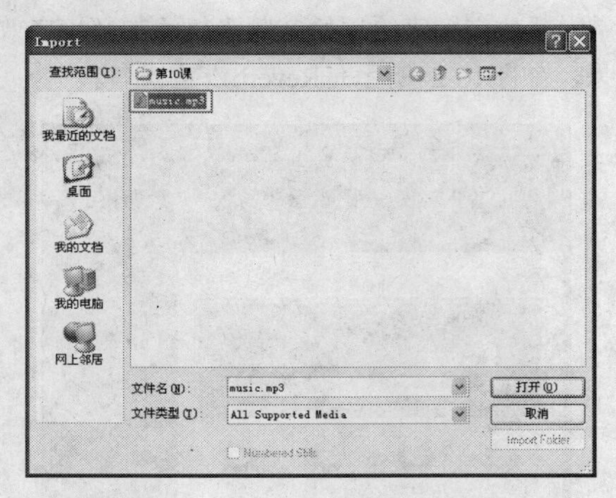

图10-25　选择文件

步骤 ❸ 选择好文件后，在【Import】对话框中单击【打开】按钮，将文件导入到项目窗口。

步骤 ❹ 将鼠标指针移至“music.mp3”的图标处，按住鼠标左键将其拖入“Audio1”轨道中，如图10-26所示。

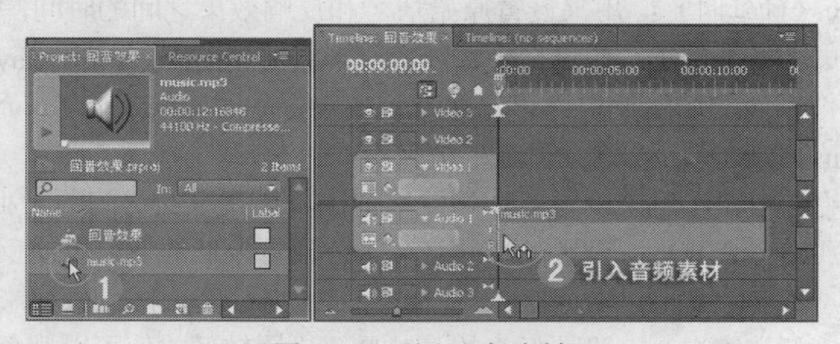

图10-26　引入音频素材

步骤 ❺ 松开鼠标左键，引入的音频素材就存放在Audio1轨道上了，如图10-27所示。

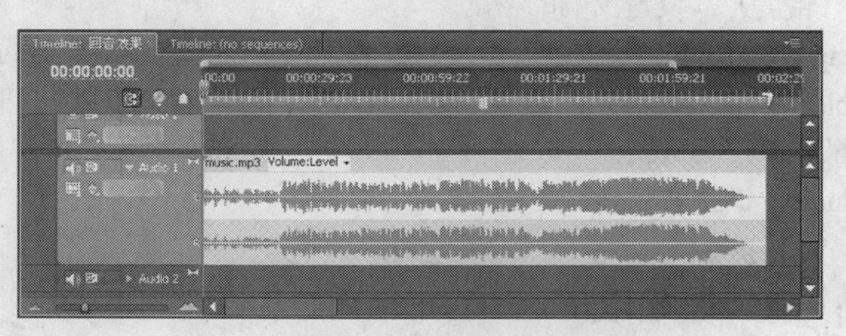

图10-27　添加音频特效

步骤 ❻ 在编辑音频的时候要检查音响是否插好，引入一段音频素材后，可以按键盘上的空格键播放音乐，也可以单击监视器窗口中的▶按钮播放或者利用调音台窗口中的【播放】按钮来播放音乐，如图10-28所示。

步骤 ❼ 如果想让整段音乐都有回音，可以在【Effects】面板中选择【Stereo】子文件下的【Delay】特效，将其拖至音频素材上，如图10-29所示。

图10-28 播放音乐

图10-29 添加音频特效

步骤 8 打开【Effect Controls】面板，设置各项参数，如图10-30所示。

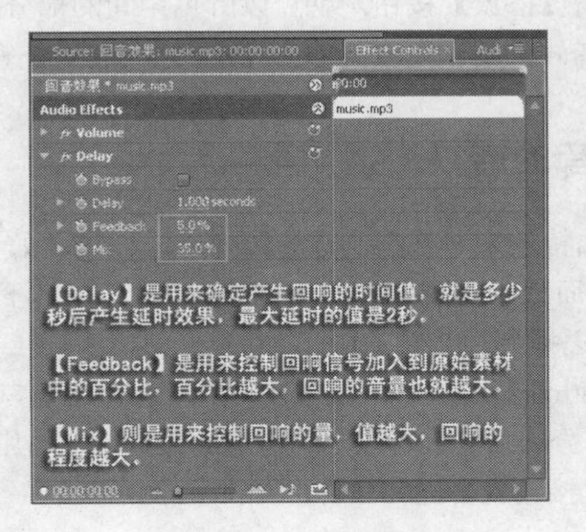

图10-30 参数设置

步骤 9 单击【Effect Controls】面板中的▶按钮试听音乐。

步骤 10 如果只是想让音乐片段中的一部分产生回音效果，这时就要用到工具面板中的◆工具，将需要添加特效的片段两端都切开，如图10-31所示。

步骤 11 从图10-31中可以看出，一段音频分成了三部分，如果就想让中间的那部分产生回音效果，可以选中第一部分，在【Effect Controls】面板中单击fx按钮关闭【Delay】特效，如图10-32所示。也可以直接按键盘上的【Delete】键删除选中的特效。

图10-31　截断音频片段

步骤 12 选中第三部分可以做同样的处理，也可以在【Effect Controls】面板中选中【Delay】特效，在上面单击鼠标右键，在弹出的快捷菜单中选择【Clear】命令，如图10-33所示。

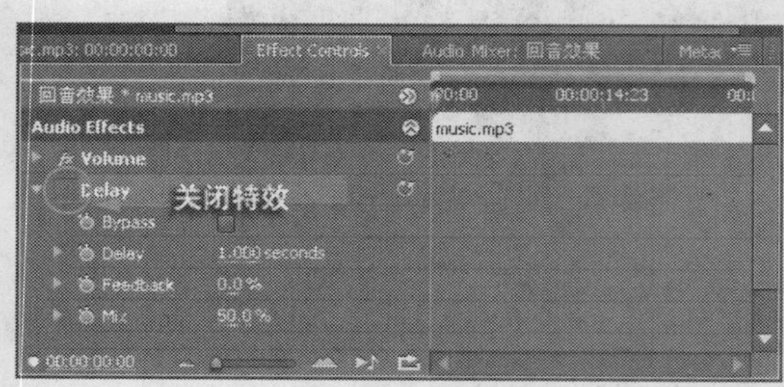

图10-32　关闭特效

图10-33　快捷菜单

步骤 13 这时再单击【播放】按钮，就可以听见中间的部分产生特效效果。

步骤 14 至此，回音效果制作完成，单击【File】/【Save】命令，保存文件。

课后练习：高、低音的转换

通过对音频素材添加特效来调整高低音的转换，过程提示如下。

（1）在【Effects】面板中选择【Audio Effects】，在其下拉菜单中选取【Bass】&【Treble】音频特效，将之拖到声音轨道中。

（2）在【Effect Controls】面板中通过【Bass】特效控制窗口中的三角形滑块，用户可以对音频素材中的低音部分的强度进行设定。滑快的位置越靠右则低音强度就越大。用户也可以在右边的数字框中直接输入合适的数值，如图10-34所示。

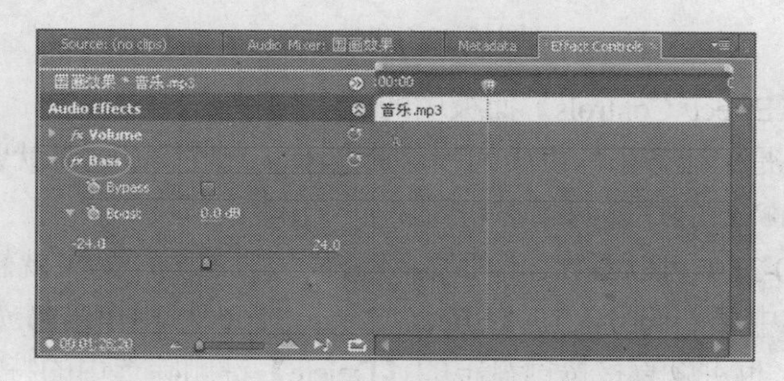

图10-34　【Effect Controls】面板

（3）【Treble】特效控制窗口中的调节方法与【Bass】是类似的。它的作用是调节音频素材中高音部分的强度。可以直接在数字框中输入适当的数值来控制强度。

（4）用户可以进行特技效果的预演。系统将截取声音素材的一小部分应用特技并反复播放。预演的效果可以随用户对各项设定的变动进行动态调整。

（5）当用户对设置的效果不满意的时候，可以单击按钮将【Bass】和【Treble】两项的控制值同时设置为0，然后重新开始设置。

（6）用户可以在关键帧设置区中设定多个控制点，并对它们分别设以不同的特性值，系统将根据各点的特性自动生成音频素材中音质的渐变过程。

（7）用户无需合成就可以对声音特技效果进行预演，并动态调节设置效果。用户在实际操作中应当充分利用这一有效的工具。

音频素材中的声音效果可以分为两部分——高音部分和低音部分。【Bass】表示低音，【Treble】表示高音。利用【Bass &Treble】视频特效，用户可以对音频素材中的高音部分和低音部分的强度分别进行设定。当素材中低音部分的强度被提高时，高音部分被抑制。在音频素材之中，占主导因素的部分就是低音部分，高音部分并不明显。而此时音频素材播放时的效果就会变得低沉、浑厚、坚实，富有震撼力。相反，当素材中高音部分的强度被提高时，低音部分被抑制，音频素材所产生的效果就会变得高亢、响亮、悦耳，令人振奋。当两部分以同样幅度增大或减小的时候，整个素材的音量会相应地放大或减小。用户可以通过使用这种滤镜，将高音部分与低音部分的强度比例调整到合适的程度，从而改善原有音频素材的音质，使之符合影片的要求。

第11课

视 频 输 出

学习导航图

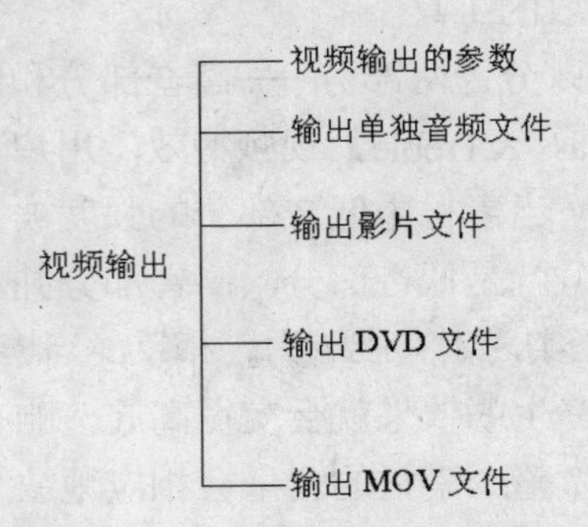

就业达标要求

1. 了解视频输出的参数设置。
2. 输出单独音频文件。
3. 输出影片文件。
4. 输出DVD文件。
5. 输出MOV文件。

当在Premiere中编辑好视频节目之后，如果对制作的效果感到满意或符合标准，那么就可以输出了。Premiere中的编辑过程只是完成了在电脑中的素材组织和剪辑，此时的剪辑结果只能在Premiere中播放，而不能用其他的播放器播放。输出过程就是生成一个独立的视频文件，这个文件可以在其他媒体播放器上播放。

11.1 Premiere输出作品的类型

Premiere可以输出多种类型的作品：录像带、DVD、电影文件、图片序列、单帧图片、音频文件等；还可以输出编辑选择列表文件、高级编辑格式文件。从具体的操作方法来讲，这些类型可以分为录像带、媒体文件和数据文件。

输出到录像带

编辑好的视频节目可以直接输出到录像带，这是一种较为传统的非线性编辑方式，在一些大型影视制作单位还会用到。如果计算机连接了录像机或摄像机就可以使用Premiere控制它们并将信号输出记录到准备好的磁带中。

当从时间线窗口中输出时，Premiere将使用Project Settings窗口中的设置。输出记录的信号质量还与计算机中安装的视频捕捉卡有关。也就是说，将节目直接输出到录像带还需要专业的设备来支持，除了记录信号的录像机或摄像机，还需要一个连接计算机与记录设备的硬件设备，即非编卡或捕捉卡。

输出媒体文件

Premiere可输出独立的媒体文件，这些文件可以保存在计算机的存储设备上，此处所说的媒体文件包括视频文件、音频文件和图片或图片序列文件。在Premiere中媒体文件都是由Adobe Media Encoder输出生成的。

Premiere可以输出的视频文件包括Microsoft AVI、P2 Movie、QuickTime、Uncompressed Microsoft AVI、FLV、H.264、H.264 Blu-ray、MPEG4、MPEG1、MPEG2、MPEG2-DVD、MPEG2 Blu-ray、Windows Media。

Premiere可以输出的音频文件包括MP3、Windows Waveform、Audio Only。

Premiere可以输出的图片或图片序列文件包括Windows Bitmap、Animated GIF、GIF、Targa、TIFF。

输出数据文件

Premiere EDL文件包含了很多的编辑信息，包括剪辑所使用素材所在的磁带、素材文件的长度、剪辑中所用的特效等。其目的是为编辑大数据量的电视节目如电视连续剧所使用，先以一个压缩比率较大的文件（画面质量差、数据量小）进行编辑以降低编辑时对计算机运算和存储资源的占用，编辑完成后输出EDL文件，再通过导入EDL文件采集压缩比率小甚至是无压缩的文件进行最终成片的输出。

11.2　输出媒体文件

在Premiere中，如果没有外部插件或者外部设备，我们可以输出多种格式的媒体文件。在最终的节目输出中，可以分为两大类型的输出，一类用于广播电视播出，另一类用于计算机播放。因此在Premiere中，最终的输出分成了两种截然不同的压缩方式，即硬件压缩和软件压缩。对于广播电视节目来说，通常是硬件压缩的，而对于计算机上的媒体，一般采用软件压缩的方式。而且最终的效果与计算机本身的视频卡有着非常密切的关系。

11.2.1　输出媒体文件的过程

将剪辑好的序列或项目输出为媒体文件一般需要经过选择输出文件类型、设置输出参数、指定保存路径、最终输出等几个过程。下面通过一个具体的实例来介绍媒体文件的输出过程。

操作步骤

步骤 1 首先要看编辑好的视频是不是有溢出现象，时间线上的范围条是规定输出范围的重要工具，如果剪辑的最终结尾处没有对齐范围条，例如超出了范围条，那么超出的部分就不会被输出，如图11-1所示。

步骤 2 激活工具箱中的▶工具，将其放置在范围条的末端，向右拖动鼠标使其末端与视频末端对齐，如图11-2所示。

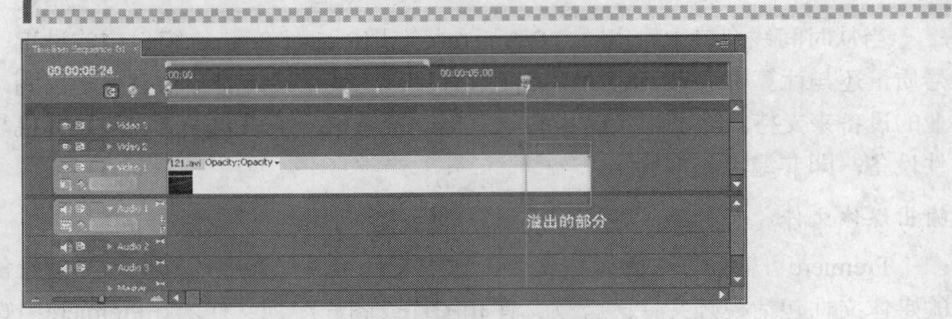

图11-1　溢出的部分

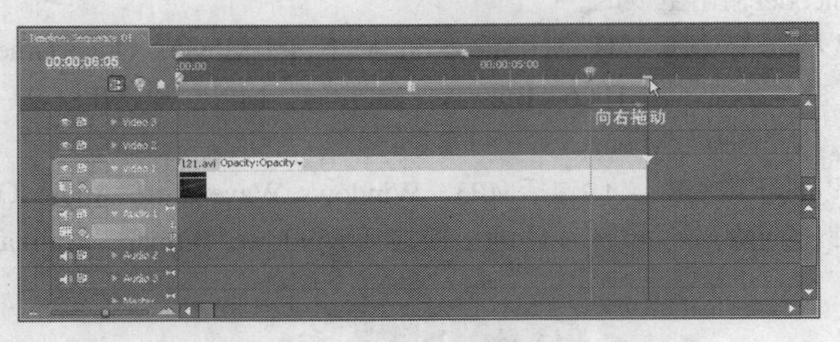

图11-2　调整范围条

步骤 3 检查完溢出后要确定时间线窗口是否处于激活状态，如处于激活状态，那么时间线窗口四周有一道黄边，如图11-3所示。

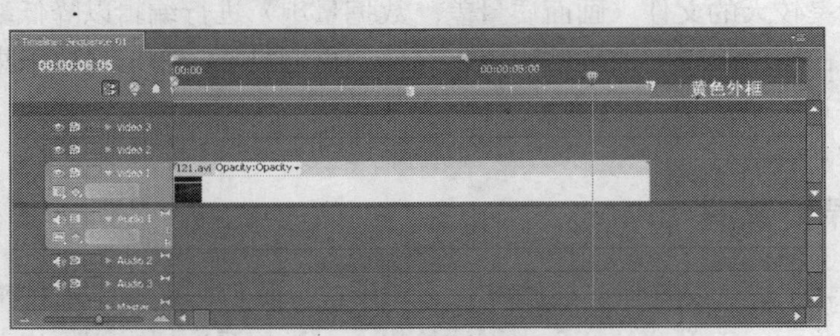

图11-3　激活时间线窗口

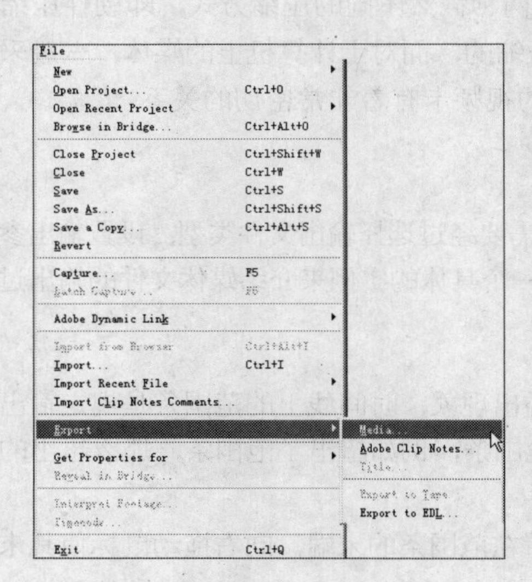

图11-4　选择输出文件命令

步骤 4 单击菜单栏中的【File】/【Export】/【Media】命令，如图11-4所示。

步骤 5 选择了【Media】命令后系统弹出【Export Settings】对话框，设置文件格式及参数，如图11-5所示。此处为了讲述方便，选择了未压缩的AVI格式，因此视频参数均使用了默认设置。

步骤 6 单击对话框中的 OK 按钮进行输出。此时系统自动打开Adobe Media Encoder CS4，如图11-6所示。

步骤 7 在Adobe Media Encoder CS4中可以重新修改输出的格式设置及保存路径，所有设置完成后单击右侧的 开始队列 按钮，开始输出，如图11-7所示。

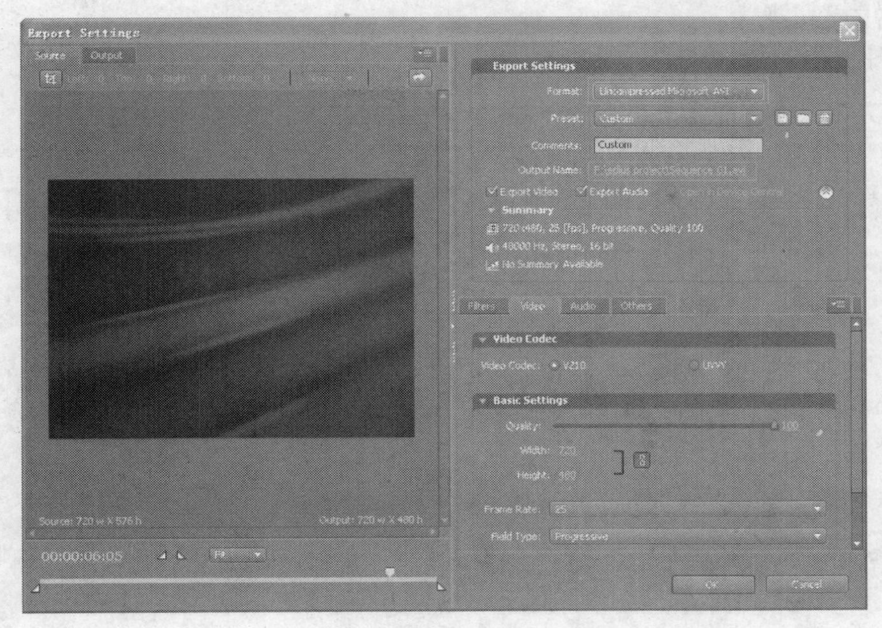

图11-5 【Export Settings】对话框

图11-6 打开Adobe Media Encoder CS4

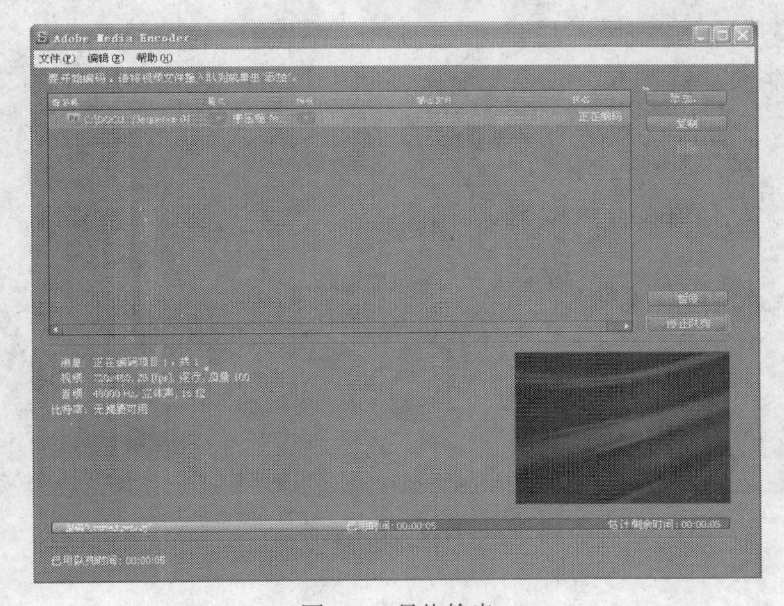

图11-7 最终输出

步骤 8 输出完成后，媒体文件自动保存到指定的路径，同时源文件后出现绿色的对钩，如图11-8所示。

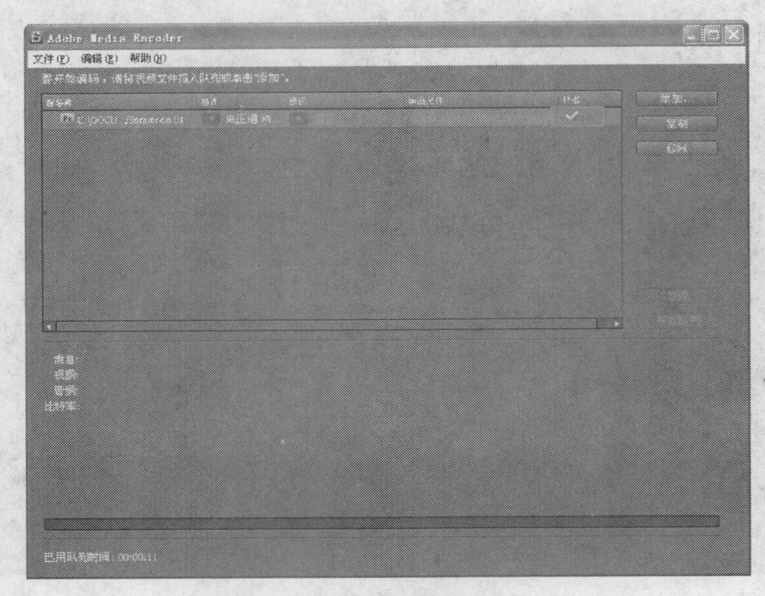

图11-8 输出结束

11.2.2 输出参数设置

在输出媒体文件时要根据需求选择正确的文件格式，并设置正确的参数，在【Export Settings】对话框中罗列了一系列视频输出的参数，如图11-9所示，本节将详细介绍这些参数的使用方法。

图11-9 输出参数

输出设置

· Format（格式）：Premiere提供了多种能够输出影视作品的文件格式，如图11-10所示。如果安装了视频卡或者第三方提供的插件，则可以在附带的说明书或说明文档中找到它们支持的输出文件格式。

图11-10 输出格式

· Preset（预设）：选择一种格式后系统会自动提供几种预设方案，使用预设方案可以快速设置其他参数。例如，选择MPEG2格式后单击Preset右侧的下拉列表框，可以看到系统提供的预设方案，如图11-11所示。

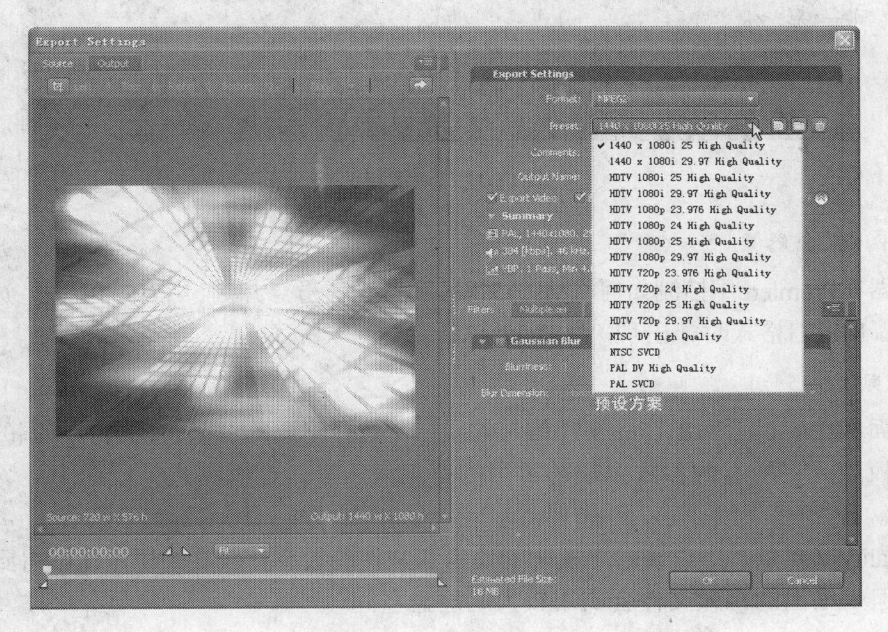

图11-11 预设方案

· Comments（注释）：解释所选Format和Preset。

· Output Name（输出路径）：指节目的输出路径及名称。

· Export Video（输出视频部分）：开启这个选项，输出时将输出视频部分；关闭这个选项，则不输出视频部分。

· Export Audio（输出音频部分）：控制是否输出声音部分。

· Open in Device Central（在设备中心打开）：当选择H.264、MPEG4等格式时，这个选项是可以用的。开启这个选项，在输出结束后将会自动在设备中心打开渲染生成的文件。

· Summary（摘要）：显示出各项参数的设置情况。

Filters（滤镜特效）

系统提供了一个高斯模糊滤镜特效，这个特效影响整个输出作品，开启这个选项，并设置相应的参数后，输出的作品会变得柔和、模糊。这个特效与特效面板中的模糊效果类似，如图11-12所示。

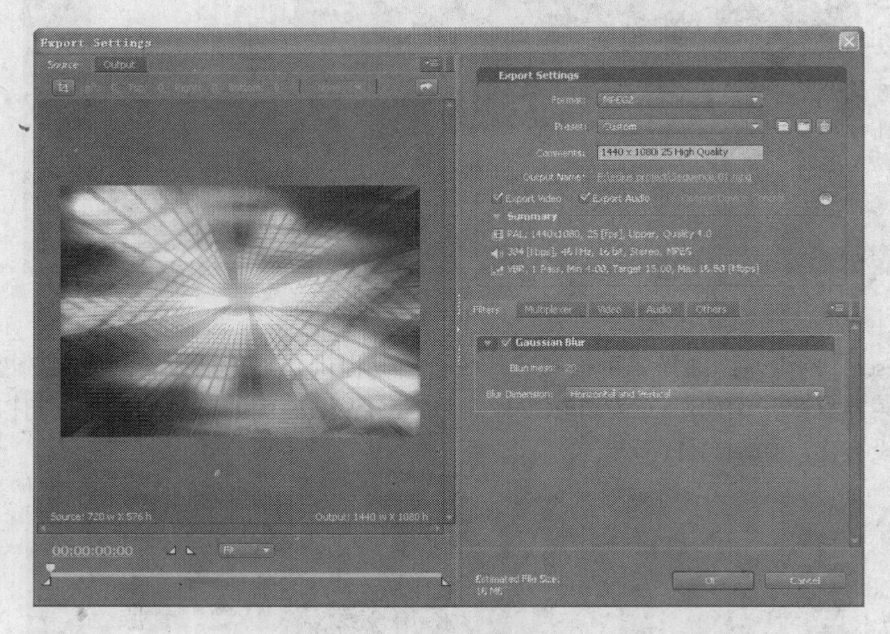

图11-12 滤镜特效

Multiplexer（混合器）

混合器在Premiere中控制如何将MPEG视频和音频信号合并到一个文件中去。这个面板只有在选择了MPEG格式时才出现，如图11-13所示。

Video（视频）

视频面板主要设置输出作品视频信号的质量，选择不同的视频格式会有不同的参数出现在这个面板中。在所有的参数中较为常用的有视频质量、电视制式、帧速率、场等，如图11-14所示。

· Quality（质量）：设置输出视频的质量和文件的大小。较高的质量能够得到较好的视频效果，但是输出的视频文件会占用较大的硬盘空间。

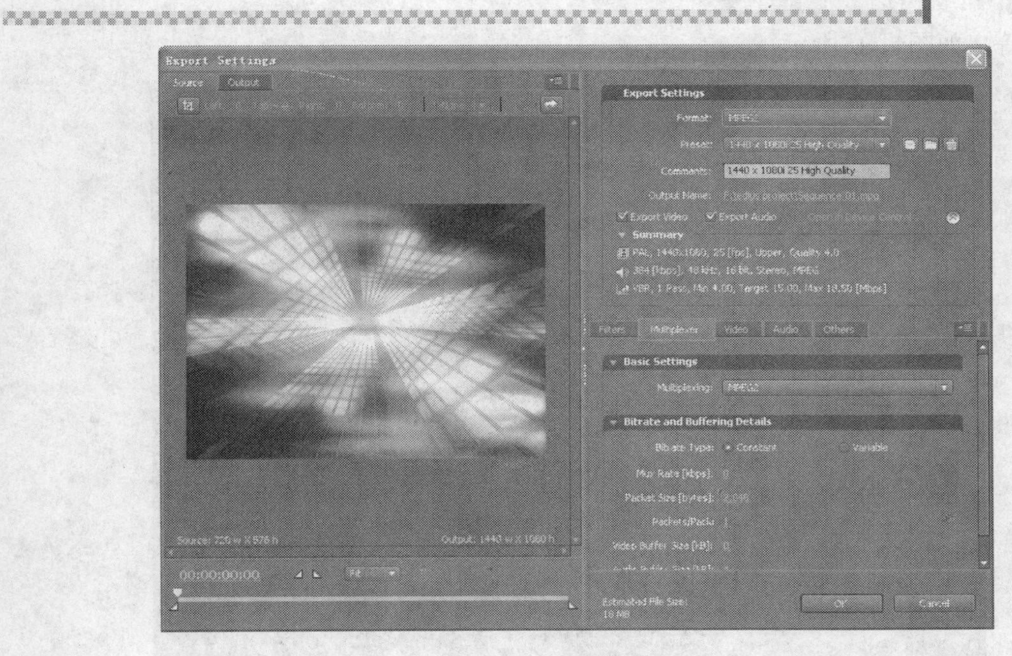

图11-13 混合器

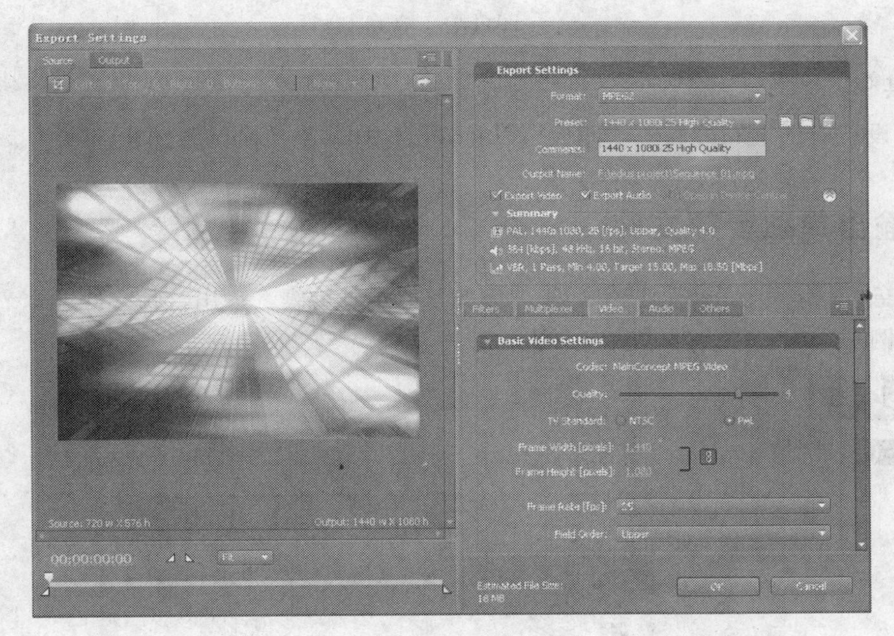

图11-14 视频

· TV Standard（电视制式）：我国一般采用PAL电视制式，而在欧美一些国家则采用NTSC电视制式。

· Frame Rate（帧速率）：每秒播放的帧数，PAL电视的帧速率为25帧每秒。

· Field Order（场）：场的选择要根据最终输出作品的播放要求来确定，系统提供了上场、下场和无场3个选项。

Audio（音频）

音频面板在输出图片和图片序列时是不出现的。音频面板主要设置输出音频的格式、模式及质量等，如图11-15所示。

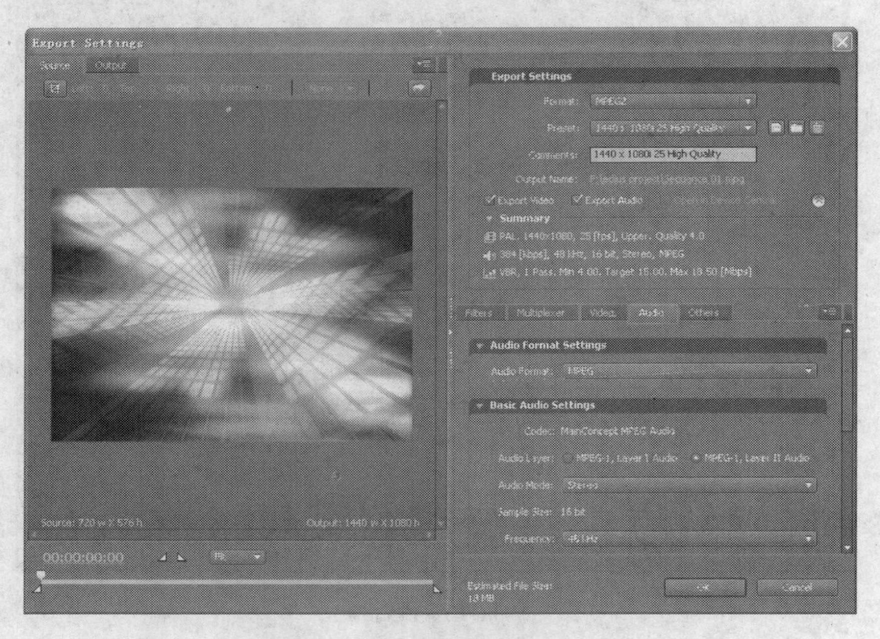

图11-15 音频

Others（其他）

输出设置对话框的最后一个面板可以将输出的作品上传到网络FTP空间。

11.3 输出单独音频文件

Premiere具有强大的音频编辑功能，因此可以单独编辑、输出音频文件。本节通过一个具体的实例来介绍音频文件的输出方法。

操作步骤

步骤 1 启动Premiere应用程序，打开一个项目文件，如图11-16所示。

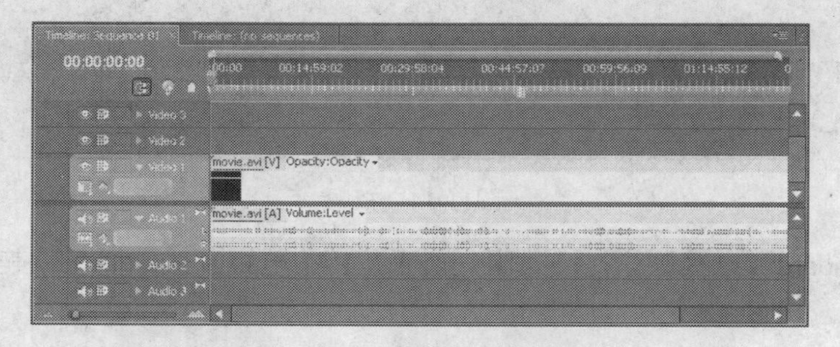

图11-16 打开一个项目文件

步骤 2 确保时间线窗口处于激活状态，单击【File】/【Export】/【Media】命令，弹出【Export Settings】对话框，取消【Export Video】的选择，如图11-17所示。

步骤 3 在【Export Settings】对话框中单击 OK 按钮，在弹出的【Adobe Media Encoder】对话框中，可以再选择输出音频的格式，如图11-18所示。

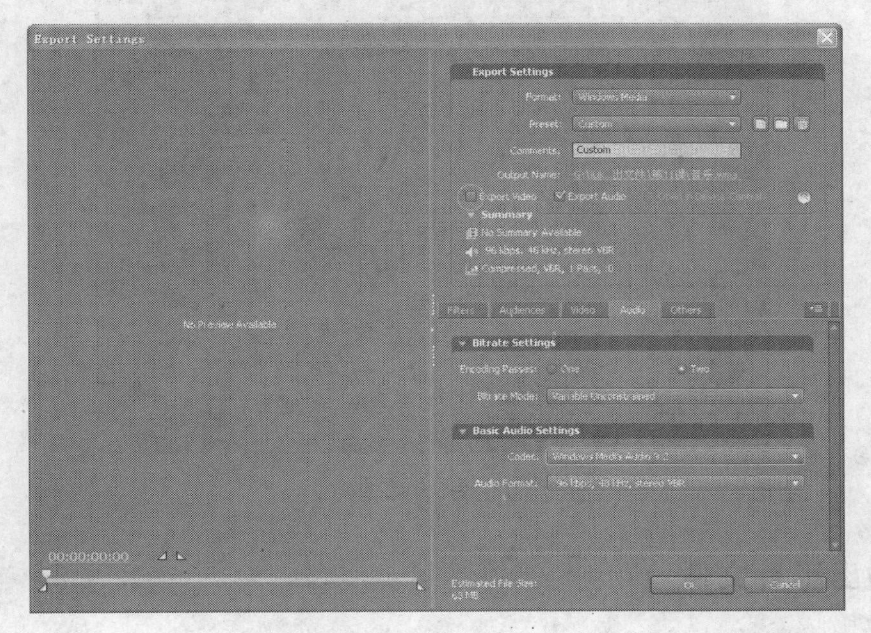

图11-17　【Export Settings】对话框

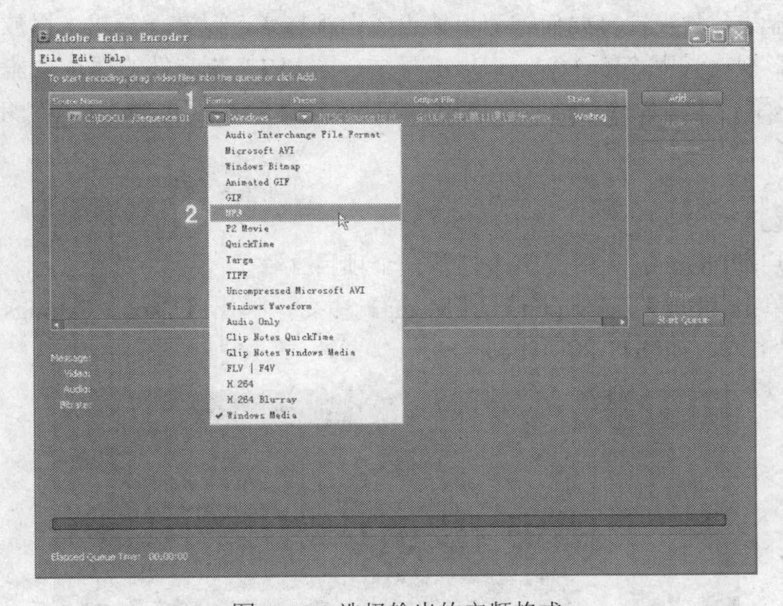

图11-18　选择输出的音频格式

步骤 4 单击 Start Queue 按钮开始编码，如图11-19所示。

步骤 5 编码完了，输出的音频文件自动保存在前面设置的保存路径中。

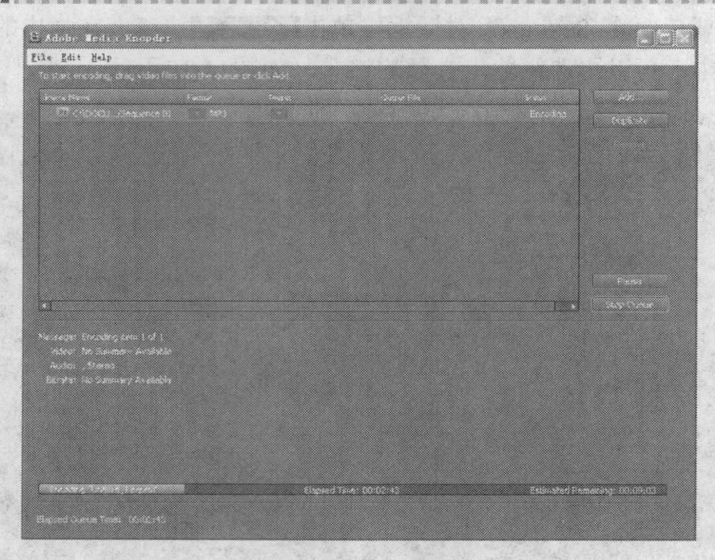

图11-19 开始编码

11.4 输出影片文件

当编辑好一个电影后，最终还要输出新的电影文件，在Premiere里面操作的PPJ文件只记录了编辑的内容和各种设置。如何把节目输出成影视格式，以在计算机上播放，或是进一步转换成其他的影视格式呢？因为Windows本身结合了AVI格式文件的播放功能，所以一般制作用于Windows平台上播放的文件时都选用AVI格式文件，本节通过一个实例介绍AVI格式文件的输出方法。

步骤 1 启动Premiere应用程序，打开一个项目文件。

步骤 2 单击【File】/【Export】/【Media】命令，弹出【Export Settings】对话框，系统默认为WMV格式，如图11-20所示。

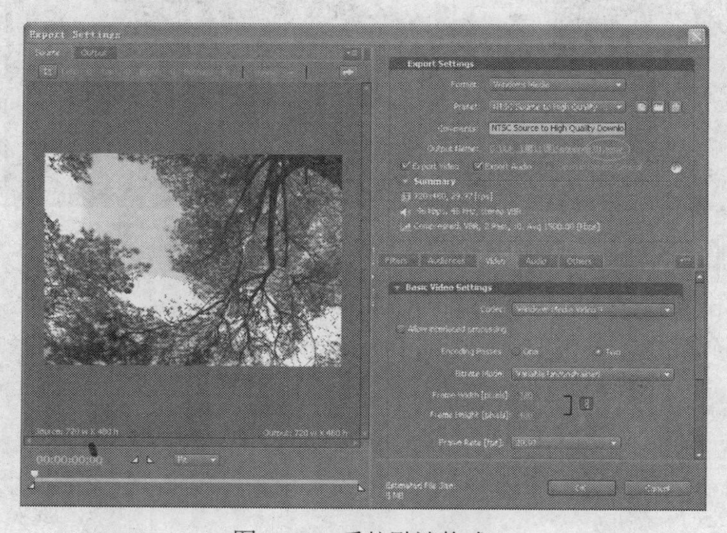

图11-20 系统默认格式

步骤3 在【Export Settings】对话框中单击Windows Media按钮，在弹出的下拉菜单中选择【Microsoft AVI】，设置输出文件类型为PAL制，拖动按钮预览输出文件，如图11-21所示。

步骤4 单击OK按钮，在弹出的【Adobe Media Encoder】对话框中，单击Start Queue按钮开始编码，Premiere就开始进行输出处理，并将输出结果保存起来。

图11-21　【Export Settings】对话框

11.5　输出DVD文件

DVD格式是目前一种较为常见的视频格式，使用Premiere可以输出高质量的DVD文件。DVD把视频信息和音频信息放在不同的文件中，由于一个VOB文件中最多可以保存1个视频数据流、9个音频数据流和32个字幕数据流，所以DVD影片也就可以拥有最多9种语言的伴音和32种语言的字幕。Premiere CS4还可以将DVD视频文件和音频文件混合到一个文件中，下面通过一个实例来介绍怎样输出DVD文件。

操 作 步 骤

步骤1 启动Premiere应用程序，打开一个项目文件。

步骤2 单击【File】/【Export】/【Media】命令，弹出【Export Settings】对话框，如果是输出DVD文件，那么设置就要多一些了，首先要选择格式【MPEG2-DVD】，如图11-22所示。

步骤3 选择输出文件类型为【PAL High Quality】，如图11-23所示。

步骤4 选择【Multiplexer】选项，在此选项下选择【DVD】，如图11-24所示。

步骤5 选择【Video】选项，在此选项下设置【Quality】为5，如图11-25所示。

步骤6 选择【Audio】选项，在此选项下选择【Audio Format】为MPEG，如图11-26所示。

图11-22　选择【MPEG2-DVD】格式

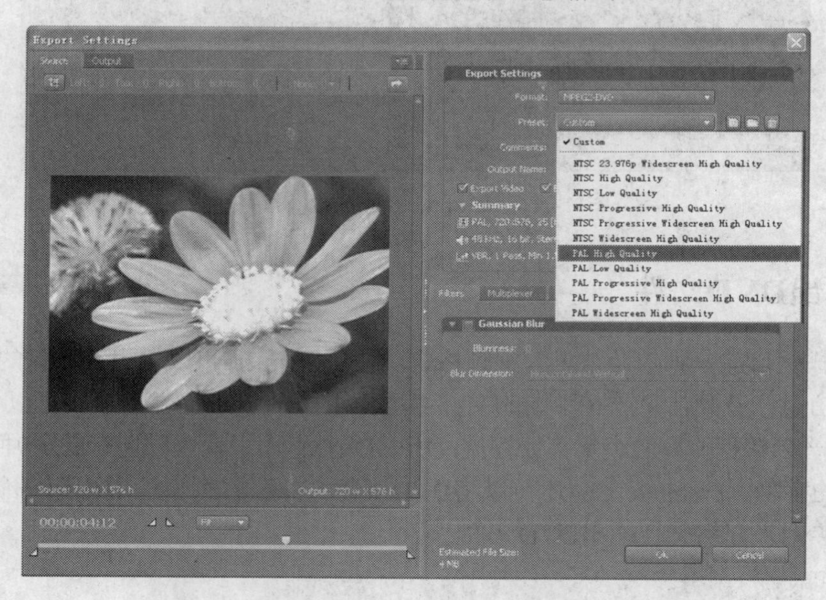

图11-23　选择文件输出类型

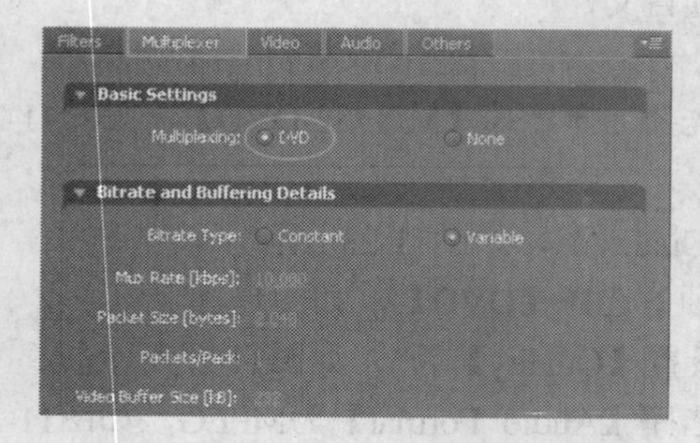

图11-24　【Multiplexer】选项

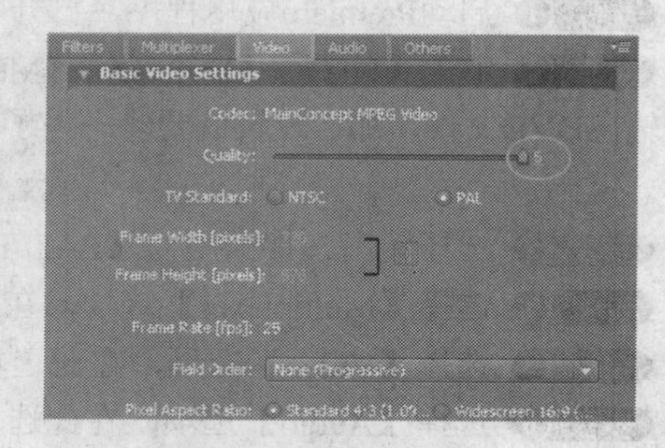

图11-25　设置参数

步骤 7 单击 OK 按钮，系统弹出Adobe Media Encoder CS4，如图11-27所示。

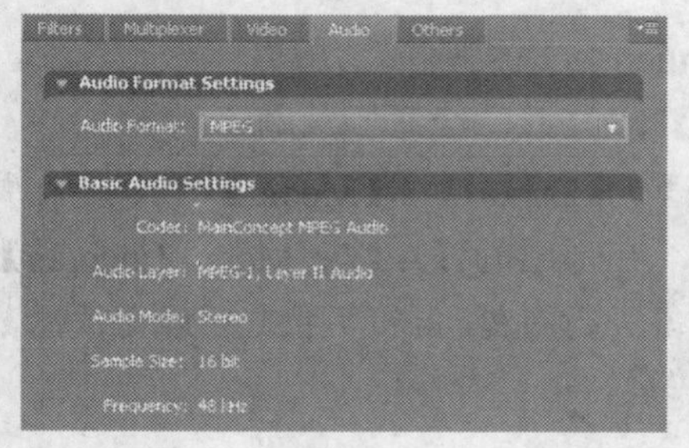

图11-26 【Audio】选项

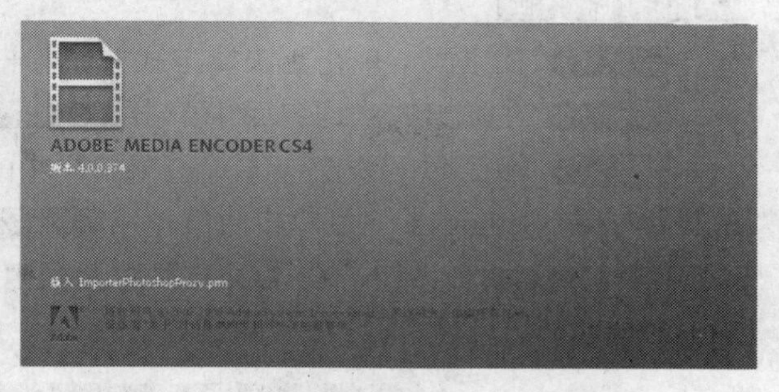

图11-27 打开Adobe Media Encoder CS4

步骤 8 等几秒钟，画面进入【Adobe Media Encoder】窗口，如图11-28所示。

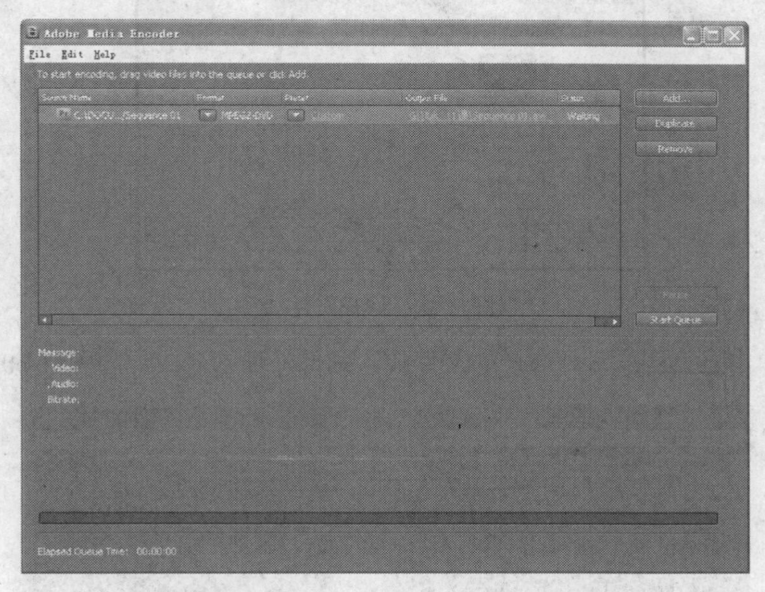

图11-28 【Adobe Media Encoder】窗口

步骤 9 单击 Start Queue 按钮编码，Premiere就开始进行输出处理，并将输出结果保存起来。

11.6 输出MOV文件

可以使用Premiere提供的批处理输出功能，自动地一次输出多个视频节目。在批处理过程中，可以为每一个输出节目分别指定不同的属性设置和压缩算法，Premiere会自动进行区别处理。在如下情况下使用批处理输出文件，能够提高工作效率，使用更简单。

- 执行多个输出任务时，可使用Premiere自动处理。
- 在输出节目时尝试使用多种输出设置，观察在哪种输出设置下会有最好的输出效果。
- 把一个节目输出到多个媒体介质上。
- 为不同的编辑任务创建不同的输出版本。

下面以输出MOV文件为例来介绍如何批处理文件。

操作步骤

步骤1 在桌面上单击Pr快捷方式按钮，打开Premiere应用程序。

步骤2 在弹出的欢迎界面中单击【Open Project】，打开一个项目文件。

步骤3 激活时间线窗口，单击菜单栏中的【File】/【Export】/【Media】命令，在弹出的【Export Settings】对话框中直接单击 OK 按钮，在弹出的【Adobe Media Encoder】窗口中单击 Add... 按钮，在【Open】对话框中选择准备进行批处理的节目或视频文件，如图11-29所示。

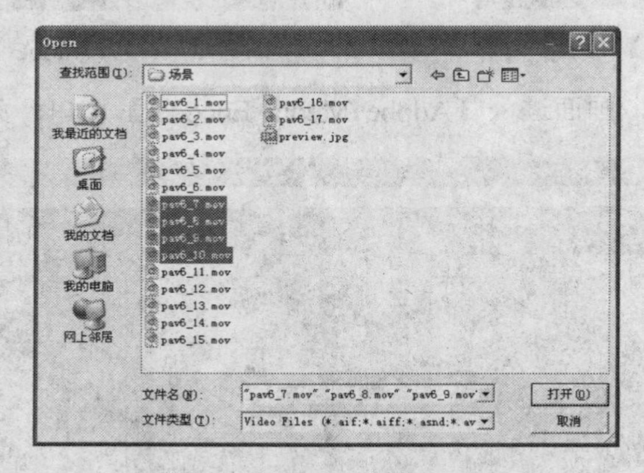

图11-29 选择文件

步骤4 单击 打开(O) 按钮把选择的文件加入到批处理列表中，如图11-30所示。

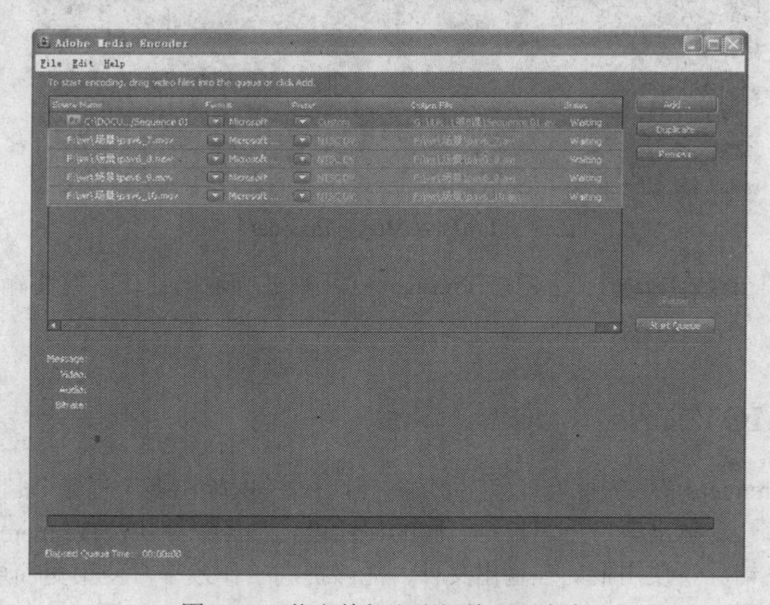

图11-30 将文件加入到批处理列表中

步骤5 如果用户想将批处理列表中的第一个节目输出成MOV格式的文件，在【Adobe Media Encoder】窗口中选中第一个节目，单击【Format】下的按钮，在弹出的下拉菜单中选择【QuickTime】，如图11-31所示。

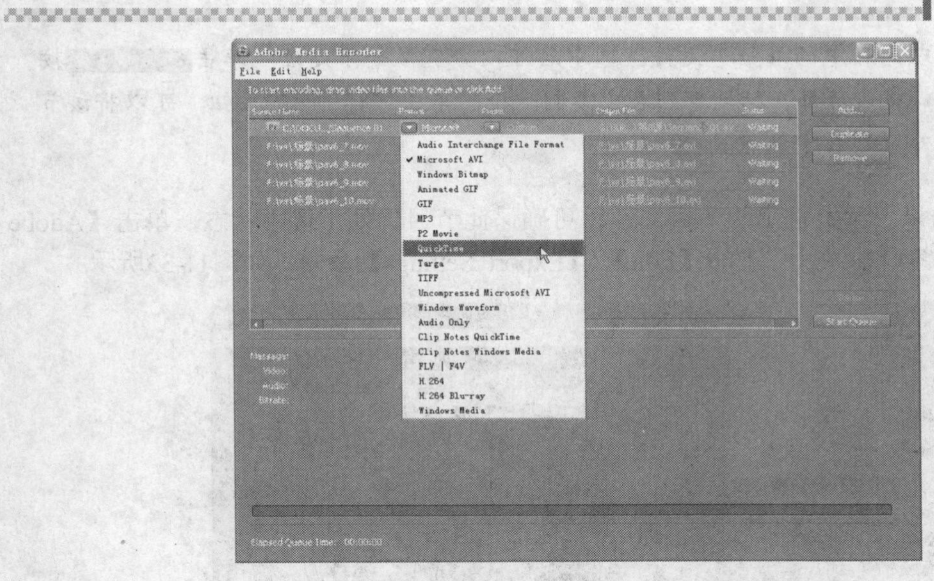

图11-31 【Adobe Media Encoder】窗口

MOV是一种用户熟悉的流式视频格式，在某些方面它甚至比WMV和RM更优秀，并能被众多的多媒体编辑及视频处理软件所支持，用MOV格式来保存影片是一个非常好的选择。MOV即QuickTime影片格式，它是Apple公司开发的音频、视频文件格式，用于存储常用数字媒体类型，如音频和视频。当选择 QuickTime（*.mov）作为“保存类型”时，动画将保存为.mov文件。QuickTime 视频文件播放程序，除了可以播放MP3外，还支持MIDI播放，并且可以收听/收网络播放，支持HTTP、RTP和RTSP标准。该软件还支持主要的图像格式，比如JPEG、BMP、PICT、PNG和GIF。

步骤 6 单击【Preset】下的按钮，在弹出的下拉菜单中选择【PAL DV】，并设置节目的输出路径及名称，如图11-32所示。

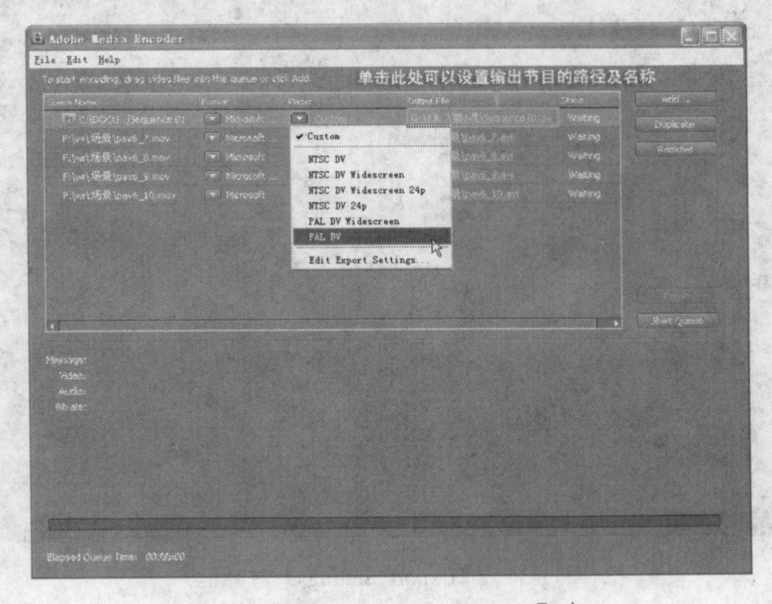

图11-32 【Adobe Media Encoder】窗口

对批处理列表中的每一个文件，选中后可以分别做如下处理：单击Duplicate按钮，可以将该节目在批处理列表中复制一个；单击Remove按钮，可以将该节目从批处理列表中删除。

步骤7 如果想预览输出的节目文件，可确保此节目仍处于选中状态，单击【Adobe Media Encoder】窗口中菜单栏上的【Edit】/【Export Settings】命令，如图11-33所示。

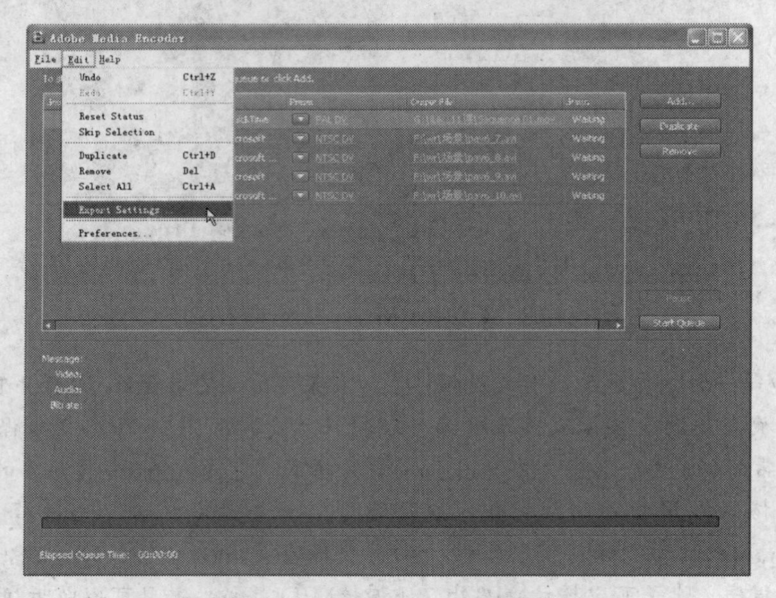

图11-33 选择【Export Settings】命令

步骤8 选择了【Export Settings】命令后，弹出【Export Settings】对话框，如图11-34所示。

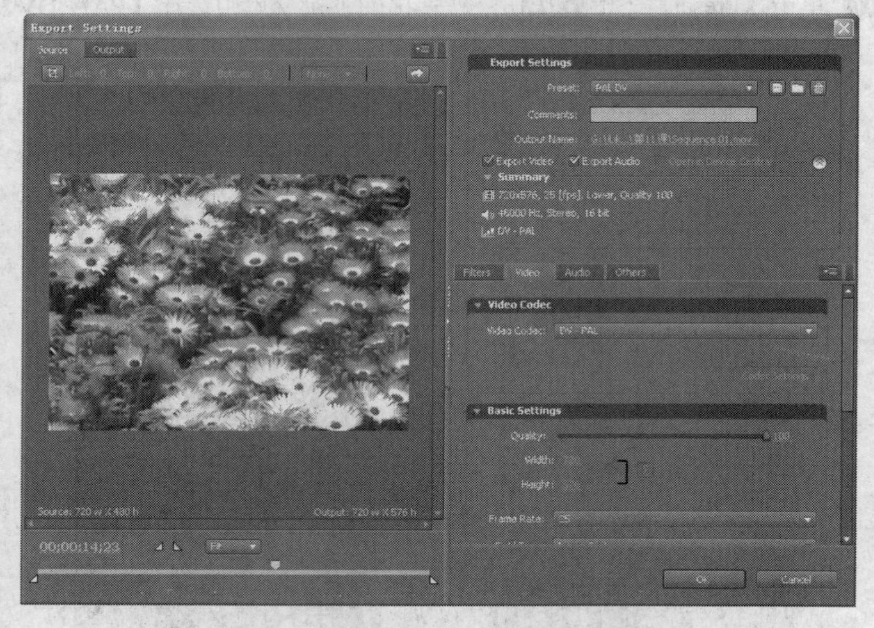

图11-34 【Export Settings】对话框

步骤9 确保各项参数设置完成后，单击OK按钮关闭【Export Settings】对话框，返回到【Adobe Media Encoder】窗口，单击Start Queue按钮就开始进行输出处理，并将输出结果保存起来。

步骤10 利用同样的方法，可以对批处理列表中的其他项目进行输出，这里就不一一列举了。

课后练习：输出音频文件

输出并保存*.avi文件，过程提示如下。

（1）当用户需要将编辑好的音乐输出为磁盘上的音频文件时，首先需要做好准备工作，包括清除或禁用不需要的素材信息、设定工作区等。

（2）单击菜单栏中的【File】/【Export】/【Media】选项，将时间线窗口中的素材合成为完整的音频文件。

（3）选择【Media】选项后，系统弹出【Export Settings】对话框，用户可以在其中设定要保存的文件名、文件路径及各种参数。

（4）设定好各项参数后单击OK按钮确定。屏幕上出现影片输出的进度显示器。当影片输出完成后，系统将自动用一个素材窗口打开输出到磁盘上的影片文件并进行播放。

附录A

Premiere Pro CS4常用命令中英文对照表

File（文件）菜单：

New（新建）、Open Project（打开项目文件）、Open Recent Project（打开最近项目文件）、Browse in Bridge（使用Bridge浏览）、Close Project（关闭项目文件）、Close（关闭）、Save（保存）、Save AS（另存为）、Save a Copy（保存副本）、Revert（恢复）、Capture（采集）、Batch Capture（批采集）、Adobe Dynamic Link（动态链接）、Import From Browser（从浏览器中导入）、Import（导入）、Import Recent File（导入最近文件）、Import Clip Notes Comments（导入素材记录）、Export（输出）、Get Properties for（获取属性）、Reveal in Bridge（在Bridge中预览）、Interpret Footage（导入素材）、Timecode（时间码）、Exit（退出）

Edit（编辑）菜单：

Undo（取消）、Redo（重做）、Cut（剪切）、Copy（复制）、Paste（粘贴）、Paste Insert（插入粘贴）、Paste Attributes（粘贴属性）、Clear（清除）、Ripple Delete（波动删除）、Duplicate（副本）、Select All（全选）、Deselect All（全部取消选定）、Find（搜索）、Lable（标签）、Edit Original（编辑原始素材）、Edit in Adobe Soundbooth（在Soundbooth中编辑）、Edit in Adobe Photoshop（在Photoshop中编辑）、Keyboard Customization（定义快捷键）、Preferences（首选项）

Project（项目）菜单：

Project Settings（新建合成影像）、Link Media（链接素材）、Make Offline（断开链接）、Automate to Sequence（顺序自动化）、Import Batch List（导入批处理列表）、Export Batch List（导出批处理列表）、Project Manager（项目管理器）、Remove Unused（移除未使用素材）

Clip（片段）菜单：

Rename（重命名）、Make Subclip（制作子片段）、Edit Subclip（编辑子片段）、Edit Offline（脱机编辑）、Capture Settings（采集设置）、Insert（插入）、Overlay（覆盖）、Replace Footage（替换素材）、Replace With Clip（使用所选素材替换）、Enable（启用）、Link（链接）、Group（组）、Ungroup（解组）、Synchronize（同步）、Nest（嵌套）、Multi-Camera（多相机角度）、Video Options（视频设置）、Audio Options（音频设置）、Speed/Duration（速度/持续时间）、Remove Effects（移除特效）

Sequence（序列）菜单：

Sequence Settings（序列设置）、Render Effects in Work Area（渲染工作区内特效）、Render Entire Work Area（渲染整个工作区）、Render Audio（渲染音频）、Delete Render Files（删除渲染文件）、Delete Work Area Render Files（删除工作区渲染文件）、Razor at Current Time Indicator（在时间指针位置截开素材）、Lift（提取）、Extract（抽出）、Apply Video Transition（使用视频过渡特效）、Apply Audio Transition（使用音频过渡特效）、Apply Default Transitions to Selection（对选中片段应用默认过渡特效）、Normalize Master Track（规范主轨道）、Zoom In（放大）、Zoom Out（缩小）、Snap（捕捉）、Add Tracks（增加轨道）、Delete Tracks（删除轨道）

Marker（标记）菜单：

Set Clip Marker（设置片段标记）、Go to Clip Marker（跳至片段标记）、Clear Clip Marker（清除片段标记）、Set Sequence Marker（设置序列标记）、Go to Sequence Marker（跳至序列标记）、Clear Sequence Marker（清除序列标记）、Edit Sequence Marker（编辑序列标记）、Set Encore Chapter Marker（设定DVD章节标记）、Set Flash Cue Marker（设置Flash线索标记）

Title（字幕）菜单：

New Title（新建字幕）、Font（字体）、Size（大小）、Type Alignment（文字排板）、Orientation（定位）、Word Wrap（自动换行）、Tab Stops（制表位）、Templates（模板）、Roll/Crawl Options（滚动/爬行设置）、Logo（标志）、Transform（变换）、Select（选择）、

Arrange（排列）、Position（位置）、Align Objects（对齐对象）、Distribute Objicts（分布对象）、View（视图）

Window（窗口）菜单：

Workspace（工作空间）、Audio Master Meters（音频主电平表）、Audio Mixer（音频混音器）、Capture（采集窗口）、Effect Controls（特效控制面板）、Effects（特效面板）、Events（事件面板）、History（历史面板）、Info（信息面板）、Media Browser（素材浏览窗口）、Metadata（元数据窗口）、Multi-Camera Monitor（多相机监视器）、Program Monitor（程序监视器）、Project（项目）、Reference Monitor（标准监视器）、Resource Central（素材控制窗口）、Source Monitor（素材监视器）、Timelines（时间线窗口）、Title Actions（字幕窗口）、Title Designer（字幕设计面板）、Title Properties（字幕属性面板）、Title Styles（字幕样式面板）、Title Tools（字幕工具面板）、Tools（工具窗口）、Trim Monitor（修剪监视器）、VST Editor（VST编辑器窗口）

Help（帮助）菜单：

Adobe Premiere Pro Help（帮助）、Adobe Product Improvement Program（升级程序）、Keyboard（键盘）、Online Support（在线支持）、Registration（注册）、Deactivate（不激活）、Updates（更新）、About Adobe Premiere Pro（关于Adobe Premiere Pro）

反侵权盗版声明

举报电话：（010）88254396；（010）88258888

传　　真：（010）88254397

E-mail:　　dbqq@phei.com.cn

通信地址：北京市万寿路173信箱

电子工业出版社总编办公室

邮　　编：100036

欢迎与我们联系

为了方便与我们联系，我们已开通了网站（www.medias.com.cn）。您可以在本网站上了解我们的新书介绍，并可通过读者留言簿直接与我们沟通，欢迎您向我们提出您的想法和建议。也可以通过电话与我们联系：

电话号码：（010）68252397。

邮件地址：webmaster@medias.com.cn